U0342191

普通高等教育"十三五"规划教材

压力容器焊接工艺和焊接缺陷处理案例

主　编　陈志刚
副主编　柴森森　龚勇　陈登高

北　京

冶金工业出版社

2022

内 容 提 要

本书主要分为两大部分，即锅炉压力容器焊接工艺编制和焊接缺陷分析与控制。焊接工艺编制的内容主要包括各主要焊接工艺参数制定步骤和方法、焊接工艺规程，以及验证工艺正确性的焊接实验试板性能检验项目和方法。焊接缺陷分析与控制部分主要包括常见缺陷的形成机理、产生原因和控制防止措施，缺陷分析和处理的步骤和方法，并通过案例的形式让读者掌握缺陷判断、分析和处理过程等。

本书理论与实例相结合，可使读者了解编制焊接工艺、处理焊接缺陷的步骤和方法，满足焊接专业技术人员的需要。

本书可作为高等院校焊接技术与工程专业本科生教材，也可供有关企业焊接工程技术人员参考。

图书在版编目（CIP）数据

压力容器焊接工艺和焊接缺陷处理案例/陈志刚主编. —北京：冶金工业出版社，2018.4（2022.6重印）

普通高等教育"十三五"规划教材

ISBN 978-7-5024-7757-8

Ⅰ.①压… Ⅱ.①陈… Ⅲ.①压力容器—焊接工艺—高等学校—教材 ②压力容器—焊接缺陷—处理—高等学校—教材 Ⅳ.①TG457.5

中国版本图书馆 CIP 数据核字（2018）第 064806 号

压力容器焊接工艺和焊接缺陷处理案例

出版发行	冶金工业出版社	**电　话**	(010)64027926
地　址	北京市东城区嵩祝院北巷 39 号	**邮　编**	100009
网　址	www.mip1953.com	**电子信箱**	service@ mip1953.com

责任编辑　高　娜　美术编辑　吕欣童　版式设计　禹　蕊
责任校对　郑　娟　责任印制　李玉山
北京虎彩文化传播有限公司印刷
2018 年 4 月第 1 版，2022 年 6 月第 3 次印刷
787mm×1092mm　1/16；12 印张；286 千字；180 页
定价 30.00 元

投稿电话　（010）64027932　投稿信箱　tougao@cnmip.com.cn
营销中心电话　（010）64044283
冶金工业出版社天猫旗舰店　yjgycbs.tmall.com
（本书如有印装质量问题，本社营销中心负责退换）

前　言

从焊接专业本科生到焊接工程师，再到焊接专业大学教师，这是作者本人学习和工作的经历。在从事教学和工程实践中，本人深深感觉到大学所教授的焊接理论与实际工作需要的差距，以及学生和初学者对焊接技术的茫然。大部分在校本科生和刚毕业开始工作的焊接技术人员，都感觉大学所学的知识对于解决实际问题的作用不大。

作者根据自己的工作经历认为：理论知识是广大焊接工作者智慧的结晶，是大量实践和实验的总结。而造成目前在校生对理论知识的误解的原因：一是由于在校本科生及初学者对焊接不了解、没有经验而无法理解；二是很多书籍基本是理论的堆积而较少采用图片和实例，学生理解起来较难；三是许多教师虽然具有很强的理论水平，但大多来自书本而没有实践经验，即没有真正领会理论知识所包含的内容，所以在教学时就理论讲理论而没有自己的理解，因此更难让学生理解。同时，对于焊接工程技术人员来说，在实际工作中他们担负两个重要责任：编制产品焊接工艺和处理焊接生产过程中出现的缺陷问题。

因此，作者编写本书的目的是引导学生及刚接触焊接专业的技术人员熟悉编制工艺的过程，理解工艺中各参数的意义和作用、工艺参数制定步骤和方法，从而编制一份合理的焊接工艺；引导学生及刚接触焊接专业的技术人员通过了解焊接缺陷种类、形成机理、产生原因及影响因素、控制措施等，根据焊接缺欠特征、出现时间及位置、走向等，从而判断缺欠类型，分析产生原因并提出处理及控制措施。

基于以上考虑，本教材在章节结构和内容安排方面做了充分考虑和调整，与同类教材相比，具有以下特点：一是教材中给出丰富的图、表及标准等信息，使读者明白理论知识的来源与用处，不仅"知其然"，而且知其"所以然"；二是教材中每一章都在重要知识点后面紧跟例题及讲解，将知识点与实际案例实时对接，达到即学即用的效果；三是每一章都附有数字资源内容，想自学的读者可以通过扫描封面或每章第一页的二维码了解更多信息；四是本教材每章均附有思考题，以便帮助学生思考、复习、巩固所学知识。

本教材压力容器焊接工艺部分包括第1章压力容器焊接工艺设计、第2章焊接工艺规程和第3章焊接试件性能检验。主要有焊接工艺的内容、各主要工艺参数制定步骤和方法、工艺编制中应遵守的原则，以及验证工艺正确性的焊接实验试板性能检验项目和方法。焊接缺陷分析与控制部分包括第4章焊接缺陷和第5章锅炉压力容器焊接缺陷处理案例。讲述了常见缺陷的形成机理、产生原因和控制防止措施；介绍了缺陷分析和处理的步骤和方法，并采用案例形式对分析和处理的过程进行说明。

本教材第1、2章由重庆科技学院高级焊接工程师陈志刚编写，第3章由重庆科技学院讲师柴森森编写，第4、5章由重庆科技学院高级焊接工程师陈志刚、中国化学工程第十一建设有限公司焊接工程师龚勇、中石化江汉油建工程有限公司焊接工程师陈登高共同合作编写。

本教材主要根据中国锅炉、压力容器相关标准和规范，并结合锅炉、压力容器和石油天燃气管道等产品结构实际制造过程撰写。有关国外材料及结构的参数和数据可以参照 ASME、ISO、JIS 等相关标准和规范进行修正。

由于作者水平有限且编写时间仓促，书中不足之处，敬请读者批评指正，以利于修订时改正。

作　者

2017 年 12 月

目　　录

1 压力容器焊接工艺设计 ·· 1

  1.1 压力容器的概念和分类 ·· 1

    1.1.1 压力容器的概念 ·· 1

    1.1.2 压力容器的分类 ·· 1

    1.1.3 常见容器外形 ·· 3

    1.1.4 典型的焊接容器简介 ······································ 3

  1.2 焊接工艺的概念和内容 ·· 3

    1.2.1 焊接工艺概念 ·· 3

    1.2.2 焊接工艺内容 ·· 3

  1.3 材料焊接性分析 ·· 4

    1.3.1 焊接性的定义 ·· 4

    1.3.2 焊接性评定及试验方法 ······································ 4

  1.4 焊接工艺设计 ··· 10

    1.4.1 焊接方法选择 ·· 10

    1.4.2 焊缝坡口设计 ·· 21

    1.4.3 焊接材料选择 ·· 22

    1.4.4 焊接工艺参数 ·· 30

  1.5 焊后热处理 ··· 41

    1.5.1 焊后热处理厚度 δ_{PWHT} 选取 ················ 43

    1.5.2 热处理温度 ·· 43

    1.5.3 焊后热处理保温时间 ······································ 44

    1.5.4 其他参数 ·· 44

    1.5.5 焊后热处理注意事项 ······································ 44

  1.6 焊接工艺设计例题 ··· 45

  思考题 ··· 47

  参考文献 ·· 48

2 焊接工艺规程 ·· 49

  2.1 通用焊接工艺规程 ··· 49

    2.1.1 焊接材料 ·· 49

    2.1.2 坡口设计和制备 ·· 49

    2.1.3 焊缝坡口制备 ·· 51

2.1.4　组对定位 ……………………………………………………………… 51
2.1.5　预热 …………………………………………………………………… 51
2.1.6　施焊 …………………………………………………………………… 52
2.1.7　焊缝返修 ……………………………………………………………… 53
2.2　钢制结构焊接规程 ……………………………………………………… 53
2.2.1　焊接材料 ……………………………………………………………… 53
2.2.2　焊接材料的使用 ……………………………………………………… 54
2.2.3　后热 …………………………………………………………………… 59
2.2.4　焊后热处理 …………………………………………………………… 60
2.3　铝制材料焊接规程 ……………………………………………………… 60
2.3.1　焊接材料 ……………………………………………………………… 60
2.3.2　坡口准备 ……………………………………………………………… 60
2.3.3　焊丝表面清理 ………………………………………………………… 62
2.3.4　预热 …………………………………………………………………… 62
2.3.5　施焊 …………………………………………………………………… 62
2.3.6　后热和焊后热处理 …………………………………………………… 62
2.4　钛制材料焊接规程 ……………………………………………………… 62
2.4.1　焊接材料 ……………………………………………………………… 62
2.4.2　坡口准备 ……………………………………………………………… 63
2.4.3　焊丝表面清理 ………………………………………………………… 63
2.4.4　组对 …………………………………………………………………… 63
2.4.5　施焊 …………………………………………………………………… 64
2.4.6　焊后热处理 …………………………………………………………… 64
思考题 …………………………………………………………………………… 64
参考文献 ………………………………………………………………………… 64

3　焊接试件性能检验 ………………………………………………………… 65

3.1　试件制备 ………………………………………………………………… 65
3.1.1　对接焊缝试件 ………………………………………………………… 65
3.1.2　角接焊缝试件 ………………………………………………………… 66
3.1.3　耐蚀堆焊试件尺寸 …………………………………………………… 67
3.2　对接焊缝试件和试样的检验 …………………………………………… 67
3.2.1　试件检验项目 ………………………………………………………… 67
3.2.2　力学性能和弯曲性能试验 …………………………………………… 67
3.2.3　力学性能和弯曲性能试验的取样要求 ……………………………… 68
3.2.4　拉伸试验 ……………………………………………………………… 68
3.2.5　弯曲试验 ……………………………………………………………… 71
3.2.6　冲击试验 ……………………………………………………………… 73
3.2.7　复验 …………………………………………………………………… 76

3.3　角焊缝试件和试样的检验 ·· 76
　3.3.1　检验项目 ··· 76
　3.3.2　金相检验（宏观） ··· 76
3.4　耐蚀堆焊试件和试样的检验 ··· 76
　3.4.1　检验项目 ··· 76
　3.4.2　渗透检测方法 ··· 77
　3.4.3　弯曲试验 ··· 77
　3.4.4　化学成分分析 ··· 77
3.5　焊缝及热影响区硬度测量 ··· 78
思考题 ··· 78
参考文献 ·· 78

4　焊接缺陷 ··· 79
4.1　焊接工程缺陷和缺欠的定义和区别 ······························· 79
4.2　焊接缺陷的危害 ··· 80
4.3　缺陷的分类 ··· 80
　4.3.1　狭义的分类 ·· 80
　4.3.2　广义的分类 ·· 80
　4.3.3　中国国家标准对缺陷的分类 ······································ 81
4.4　各种缺陷产生的原因和防止措施 ···································· 81
　4.4.1　裂纹产生的原因和防止措施 ······································ 81
　4.4.2　气孔和夹杂产生的原因和防止措施 ····························· 108
　4.4.3　未熔合和未焊透 ·· 111
　4.4.4　形状缺陷 ··· 112
　4.4.5　其他缺陷 ··· 116
4.5　焊接变形 ·· 117
　4.5.1　焊接变形 ··· 117
　4.5.2　影响焊接结构变形的因素 ·· 127
　4.5.3　控制焊接变形的措施 ··· 128
　4.5.4　焊接变形的矫正方法 ··· 134
　4.5.5　焊接变形的理论计算 ··· 136
4.6　焊接残余应力 ··· 139
　4.6.1　焊接残余应力对焊接结构的影响 ································· 139
　4.6.2　控制措施 ··· 139
4.7　焊接缺欠的防止 ··· 141
　4.7.1　从缺欠主要成因考虑对策 ·· 141
　4.7.2　工艺缺欠的对策 ·· 143
　4.7.3　返修与修补的问题 ·· 143
思考题 ··· 144

参考文献 ··· 144

5　锅炉压力容器焊接缺陷处理案例 ·· 146

　5.1　缺陷分析的步骤和方法 ··· 146

　　5.1.1　缺陷处理的步骤和流程 ··· 146

　　5.1.2　缺陷类型的分类 ··· 146

　　5.1.3　缺陷产生原因分析及控制措施 ·· 149

　5.2　焊接裂纹案例 ··· 156

　思考题 ··· 180

　参考文献 ··· 180

压力容器焊接工艺设计

数字资源 1

1.1 压力容器的概念和分类

1.1.1 压力容器的概念

压力容器是指盛装气体或者液体，承载一定压力的密闭设备，其范围规定为最高工作压力大于或等于 0.1MPa（表压），且压力与容积的乘积大于或等于 2.5MPa·L 的气体、液化气体和最高工作温度高于或者等于标准沸点的液体的固定式容器和移动式容器；盛装公称工作压力大于或等于 0.2MPa（表压），且压力与容积的乘积大于或等于 1.0MPa·L 的气体、液化气体和标准沸点等于或者低于 60℃ 液体的气瓶、氧舱等[1]。

1.1.2 压力容器的分类[1]

压力容器可以按容器的受压方式、设计压力的大小、设计温度的高低、在生产工艺过程中的作用原理、受压室的多少、安装位置、使用场所、所用材料、形状、结构类型、受热方式等进行归类；从监察管理的安全性出发，则按容器潜在危害程度的大小分类。

（1）按容器的受压方式分为内压容器、外压容器、真空容器。化工和石化行业中一般并无真正意义上的外压容器。

（2）按设计压力 p 的大小，可以分为以下几类：

常压容器　　　　　$-0.02MPa \leqslant p < 0.1MPa$

低压容器　　　　　$0.1MPa \leqslant p < 1.6MPa$

中压容器　　　　　$1.6MPa \leqslant p < 10MPa$

高压容器　　　　　$10MPa \leqslant p < 100MPa$

超高压容器　　　　$p \geqslant 100MPa$

（3）按设计温度的高低分，设计温度 t 低于或等于 $-20℃$ 的钢制容器称为低温容器。

（4）按容器在生产工艺过程中的作用原理，可以分为以下几类：

1）反应压力容器。主要用于完成介质的物理、化学反应的压力容器，如反应器、低反应釜、分解锅、硫化罐、分解塔、聚合釜、高压釜、超高压釜、合成塔、变换炉、蒸煮锅、蒸球、蒸压釜、煤气发生炉等。

2）换热压力容器。主要用于完成介质的热量交换的压力容器，如管壳式余热锅炉、热交换器、冷却器、冷凝器、蒸发器、加热器、消毒锅、染色器、烘缸、预热锅、溶剂预热器、蒸锅等。

3）分解压力容器。主要用于完成介质的流体压力平衡缓冲和气体净化分离的压力容器，如分离器、过滤器、集油器、缓冲器、洗涤器、吸收塔、干燥塔、分汽缸、除氧器等。

4）储存压力容器。主要用于储存及盛装气体、流体、液化气体等介质的压力容器，如各种形式的储罐。

（5）受压室的多少，可分为单腔压力容器、多腔压力容器（组合容器）。

（6）按容器的安装位置，可分为卧式容器、立式容器。

（7）按容器的使用场所，可以分为固定式压力容器、移动式压力容器。

（8）按容器的使用材料，可以分为钢制压力容器、非铁金属压力容器、非金属压力容器。

（9）按容器的形状，除应用广泛的由回转壳体构成的压力容器外，还有非圆形截面容器、球形容器。

（10）容器的结构类型，可以分为单层容器、多层容器、覆层容器、衬里容器、复钢板容器、搪玻璃容器等。

（11）容器的受热方式，可以分为非直接火压力容器、直接火压力容器。

（12）国家质量技术监督局为了加强对压力容器的质量安全监察工作，从容器潜在危害程度大小的角度加以分类：

1）一般而言，压力越高、体积越大，则潜在危害程度越大；

2）移动式压力容器潜在危害程度大于固定式压力容器；

3）可能发生脆性断裂材料制造的容器（例如，低温的钢制压力容器、高强度钢制压力容器），其潜在危害程度大于不可能发生脆性断裂材料制造的容器；

4）反应压力容器和储存压力容器，其潜在危害程度大于换热压力容器和分离压力容器；

5）介质毒性程度高的容器，其潜在危害程度大于毒性程度低的容器；

6）易燃介质的容器其潜在危害程度大于非易燃介质的容器等等。

根据这些原则，TSG R0004—2009《压力容器安全技术监察规程》（以下简称《容规》）将压力容器划分为一类、二类、三类压力容器，见表 1-1。

表 1-1　《容规》的压力容器划类

容器类别	压力等级或其他因素	容 器 种 类
三类	高压	（1）所有种类容器； （2）管壳式余热锅炉
	中压	（1）毒性程度为极度及高度危害介质的所有种类容器； （2）易燃或毒性程度为中度危害介质，且 pV 乘积大于或等于 $10MPa \cdot m^3$ 的储存容器； （3）易燃或毒性程度为中度危害介质，且 pV 乘积大于或等于 $0.5MPa \cdot m^3$ 的反应容器； （4）管壳式余热锅炉； （5）搪玻璃压力容器
	低压	毒性程度为极度及高度危害介质，且 pV 乘积大于或等于 $0.2MPa \cdot m^3$ 的所有种类容器
	其他因素	（1）$\sigma_b \geqslant 540MPa$ 材料制造的压力容器； （2）移动式压力容器； （3）$V \geqslant 50m^3$ 的球形储罐； （4）$V > 5m^3$ 的低温储存容器

续表 1-1

容器类别	压力等级或其他因素	容 器 种 类
二类	中压	所有种类容器
	低压（已划为 三类者除外）	(1) 毒性程度为极度及高度危害介质； (2) 易燃介质或毒性程度为中度危害介质的反应容器和储存容器； (3) 管壳式余热锅炉； (4) 搪玻璃压力容器
一类	低压（已划为三类、 二类者除外）	所有种类容器

由于《容规》不适用于超高压容器、各类气瓶、非金属材料制造的压力容器以及真空容器、常压容器等，所以这些在化工、石化行业中可能采用的容器都未列入容器的分类中。

1.1.3 常见容器外形

一个卧式储罐的主体结构示意图，如图 1-1 所示。

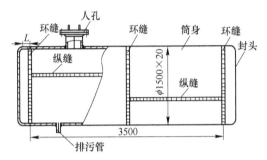

图 1-1 储罐的主体结构示意图

1.1.4 典型的焊接容器简介

1.1.4.1 2200m³ C_3H_6 存储球罐

与圆筒形容器相比具有如下优点：球形容器几何形状对称，受力均匀；在相同壁厚条件下球形容器承载能力最强；在相同容积条件下球形容器的表面积最小。另外，占地面积小，基础工程简单，建造费用低。

缺点：下料、冲压、拼装尺寸要求严格，矫形比较困难且加工费用高。

1.1.4.2 压水堆压力容器壳体

压力壳是放置堆芯及构件并防止放射性物质外泄的高压容器。壳体主要由锻造筒体、锻造球形封头、顶盖和不同直径的接管组成。整个压力壳筒体没有纵缝，部件通过环焊缝连接成整体。这不仅减少了焊接工作量，还降低了容器服役期的检查工作量。

缺点：需要装备大型的冶炼、锻压和热处理设备。

1.2 焊接工艺的概念和内容

1.2.1 焊接工艺概念

焊接工艺是指制造焊件所有关的加工方法和实施要求，包括焊接准备、材料选用、焊接方法选定、焊接参数、操作要求等。

1.2.2 焊接工艺内容

首先应对材料焊接性进行分析，然后根据以下几项内容逐步进行，最后再完成焊后热处理工艺制定。因此，焊接工艺主要包括以下几个方面。

（1）焊接方法；

（2）焊缝坡口形式；

（3）焊接材料；

（4）焊接工艺规范或参数；

（5）焊接操作要求；

（6）焊后热处理（它不属于焊接工艺范畴，但在焊接结构的焊接工艺制定过程中一般也包括制定焊后热处理工艺）。

本书对焊接方法的选择、焊缝坡口的设计、焊接材料的选用和焊接工艺参数的制定方面对焊接工艺进行设计，不包括焊接操作要求，因为它技术含量较低，仅是操作方面的一些基本顺序要求，比较简单。另外，对焊后热处理工艺规范的制定加以说明。

常见的焊接工艺说明书格式或焊接工艺规程推荐表格见《压力容器焊接规程》（NB/T 47015—2011）中的附录 C。

1.3　材料焊接性分析

1.3.1　焊接性的定义

ISO 581—1980 定义焊接性为：由材料、方法、结构类型及用途四个参量相结合而导致的各种可能性。

AWS 的定义为：焊接性，材料接受焊接的能力，即在制造条件下，材料能够焊成规定的、经适当设计的结构，并满足预期使用要求的能力[2]。

我国国家标准《焊接术语》（GB 3375—1994）给予焊接性的定义为：金属材料对焊接加工的适应性。主要指在一定的焊接工艺条件下，获得优质焊接接头的难易程度。它包括两方面的内容：其一是结合性能，即在一定焊接工艺条件下，一定的金属形成焊接缺陷的敏感性；其二是使用性能，即在一定焊接工艺条件下，一定金属的焊接接头对使用要求的适应性[3]。

概括起来，研究焊接性就是考察焊接接头是否保证焊接过程避免产生焊接缺欠或缺陷，焊接成品能否满足结构的使用要求，并由此确定所制定的焊接工艺的合理性。

焊接性包括：材料的焊接适应性，制造的焊接可行性，设计的焊接可靠性。

总之，焊接性包括的因素有三：与材料有关的因素，包括母材和焊接材料；与设计有关的因素，包括结构、接头形式和尺寸、载荷、构件板厚及焊缝布置；与制造有关的因素，包括焊接方法、焊接参数、预热和焊后热处理等。不可将焊接性简单地理解为是否产生裂纹的问题[4]。

1.3.2　焊接性评定及试验方法[4]

1.3.2.1　间接评定法

A　碳当量法

目的：评价低合金钢冷裂纹敏感性。

（1）国际焊接学会（IIW）推荐：

$$CE = C + \frac{Mn}{6} + \frac{Ni + Cu}{15} + \frac{Cr + Mo + V}{5} \tag{1-1}$$

式中，C、Mn、Ni、Cu、Cr、Mo、V 为钢中该元素含量。

适用对象：中、高强度的非调质低合金高强钢（$R_m = 500 \sim 900MPa$）。

对于 $\delta < 20mm$ 的钢材：

CE<0.4%时，钢材的淬硬性不大，焊接性良好，焊前不需要预热；

CE = 0.4% ~ 0.6%时，钢材易于淬硬，需预热，预热温度 70~200℃；

CE>0.6%时，钢材的淬硬倾向大，焊接性差。

（2）日本工业标准（JIS）和 WES 协会推荐的公式：

$$C_{eq} = C + \frac{Mn}{6} + \frac{Si}{24} + \frac{Ni}{40} + \frac{Cr}{5} + \frac{Mo}{4} + \frac{V}{14} \tag{1-2}$$

式中，C、Mn、Si、Ni、Cr、Mo、V 为钢中该元素含量。

适用对象：低合金调质钢（$R_m = 500 \sim 1000MPa$）。

成分要求：$w(C) \leq 0.2\%$；$w(Si) \leq 0.55\%$；$w(Mn) \leq 1.5\%$；$w(Cu) \leq 2.5\%$；$w(Ni) \leq 2.5\%$；$w(Cr) \leq 1.25\%$；$w(Mo) \leq 0.7\%$；$w(V) \leq 0.1\%$；$w(B) \leq 0.006\%$。

当板厚 $\delta < 25mm$ 的钢材，焊条电弧焊线能量 17kJ/cm 时，预热范围大致为：

$R_m = 500MPa$，$C_{eq} = 0.46\%$时，可不预热；

$R_m = 600MPa$，$C_{eq} = 0.52\%$时，预热 75℃；

$R_m = 700MPa$，$C_{eq} = 0.52\%$时，预热 100℃；

$R_m = 800MPa$，$C_{eq} = 0.62\%$时，预热 150℃。

（3）美国焊接学会（AWS）推荐的公式：

$$C_{eq} = C + \frac{Mn}{6} + \frac{Si}{24} + \frac{Ni}{15} + \frac{Cr}{5} + \frac{Mo}{4} + \frac{Cu}{13} + \frac{P}{2} \tag{1-3}$$

式中，C、Mn、Si、Ni、Cr、Mo、Cu、P 为钢中该元素含量。

适用对象：碳钢和低合金高强钢。

图 1-2 是根据碳当量和被焊材料板厚，将钢材焊接性分为 I ~ IV 级，表 1-2 则给出不同焊接性等级钢材的最佳焊接工艺措施。如某材料的碳当量为 0.45%，板厚 30mm，根据图 1-2，其焊接性等级为 III；然后根据表 1-2，当采用酸性焊条焊接时应预热 150℃及以上，当采用碱性焊条时可预热 40 ~

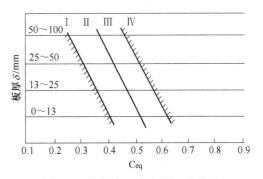

图 1-2 碳当量 C_{eq} 与板厚 δ 的关系

100℃，焊后应该进行消除应力处理，多道焊时，每道焊缝焊后可采用小尖锤锤击焊缝释放应力，打底焊道和盖面焊道除外（很多标准有规定）。

表 1-2 不同焊接性等级钢材的最佳焊接工艺措施

焊接性等级	酸性焊条	碱性低氢型焊条	消除应力	敲击焊缝
I （优良）	不需预热	不需预热	不需	不需
II （较好）	预热 40~100℃	−10℃以上不预热	任意	任意
III （尚好）	预热 150℃	预热 40~100℃	希望	希望
IV （尚可）	预热 150~200℃	预热 100℃	希望	希望

B   冷裂纹敏感系数法

$$P_{cm} = C + \frac{Mn}{20} + \frac{Si}{30} + \frac{Ni}{60} + \frac{Cr}{20} + \frac{Mo}{15} + \frac{Cu}{20} + \frac{V}{10} + 5B \qquad (1\text{-}4)$$

式中，C、Mn、Ni、Si、Mo、Cu、V、B、Cr 分别为该元素含量。

适用条件：$w(C) = 0.07\% \sim 0.22\%$；$w(Si) \leqslant 0.60\%$；$w(Mn) = 0.4\% \sim 1.40\%$；$w(Cu)$ $\leqslant 0.50\%$；$w(Ni) \leqslant 1.20\%$；$w(Cr) \leqslant 1.20\%$；$w(Mo) \leqslant 0.7\%$；$w(V) \leqslant 0.12\%$；$w(Nb) \leqslant$ 0.04%；$w(Ti) \leqslant 0.05\%$；$w(B) \leqslant 0.005\%$。$\delta = 19 \sim 50mm$；$[H] = 1.0 \sim 5.0mL/100g$。

当 $P_{cm} \geqslant 0.2\%$ 时，焊接性较差，应采用预热等措施。

C   热裂纹敏感指数法

（1）热裂纹敏感系数（HCS）：

$$HCS = \frac{C \times [S + P + (Si/25 + Ni/100)]}{3Mn + Cr + Mo + V} \times 10^3 \qquad (1\text{-}5)$$

式中，C、S、P、Si、Ni、Mn、Cr、Mo、V 分别为该元素含量。

HCS ≤ 4 时，一般不会产生裂纹；HCS 越大，其热裂纹敏感性越高。该式适用于一般低合金钢，包括低温钢和珠光体耐热钢。

（2）临界应变增长率（CST）：

$$CST = (-19.2C - 97.2S - 0.8Cu - 1.0Ni + 3.9Mn + 65.7Nb - 18.5B + 7.0) \times 10^{-4}$$
$$(1\text{-}6)$$

当 $CST \geqslant 6.5 \times 10^{-4}$ 时，可以防止产生热裂纹。

式中，C、S、Cu、Ni、Mn、Nb、B 分别为该元素含量。

D   消除应力裂纹敏感性指数法

（1）ΔG 法：

$$\Delta G = Cr + 3.3Mo + 8.1V - 2 \qquad (1\text{-}7)$$

式中，Cr、Mo、V 为该元素含量。

$\Delta G < 0$ 时，不产生裂纹；$\Delta G \geqslant 0$ 时，对产生裂纹敏感。

对于 $w(C) > 0.1\%$ 的低合金钢，上式可修正为：

$$\Delta G' = \Delta G + 10C = Cr + 3.3Mo + 8.1V + 10C - 2 \qquad (1\text{-}8)$$

式中，C、Cr、Mo、V 为该元素含量。

$\Delta G' \geqslant 2$ 时，对产生裂纹敏感；$1.5 \leqslant \Delta G < 2$ 时，对裂纹敏感性中等；$\Delta G < 1.5$ 时，对裂纹不敏感。

（2）P_{SR} 法：

$$P_{SR} = Cr + Cu + 2Mo + 5Ti + 7Nb + 10V - 2 \qquad (1\text{-}9)$$

式中，Cr、Cu、Mo、Ti、Nb、V 为该元素含量。

$P_{SR} \geqslant 0$ 时，对产生裂纹较敏感。

E   层状撕裂敏感性指数法

$$P_L = P_{cm} + \frac{[H]}{60} + 6S \qquad (1\text{-}10)$$

式中 $[H]$ ——扩散氢含量（GB 3965—1995），mL/100g；

S——钢中的含硫量,%；

P_{cm}——冷裂纹敏感系数,%。

根据P_L可以在图1-3上查出插销试验Z向不产生层状撕裂的临界应力值。

F 焊接热影响区（HAZ）最高硬度法

（1）目的。焊接热影响区最高硬度可以相对地评价被焊钢材的淬硬倾向和冷裂纹敏感性。

（2）试件制备。试样标准厚度为20mm、试板长度L=200mm、宽度B=150mm，如图1-4所示。若实际板厚超过20mm则用机械加工成20mm厚度，并保留一个轧制表面；若板厚小于20mm，则不用加工。

（3）试验条件。焊接时试件两端架空、试件下面保留足够的空间。在室温和预热温度下采用平焊位置进行焊接，沿轧制表面的中心线焊长度L=(125±10)mm焊缝，焊条直径4mm，I=(170±10)A，v=(0.25±0.02)cm/s。焊后试件空气中自然冷却不做任何焊后热处理。

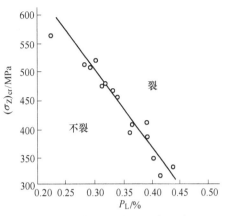

图1-3 层状撕裂敏感性指数P_L与$(\sigma_Z)_{cr}$的关系

（4）硬度的测定。焊后自然冷却经12h后，垂直切割焊缝中部，在此断面上截取硬度测量试样。试样的检测面经金相磨制后，腐蚀出熔合线。然后按图1-5所示，画一条既切于熔合线底部切点O、又平行于试样轧制表面的直线作为硬度测定线。沿直线上每隔0.5mm测定一个点，用维氏硬度计测定。以切点O及其两侧各7个以上点作为硬度测定点。

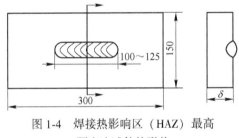

图1-4 焊接热影响区（HAZ）最高硬度法试件的形状

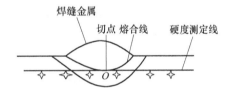

图1-5 测定硬度的位置

（在切点两侧各取7个以上的点（测点15个以上），各点的间距0.5mm）

常用低合金结构钢的碳当量及允许的热影响区最高硬度值见表1-3。

表1-3 常用低合金结构钢的碳当量及允许的热影响区最高硬度

钢种	相当国产钢种	P_{cm}/%		CE/%		最大硬度HV	
		非调质	调质	非调质	调质	非调质	调质
HW36	Q345	0.2485	—	0.4150	—	390	—
HW40	Q390	0.2413	—	0.3993	—	400	—
HW45	Q420	0.3091	—	0.4943	—	410	380（正火）
HW50	14MnMoV	0.2850	—	0.5117	—	420	390（正火）
HW56	18MnMoNb	0.3356	—	0.5782	—	—	420（正火）
HW63	12Ni3CrMoV	—	0.2787	—	0.6693	—	435
HW70	14MnMoNbB	—	0.2658	—	0.4593	—	450
HW80	14Ni2CrMnMoVCuB	—	0.3346	—	0.6794	—	470
HW90	14Ni2CrMnMoVCuN	—	0.3246	—	0.6794	—	480

1.3.2.2 直接实验法

焊接性的直接试验法是针对钢材在焊接过程中出现的裂纹设计的。采用直接法，可以通过在焊接过程中观察是否发生某种焊接缺陷或发生缺陷的程度，直观地评价焊接性优劣。例如可以定性或定量地评定被焊金属产生某种缺陷的倾向，揭示产生裂纹的原因和影响因素。由此确定防止裂纹等焊接缺陷必要的工艺措施，包括焊接方法、工艺参数、预热和焊后热处理等。各种金属材料可能产生的焊接裂纹类型见表1-4。

表1-4   各种金属材料可能产生的焊接裂纹类型

金属材料		热裂纹	冷裂纹	层状撕裂	消除应力裂纹
低碳钢	$w(S) < 0.01\%$	—	△	△	—
	$w(S) > 0.01\%$	△	△	▲	—
中碳钢、中碳低合金钢		▲	▲	—	▲
高碳钢		▲	▲	—	—
低合金高强度钢		—	▲	—	▲
中合金高强度钢		△	▲	—	△
高合金钢		▲	—	—	△
Cr-Mo 钢		—	▲	—	▲
Ni 基、Fe 基、Co 基耐热合金		▲	—	—	△
不锈钢	马氏体钢	▲	—	—	—
	铁素体钢	▲	—	—	—
	奥氏体钢	▲	—	—	△
铝及铝合金		—或▲	—	—	—
铜及铜合金		▲	—	—	△
镍及镍合金		▲	—	—	△

注："▲"—严重，"△"—可能，"—"—不产生。

A   小铁研试验（斜 Y 坡口试验）

（1）目的。评定打底焊缝以及 HAZ 的冷裂倾向；防止冷裂纹的临界预热温度。

（2）应用对象。碳素钢焊接接头热影响区冷裂纹倾向；低合金高强钢打底焊缝及其热影响区冷裂纹倾向。试样形式如图 1-6 所示，表面裂纹、根部裂纹和断面裂纹形式如图1-7 所示。

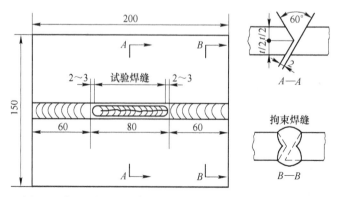

图 1-6   斜 Y 形坡口对接试件的形状和尺寸 （$\delta = 9 \sim 38$mm）

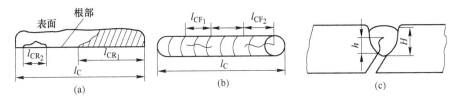

图 1-7　试样裂纹长度计算

（a）表面裂纹；（b）根部裂纹；（c）断面裂纹

（3）试验方法：

1）焊条：与母材匹配、直径 4mm。

2）上下各层正面和背面交替焊。

3）焊实验焊缝前清理焊缝。

4）试验参数：焊条直径 4mm；焊接电流，170A±10A；电弧电压，24V±2V；焊接速度：150mm/min。

5）焊完 24h 后，开始检测解剖。

（4）计算方法：

　　　　根部裂纹率=纵断面上裂纹长度总和/试验焊缝长度×100%；

　　　　表面裂纹率=表面裂纹长度总和/试验焊缝长度×100%；

　　　　断面裂纹率=横断面裂纹深度总和/试验焊缝厚度×100%；

　　　　评价指标：裂纹率小于等于 20%，则认为实际构件不发生裂纹。

B　插销试验

主要用来考核低合金钢焊接热影响区冷裂纹敏感性的一种定量试验方法，也可用来考核再热裂纹和层状撕裂等的敏感性。插销试验试样形式如图 1-8 所示。

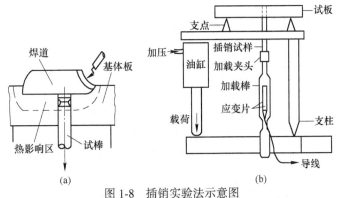

图 1-8　插销实验法示意图

（a）试棒位置图；（b）实验原理图

1.3.2.3　利用焊接性试验拟定焊接工艺的基本思路

焊接工艺设计是以材料焊接性分析为基础，了解材料焊接接头在焊接及热处理过程中可能出现的组织、性能变化和产生的缺陷；以及在使用条件下接头需要达到的性能（如防腐蚀、抗高温、防氧化、耐磨等），便于在焊接工艺制定过程中加以考虑和防止。

1.4　焊接工艺设计

1.4.1　焊接方法选择

在进行焊接方法选择时，首先应了解每种焊接方法的使用范围、特点、优缺点等；其次在两种或多种焊接方法均能实现的情况下，还需要根据设备费用、焊工技能要求或熟悉程度、生产进度安排等；最后焊接方法还要符合相关标准的要求。只有在满足以上条件的基础上选择的焊接方法才是最合理的。

1.4.1.1　常见焊接方法

A　焊条电弧焊（SMAW）

焊条电弧焊是各种电弧焊方法中发展最早、目前仍然应用最广的一种焊接方法。它是以外部涂有涂料的焊条作电极和填充金属，电弧是在焊条的端部和被焊工件表面之间燃烧。涂料在电弧热作用下一方面可以产生气体以保护电弧；另一方面可以产生熔渣覆盖在熔池表面，防止熔化金属与周围气体的相互作用；熔渣更重要的作用是与熔化金属产生物理化学反应或添加合金元素，改善焊缝金属性能。

焊条电弧焊设备简单、轻便，操作灵活。可以应用于维修及装配中的短缝的焊接，特别是可以用于难以达到的部位的焊接。焊条电弧焊配用相应的焊条可适用于大多数工业用碳钢、不锈钢、铸铁、铜、铝、镍及其合金的焊接。

焊条电弧焊熔深较浅，一般为 2~5mm；单位熔敷率一般，介于埋弧焊与钨极氩弧焊之间，同时也低于熔化极气体保护焊；焊条电弧焊缝表面质量及焊缝中气孔、夹渣缺陷主要取决于焊工技能、焊前清理和焊条工艺性能，对焊工操作技能要求较高；同时焊条电弧焊烟尘较大，还有弧光污染等问题。

焊条电弧焊可用于全位置焊、打底焊和填充焊，对于厚大结构适用性差。

B　埋弧焊（SAW）

埋弧焊是以连续送进的焊丝作为电极和填充金属。焊接时，在焊接区的上面覆盖一层颗粒状焊剂，电弧在焊剂层下燃烧，将焊丝端部和局部母材熔化，形成焊缝。

在电弧热的作用下，一部分焊剂熔化成熔渣并与液态金属发生冶金反应。熔渣浮在金属熔池的表面，一方面可以保护焊缝金属，防止空气的污染，并与熔化金属产生物理化学反应，改善焊缝金属的成分及性能；另一方面还可以使焊缝金属缓慢冷却，对于易淬硬钢，对防止热影响区出现淬硬组织有利。

埋弧焊可以采用较大的焊接电流，熔深较大（根据电流和焊丝直径不同，一般在 3~6mm），因此不适于薄板焊接和打底焊；与焊条电弧焊相比，其最大的优点是焊缝成形美观、质量好、生产效率高。因此，它特别适于焊接板厚较大、焊缝较长的直缝和环缝，不适用于短焊缝、曲线复杂的焊缝，多数情况下采用机械或自动化焊接。但由于埋弧焊剂的问题，它一般只适用于平（1G）、平角（2F）位置焊接，在采用焊接工装的情况下可以采用横焊（2G），采用磁性焊剂时可用于仰焊（4G）位置焊接。

埋弧焊已广泛用于碳钢、低合金结构钢和不锈钢的焊接。由于熔渣可降低接头的冷却速度，故某些高强度结构钢、高碳钢等也可采用埋弧焊焊接。

C　钨极惰性气体保护弧焊（GTAW）

这是一种非熔化极气体保护电弧焊，是利用钨极和工件之间的电弧使金属熔化而形成焊缝的。焊接过程中钨极不熔化，只起电极的作用；同时由焊炬的喷嘴送进氩气（或氦气）进行保护；还可以根据需要另外添加填充金属。在国际上通称为 TIG 焊（tungsten inert gas welding）。

钨极氩弧焊由于能很好地控制热输入，或者可以采用脉冲焊接，熔深较浅，对于薄板焊接非常适用；由于焊接效率低、成本高，对于厚板焊接一般只用于打底焊；钨极氩弧焊具有很好的单面焊双面成型性能，所以经常用于单面焊的打底焊，以保证根部成型和焊透；钨极氩弧焊可用于任何位置的焊接，适应性强；由于没有熔滴过渡，焊缝成形美观；由于采用气体保护，抗风能力差，野外焊接时应采取防风措施；采用的钨极具有一定的放射性，对焊工身体健康有影响；焊接过程中钨极易烧损，打磨钨极的时间较多，影响了焊接效率；钨极氩弧焊对焊工操作技能要求较高。

由于采用惰性气体保护，焊缝金属中 O、N、H 的含量较低，金属塑韧性好。这种方法几乎可以用于所有金属的连接，尤其适用于焊接铝、镁这些会形成难熔氧化物的金属以及钛和锆这些活泼金属。

D　熔化极气体保护焊（GMAW）

熔化极气体保护焊是利用连续送进的焊丝与工件之间燃烧的电弧作为热源，由焊炬嘴喷出的气体来保护电弧进行焊接的。

熔化极气体保护电弧焊通常用的保护气体有氩气、氦气、CO_2、O_2 或这些气体的混合气。以氩气或氦气为保护气时称为熔化极惰性气体保护电弧焊（在国际上简称为 MIG 焊）；以惰性气体与氧化性气体（O_2、CO_2）的混合气为保护气时，或以 CO_2 气体或 $CO_2 + O_2$ 的混合气为保护气时，统称为熔化极活性气体保护电弧焊（在国际上简称为 MAG 焊）。

熔化极气体保护电弧焊的主要优点是可以方便地进行各种位置的焊接，但由于焊枪鹅颈式结构，回转半径较大，不适用于小口径管的焊接；焊接速度较快、熔敷率较高等优点，适用于厚板结构的焊接；可采用手工、机械、自动化等焊接方式；由于存在熔滴过渡和气体受热分解膨胀等原因，飞溅较大、表面成形不美观等缺点；采用活性气体保护（MAG 焊），焊缝含氧量较高，塑韧性较差，对于塑韧性要求较高的焊缝不太适用；熔化极气体保护焊在工业生产中一般会采用水冷，焊接导线较重（气管、水管和电缆），手工焊接工人劳动强度较大；由于电流密度较大，弧光强烈，焊接时应加强保护，避免眼睛和皮肤的灼伤；由于采用气体保护，抗风能力差，野外焊接时应采取防风措施。

熔化极活性气体保护电弧焊可适用于大部分主要金属的焊接，包括碳钢、合金钢；熔化极惰性气体保护焊适用于不锈钢、铝、镁、铜、钛、锆及镍合金。利用这种焊接方法还可以进行电弧点焊。

E　药芯焊丝气体保护焊（FCAW）

药芯焊丝气体保护焊也是利用连续送进的药芯焊丝与工件之间燃烧的电弧为热源进行焊接的，可以认为是熔化极气体保护焊的一种类型。焊接时，一般可外加保护气体（常用 CO_2 气体）进行保护，药粉受热分解造气和造渣，起到保护熔池、渗合金及稳弧等作用。

药芯焊丝电弧焊不另外加保护气体时，叫作自保护药芯焊丝电弧焊，以药粉分解产生的气体作为保护气体，这种方法的焊丝干伸长度变化不会影响保护效果，其变化范围可较大。

药芯焊丝电弧焊除具上述熔化极气体保护电弧焊的优点外，由于药粉的作用，使之在冶金上更具优点，可以通过药芯改善熔敷金属成分和性能。药芯焊丝电弧焊可以应用于大多数黑色金属和各种厚度、各种接头的焊接。

与熔化极气体保护焊（实芯焊丝）相比，其焊接工艺性能较优（尤以飞溅少，焊缝成型美观突出），熔敷效率更高。因此，药芯焊丝气体保护焊发展迅速。

F   电渣焊（ESW）

电渣焊是以熔渣的电阻热为能源的焊接方法。焊接过程是在立焊位置、由两工件端面与两侧水冷铜滑块形成的装配空腔内进行。焊接时利用电流通过熔渣产生的电阻热将工件和焊丝熔化。

根据焊接时所用的电极形状，电渣焊分为丝极电渣焊、板极电渣焊和熔嘴电渣焊。

电渣焊的优点是可焊的工件厚度大（从30mm至1000mm）、生产率高，主要用于大断面对接接头及丁字接头的焊接。

电渣焊可用于各种钢结构的焊接，也可用于铸件的组焊。电渣焊接头由于加热及冷却均较慢，热影响区宽、显微组织粗大、韧性低，因此焊接以后一般须进行正火处理。电渣焊现在已基本被气电立焊所代替。

G   高频焊

高频焊以固体电阻热为能源。焊接时利用高频电流在工件内产生的电阻热使工件焊接区表层加热到熔化或接近熔化的塑性状态，随即施加（或不施加）顶锻力而实现金属的结合。因此它是一种固相电阻焊方法。

高频焊根据高频电流在工件中产生热的方式可分为接触高频焊和感应高频焊。接触高频焊时，高频电流通过与工件机械接触而传入工件。感应高频焊时，高频电流通过工件外部感应圈的耦合作用而在工件内产生感应电流。

高频焊是专业化较强的焊接方法，要根据产品配备专用设备。高频焊生产率高，焊接速度可达30m/min，主要用于小口径薄壁焊缝纵缝、螺旋鳍片管的焊接。

H   爆炸焊

爆炸焊也是以化学反应热为能源的另一种固相焊接方法，但它是利用炸药爆炸所产生的能量来实现金属的连接的。在爆炸波作用下，两件金属在不到1s的时间内即可被加速撞击形成金属的结合。

在各种焊接方法中，爆炸焊可以焊接的异种金属的组合范围最广，可以用爆炸焊将冶金上不相容的两种金属焊成各种过渡接头。爆炸焊多用于表面积相当大的平板包覆，是制造复合板的高效方法。

爆炸焊主要用于复合板复合层与基层的焊接；另外，可用于换热器管板与管子胀焊。

I   摩擦焊

摩擦焊是以机械能为能源的固相焊接。它是利用两表面间的机械摩擦所产生的热来实现金属的连接的。

摩擦焊时，热量集中在接合面处，因此热影响区窄。两表面间须施加压力，多数情况是在加热终止时增大压力，使热金属受顶锻而结合，一般结合面并不熔化。

摩擦焊生产率较高，原理上几乎所有能进行热锻的金属都能用摩擦焊焊接。摩擦焊还可用于异种金属的焊接，主要适用于横断面为圆形的最大直径为100mm的工件。

1.4.1.2 常见焊接方法的特点

不同焊接方法的特点见表1-5。

表1-5 不同焊接方法的特点

焊接方法	焊接特点	焊接接头特征	
		焊缝	热影响区
焊条电弧焊	利用焊条与工件之间产生的电弧将焊条和工件局部加热到熔化状态，熔池冷凝后形成焊缝	铸态组织	焊接线能量小，HAZ宽度相对较小。具有连续变化的梯度组织特征
埋弧焊	电弧在一层颗粒状的可熔化焊剂的覆盖下燃烧，电弧熔化焊丝形成熔池，冷却后形成焊缝	焊缝组织粗大	焊接线能量大，组织粗大，热影响区宽度随着线能量增加而加宽（热影响区较小）
电渣焊	利用电流通过液态熔渣所产生的电阻热熔化金属和焊丝形成焊缝	焊缝和热影响区的组织粗大，降低了焊接接头的塑性与冲击韧性，焊后必须对焊接接头区域进行正火处理	
熔化极氩弧焊（MIG）	用氩气或富氩气体作为保护介质，采用连续送进焊丝与工件间的电弧作为热源的电弧焊	焊接质量稳定可靠，焊缝作为铸态组织，焊缝熔深稍大	热影响区较小
摩擦焊	利用焊件接触面相互运动摩擦产生的热量，使端部达到热塑性状态，加压实现连接的固态焊接方法	无明显焊缝，焊接是在接触几秒钟时间内完成的，热影响区很窄；淬火区的热影响区较宽	
CO_2气体保护焊	CO_2作为保护气体，焊丝作熔化电极，电弧在气流压缩下燃烧，焊丝和焊件之间产生电弧形成熔池和焊缝金属的一种生产效率高的焊接方法	铸态组织	焊接热量集中，热影响区小
钨极氩弧焊（TIG）	在惰性气体（Ar、He）保护下，利用钨极与工件之间产生的电弧热熔化母材和填充焊丝	焊接质量稳定，焊缝熔深小	热影响区较小

1.4.1.3 焊接技术的新发展

随着工业和科学技术的发展，焊接工艺不断进步。

（1）提高焊接生产率是推动焊接技术发展的重要驱动力。提高生产率的途径有三：第一，提高薄板件的焊接速度。焊条电弧焊时使用纤维素焊条进行向下立焊可以较大地提高焊接速度；熔化极气体保护焊中采用电流成形控制或多丝焊，能使焊接速度从0.5m/min提高到1~6m/min。第二，提高焊接熔敷率。焊条电弧焊中的铁粉焊条、重力焊条和躺焊条工艺，埋弧焊中的多丝焊、热丝焊均属此类，其效果显著。多丝埋弧焊工艺参数分别为2200A/33V、1400A/40V、1100A/45V。采用坡口断面小、背面设置挡板或衬垫、50~60mm的钢板可一次焊透成形，焊接速度达到0.4m/min以上，其熔敷效率与焊条电弧焊相比在 100 倍以上。第三，减少坡口断面及熔敷金属量，近 10 年来最突出的成就是窄间隙焊接。窄间隙焊接采用气体保护焊为基础，利用单丝、双丝或三丝进行焊接。无论接头厚度如何，均可采用对接形式，例如，钢板厚度由 50~300mm，间隙均可设计为13mm 左右，因而所需熔敷金属量成数倍、数十倍地降低，从而大大提高生产率。窄间隙焊接的主要技术关键是如何保证两侧熔透和保证电弧中心自动对中坡口中心。为此，世界各国开发出多种不同方案，因而出现了多种多样的窄间隙焊接法。

电子束焊、等离子焊和激光焊时，可采用对接接头，且不用开坡口，因此是更理想的窄间隙焊接法，这是它受到广泛重视的重要原因之一。

（2）提高准备车间的机械化、自动化水平是当前世界先进工业国家的重点发展方向。为了提高焊接结构生产的效率和质量，仅仅从焊接工艺着手是有一定局限性的，因而世界各国特别重视准备车间的技术改造。准备车间的主要工序包括材料运输，材料表面去油、喷砂、涂保护漆，钢板划线、切割、开坡口，部件组装及点固。以上四道工序在现代化的工厂中均已全部实现机械化、自动化，其优点不仅在于提高了生产率，更重要的是提高了产品的质量。例如，钢板划线（包括装配时定位中心及线条）、切割、开坡口全部采用计算机数字控制技术（CNC 技术）以后，零部件尺寸精度大大提高，而坡口表面粗糙度大幅度降低。整个结构在装配时已可接近机械零件装配方式，因而坡口几何尺寸都相当准确。在自动焊施焊以后，整个结构工整、精确、美观，完全改变了过去铆焊车间人工操作的落后现象。

（3）焊接过程自动化、智能化是提高焊接质量稳定性和解决恶劣劳动条件的重要方向。由于焊接质量要求严格，而劳动条件往往较差，因而自动化、智能化受到特殊重视。机器人的出现迅速得到焊接工业界的热烈响应。目前，全世界机器人有 50% 以上用在焊接技术上，在刚开始时，多用于汽车工业中的点焊流水线上，近几年来已拓展到弧焊领域。

机器人虽然是一个高度自动化的装备，但从自动控制的角度来看，它仍是一个程序控制的开环控制关系，因而它不可能根据焊接时具体情况而进行适时调节。为此，智能焊接成为当前焊接界重视的中心。智能焊接的第一个发展重点在视觉系统。目前已开发出的视觉系统可使机器人根据焊接中具体情况自动修改焊炬运动轨迹，有的还能根据坡口尺寸适时地调节工艺。然而，总的来说，目前智能化仅仅在一次阶段，这方面的发展将是一个长期的任务。

（4）新兴工业的发展不断推动焊接技术前进。焊接技术自发明至今已有百余年历史，它几乎已可解决当前工业中一切重要产品生产制造的需要，如航空、航天及核能工业中的重要产品等。但是新兴工业的发展仍然迫使焊接技术不断前进，以满足其需要。例如，微电子工业的发展促进了微型连接工艺和设备的发展；又如陶瓷材料和复合材料的发展促进了真空钎焊、真空扩散焊、喷涂以及粘结工艺的发展，使它们获得更大的生命力，走上了一个新台阶。

（5）热源的研究与开发是推动焊接工艺发展根本动力。焊接工艺几乎运用了世界上一切可以利用的热源，其中包括火焰、电弧、电阻、超声波、摩擦、等离子、电子束、激光束、微波等等。历史上每一种热源的出现，都伴随着新的焊接工艺的出现。但是，至今焊接热源的研究与开发并未终止。新的发展可概括为两方面：一方面是对现有热源的改善，使之更为有效、方便、经济适用。在这方面电子束，特别是激光束焊接的发展比较显著。另一方面则是开发更好更有效的热源。例如近来有不少工作采用两种热源叠加，以求获得更强的能量密度，如在等离子束中加激光、在电弧中加激光等。

（6）节能技术是普遍关切的问题，节能技术在焊接工业中也是重要方向之一。众所周知，焊接消耗能源甚大。以焊条电弧焊机为例，每台约 20kV·A，埋弧焊机每台约 90kV·A，电阻焊机每台则可高达上千 kV·A。不少新技术的出现就是为了这一节能目标。在电阻点焊中，利用电子技术的发展，将交流点焊改变为二次整流点焊，可以大大提高焊机的功率因数，减少焊机容量，1000kV·A 的点焊机可降低至 200kV·A，而仍能达到同样的焊接效果。近 10 年来逆变焊机的出现是另外一个成功的例子，但是逆变焊机输入电流畸变严重，存在较大的谐波，焊机的功率因数并不高，为此人们正在研究谐波抑制技术，以便取得更好的节能效果。

总之，通过以上介绍，可见焊接技术仍在不断发展之中，我们希望通过这个简单的介绍，使工程技术人员对当前焊接新工艺及其发展趋势有所了解，并能够正确地选用或发展新工艺。

1.4.1.4　焊接方法的选择

A　原则

选择焊接方法时必须符合以下要求：能保证焊接产品的质量优良可靠，生产率高；生产费用低，能获得较好的经济效益。

B　影响因素

a　产品特点

产品结构类型，大致可分为以下四大类：结构类，如桥梁、建筑工程、石油化工容器等；机械零件类，如汽车零部件等；半成品类，如工字梁、管子等；微电子器件类。

这些不同结构的产品由于焊缝的长短、形状、焊接位置等各不相同，因而适用的焊接方法也会不同。

结构类产品中规则的长焊缝和环缝宜用埋弧焊和熔化极气体保护焊；焊条电弧焊用于打底焊和短焊缝焊接；机械类产品接头一般较短，根据其准确度要求，选用气体保护焊（一般厚度）、电渣焊、气电焊（重型构件宜于立焊的）、电阻焊（薄板件）、摩擦焊（圆形断面）或电子束焊（有高精度要求的）；半成品类的产品的焊接方法，有埋弧焊、气体保护电弧焊、高频焊等；微型电子器件的接头主要要求密封、导电性、受热程度小等，因此宜用电子束焊、激光焊、超声波焊、扩散焊、钎焊和电容储能焊。

b　工件厚度

工件的厚度可在一定程度上决定所适用的焊接方法。每种焊接方法由于所用的热源不同，都有一定的适用的材料厚度范围。在推荐的厚度范围内焊接时，较易控制焊接质量和保持合理的生产率。推荐的各种方法适用的厚度范围如图 1-9 所示。

c　接头形式和焊接位置

根据产品的使用要求和所用母材的厚度形状，设计的产品可采用对接、搭接、角接等几种类型的接头形式。其中对接形式适用于大多数焊接方法，钎焊一般只适用于连接面积比较大而材料厚度较小的搭接接头。

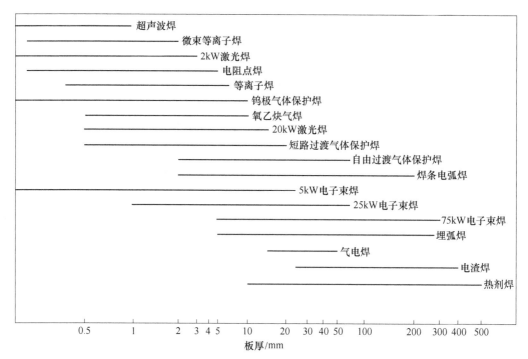

图 1-9　各种焊接方法适用的厚度范围

产品中各个接头的位置往往根据产品的结构要求和受力情况决定。这些接头可能需要在不同的焊接位置焊接，包括平焊、立焊、横焊、仰焊及全位置焊接等。平焊是最容易、最普遍的焊接位置，因此焊接时应该尽可能使产品接头处于平焊位置，这样就可以选择既能保证良好的焊接质量，又能获得较高的生产率的焊接方法，如埋弧焊和熔化极气体保护焊。对于立焊接头宜采用熔化极气体保护焊（薄板）、气电焊（中厚度），当板厚超过约 30mm 时可采用电渣焊。不同焊接方法焊接位置的适应性见表 1-6。

表 1-6　不同焊接方法焊接位置的适应性

适用条件		焊条电弧焊	埋弧焊	电渣焊	气体保护焊			氩弧焊	等离子焊	气电立焊	电阻焊	闪光对焊	气焊	扩散焊	摩擦焊	电子束焊	激光焊	钎焊
					射流过渡	脉冲喷射	短路过渡											
接头类型	对接	A	A	A	A	A	A	A	A	C	A	A	A	A	A	A	C
	角接	A	A	B	A	A	A	A	A	C	A	A	A	A	C	B	A	A
	搭接	A	A	B	A	A	A	A	A	B	C	C	A	C	C	A	A	C
焊接位置	平焊	A	A	C	A	A	A	A	A	C	—	—	A	—	A	A	A	—
	立焊	A	C	B	A	A	A	A	A	A	—	—	A	—	C	A	—
	仰焊	A	C	C	C	A	A	A	A	C	—	—	A	—	—	C	A	—
	全位置	A	C	C	C	A	A	A	A	C	—	—	A	—	—	C	A	—
设备成本		低	中	高	中	中	中	低	高	高	高	高	低	高	高	高	高	低
焊接成本		低	低	低	中	中	低	中	中	中	低	中	中	高	低	高	中	中

注："A"—适用；"B"—较适用；"C"——一般适用；"—"——不适用。

d　母材性能

（1）母材的物理性能。母材的导热、导电、熔点等物理性能会直接影响其焊接性及焊接质量。

当焊接热导率较高的金属，如铜、铝及其合金时，应选择热输入强度大、线能量集中、具有较高焊透能力的焊接方法（如 TIG 焊、MIG/MAG 焊），以使被焊金属在最短的时间内达到熔化状态，并使工件变形最小；对于电阻率较高的金属则更宜采用电阻焊；对于钼、钽等高熔点的难熔金属，采用电子束焊是极好的焊接方法；而对于物理性能相差较大的异种金属，宜采用不易形成脆性中间相的焊接方法，如各种固相焊、激光焊等。

（2）母材的冶金性能。由于母材的化学成分直接影响了它的冶金性能，因而也影响了材料的焊接性，因此这也是选择焊接方法时必须考虑的重要因素。

工业生产中应用最多的普通碳钢和低合金钢采用一般的电弧焊方法都可进行焊接。钢材的合金含量，特别是碳含量愈高，焊接性往往愈差，可选用的焊接方法种类愈有限。例如，锅炉高合金耐热材料 SA-335P91 采用埋弧焊能保证接头韧性；但对于 SA-335P92 和 SA-335P122 等合金含量更高的材料则采用埋弧焊不能保证接头韧性，只有采用钨极氩弧焊焊接时能保证韧性。实际焊接中，为保证焊接效率、质量等一般会采用窄间隙坡口+热丝+钨极氩弧焊，即称为窄间隙热丝 TIG 焊。

对于铝、镁及其合金等这些活泼的有色金属材料，不宜选用 CO_2 电弧焊、埋弧焊，而应选用惰性气体保护焊，如钨极氩弧焊、熔化极氩弧焊等。特别是氩弧焊，其保护效果好，焊缝成分易于控制，可以满足焊缝耐蚀性的要求。对于钛、锆这类金属，由于其气体溶解度较高，焊后容易变脆，因此采用高真空电子束焊最佳。

（3）母材的力学性能。被焊材料的强度、塑性、硬度等力学性能会影响焊接过程的顺利进行。如铝、镁一类塑性温度区较窄的金属就不能用电阻凸焊，而低碳钢的塑性温度区宽则易于电阻焊焊接；又如，延性差金属就不宜采用大幅度塑性变形的冷焊方法；再如爆炸焊时，要求所焊的材料具有足够的强度与延性，并能承受焊接工艺过程中发生的快速变形。

另一方面，各种焊接方法对焊缝金属及热影响区的金相组织及其力学性能的影响程度不同，因此也会不同程度地影响产品的使用性能。选择的焊接方法还要便于通过控制热输入从而控制熔深、熔合比和热影响区（固相焊接时以便于控制其塑性变形）来获得力学性能与母材相近的接头。例如电渣焊、埋弧焊时由于热输入较大，从而使焊接接头的冲击韧度降低；又如电子束焊接接头的影响区较窄，与一般电弧焊相比，其接头具有较好的力学性能和较小的热影响区。因此，电子束焊对某些金属，如不锈钢或经热处理强化的零件，是很好的焊接方法。

此外，对于含有较多合金元素的金属材料，采用不同的焊接方法会使焊缝具有不同的熔合比，因而会影响焊缝的化学成分，也会影响其性能。

具有高淬硬性的金属宜采用冷却速度缓慢的焊接方法，这样可以减少热影响区开裂倾向；淬火钢则不宜采用电阻焊，否则，由于焊后冷却速度太快，可能造成焊点开裂；焊接某些沉淀硬化不锈钢时，采用电子束焊可以获得力学性能较好的接头。

对于熔化焊不容易焊接的冶金相容性较差的异种金属，应考虑采用某种非液相结合的焊接方法，如本章介绍的钎焊、扩散焊或爆炸焊等。

常用材料适用的焊接方法见表 1-7。

表 1-7　常用材料适用的焊接方法

材料	厚度/mm	焊条电弧焊	埋弧焊	气体保护金属极电弧焊 射流过渡	气体保护金属极电弧焊 潜弧	气体保护金属极电弧焊 脉冲弧	气体保护金属极电弧焊 短路电弧	药芯焊丝电弧焊	气体保护钨极电弧焊	等离子弧焊	电渣焊	气电焊	电阻焊	闪光焊	气焊	扩散焊	摩擦焊	电子束焊	激光焊	硬钎焊 火焰钎焊	硬钎焊 炉中钎焊	硬钎焊 感应加热钎焊	硬钎焊 电阻加热钎焊	硬钎焊 浸渍钎焊	硬钎焊 红外线钎焊	硬钎焊 扩散钎焊	软钎焊
碳钢	≤3	△	△	—	—	△	△	—	△	—	—	—	△	△	—	—	—	△	△	△	△	△	△	△	△	△	△
碳钢	3~6	△	△	△	△	△	△	△	△	△	—	△	△	—	△	△	△	△	△	△	△	△	—	—	—	—	△
碳钢	6~19	△	△	△	—	△	—	△	—	—	△	△	—	△	△	△	—	△	△	△	△	—	—	—	—	—	△
碳钢	19以上	△	△	—	—	△	—	△	—	—	△	△	—	—	—	—	—	△	—	—	—	—	—	—	—	—	△
低合金钢	≤3	△	—	—	—	△	—	—	△	—	—	—	△	△	—	△	△	△	△	△	△	△	△	△	△	△	△
低合金钢	3~6	△	△	△	△	△	△	△	△	△	—	△	△	—	△	△	△	△	△	△	△	△	—	—	—	—	△
低合金钢	6~19	△	△	—	—	△	—	△	—	—	△	△	—	—	—	—	—	△	—	—	—	—	—	—	—	—	△
低合金钢	19以上	△	△	—	—	△	—	△	—	—	△	△	—	—	—	—	—	△	—	—	—	—	—	—	—	—	△
不锈钢	≤3	△	—	—	—	△	△	—	△	△	—	—	—	△	—	△	△	△	△	△	△	△	△	△	△	△	△
不锈钢	3~6	△	—	△	—	△	△	△	△	△	—	△	△	—	△	△	△	△	△	△	△	△	—	—	—	—	△
不锈钢	6~19	△	△	—	—	△	—	△	—	—	△	△	—	—	—	—	—	△	—	—	—	—	—	—	—	—	△
不锈钢	19以上	△	△	—	—	△	—	△	—	—	△	△	—	—	—	—	—	△	—	—	—	—	—	—	—	—	△
铸钢	≤3	△	—	—	—	—	—	—	—	—	—	—	—	—	△	△	—	—	—	—	—	—	—	—	—	—	—
铸钢	6~19	△	△	—	—	—	—	△	—	—	—	—	—	—	△	—	—	—	—	—	—	—	—	—	—	—	—
铸钢	19以上	△	△	—	—	—	—	△	—	—	—	—	—	—	△	—	—	—	—	—	—	—	—	—	—	—	—
镍基合金	≤3	△	—	—	—	—	—	△	—	—	—	—	—	—	—	△	△	△	△	—	—	—	—	—	—	—	△
镍基合金	3~6	△	—	△	—	—	—	△	—	—	—	—	—	—	△	△	△	△	△	—	—	—	—	—	—	—	△
镍基合金	6~19	△	△	—	—	—	—	△	—	—	—	—	—	—	△	△	△	—	—	—	—	—	—	—	—	—	△
镍基合金	19以上	△	—	—	—	—	—	△	—	—	—	—	—	—	—	—	—	—	—	—	—	—	—	—	—	—	△

注："△"—适用；"—"—不适用。

　e　生产条件

（1）技术水平。在选择焊接方法以制造具体产品时，要顾及制造厂家的设计及制造的技术条件，其中焊工的操作技术水平尤其重要。

·通常需要对焊工进行培训，包括手工操作、焊机使用、焊接技术、焊接检查及焊接管理等。对某些要求较高的产品，如压力容器，在焊接生产前则要对焊工进行专门的培训和考核。

　焊条电弧焊时，要求焊工具有一定的操作技能，特别是进行立焊、仰焊、横焊等位置的焊接时，则要求焊工有更高的操作技能。

　手工钨极氩弧焊与焊条电弧焊相比，要求焊工经过更长期的培训和具有更熟练、更灵巧的操作技能。

　埋弧焊、熔化极气体保护焊多为机械化焊接或半自动焊，其操作技术比焊条电弧焊要求相对低一些。

电子束焊、激光焊时，由于设备及辅助装置较复杂，因此要求有更高的基础理论知识和操作技术水平。

（2）设备。每种焊接方法都需要配用一定的焊接设备，包括焊接电源，实现机械化焊接的机械系统、控制系统及其他一些辅助设备。电源的功率、设备的复杂程度、成本等都直接影响了焊接生产的经济效益，因此，焊接设备也是选择焊接方法时必须考虑的重要因素。

焊接电源有交流电源和直流电源两大类。一般交流弧焊机的构造比较简单、成本低。焊条电弧焊所需设备最简单，除了需要一台电源外，只需配用焊接电缆及夹持焊条的电焊钳即可，宜优先考虑。

熔化极气体保护电弧焊需要有自动送进焊丝、自动行走小车等机械设备，此外还要有输送保护气的供气系统、通冷却水的供水系统及焊炬等。

（3）焊接用消耗材料。焊接时的消耗材料包括焊丝、焊条或填充金属、焊剂、钎剂、钎料、保护气体等。

各种熔化极电弧焊都需要配用一定的消耗性材料，如焊条电弧焊时使用涂料焊条，埋弧焊、熔化极气体保护焊都需要焊丝，药芯焊丝电弧焊则需要专门的药芯焊丝，电渣焊则需要焊丝、熔嘴或板极。埋弧焊和电渣焊除电极（焊丝等）外，都需要有一定化学成分的焊剂。

钨极氩弧焊和等离子弧焊时，需使用熔点很高的钨极、钍钨极或铈钨极作为不熔化电极，此外还需要价格较高的高纯度的惰性气体。

电阻焊时通常用电导率高、较硬的铜合金作电极，以使焊接时既能有高的电导率，又能在高温下承受压力和磨损。

1.4.1.5　焊接方法选择例题

例题 1-1：Q235A、$\delta = 12mm$、300mm×120mm 对接焊缝，请问选择哪种焊接方法为宜？

答：采用埋弧焊、I 形坡口（图 1-10（a））、正面焊后反面清根，它效率高且不用开坡口，只需要反面清根措施就能保证焊透。

采用熔化极活性气体保护焊、Y 形坡口（图 1-10（b）），它效率高成本低且单面焊双面成形也较好。

采用焊条电弧焊、单面 Y 形坡口（图 1-10（b）），它效率较低且单面焊双面成形难，但可以采取反面封底焊措施保证焊透。

例题 1-2：6063、$\delta = 3mm$、300mm×120mm 对接焊缝，焊后 100%RT 检查，请问选择哪种焊接方法为宜？

答：采用钨极氩弧焊、I 形坡口（图 1-10（a））。由于是铝合金、壁厚较薄，采用交流方波电源焊接质量最佳。

采用熔化极惰性气体保护焊、I 形坡口（图 1-10（a））。直流反接、小电流低电压、短路过渡，既保证焊透也避免烧穿。

采用钨极氩弧焊和熔化极惰性气体保护焊时，反面需采用氩气保护，防止背面高温金属与空气中的氧结合发生氧化。

例题 1-3：Q235A、$\delta = 12mm + 20G$、$\phi 60mm \times 4mm$ 管板角接，请问选择哪种焊接方法

为宜？

答：采用管板自动焊机（可采用 MAG 和 TIG 两种焊接方法），通过编程能实现此类管板角焊缝焊接，焊缝成形美观、效率高。

采用焊条电弧焊，但焊缝成形取决于操作者的技能。

例题 1-4：20G、$\phi25\times3mm$ 管子对接焊缝，焊后 100%RT 检查，请问选择哪种焊接方法为宜？

答：采用钨极氩弧焊、Y 形坡口（图 1-10（b））。$\phi25mm$ 管径小只能单面焊、3mm 较薄氩弧焊一道即可填满，采用钨极氩弧焊更能保证焊透，且有些标准也要求必须采用氩弧焊（如 JB1613 锅炉焊接技术条件）。

例题 1-5：20G、$\phi133\times13mm$ 管子对接焊缝，焊后 100%RT 检查，请问选择哪种焊接方法为宜？

答：采用钨极氩弧焊+焊条电弧焊、Y 形坡口（图 1-10（b））。$\phi133mm$ 管径只能采用单面焊，而要求背面焊透则需采用钨极氩弧焊；$\phi133mm$ 管径不可以采用埋弧焊，而全部采用钨极氩弧焊效率低、成本高，所以采用焊条电弧焊或熔化极气体保护焊填充盖面。

例题 1-6：20G、$\phi273\times40mm$ 管子对接焊缝，焊后 100%RT 检查，请问选择哪种焊接方法为宜？

答：采用钨极氩弧焊+焊条电弧焊+埋弧焊、U 形坡口（图 1-10（d））。$\phi273mm$ 管径只能采用单面焊，而要求背面焊透则需采用钨极氩弧焊；$\phi273mm$ 管径可以采用埋弧焊，但氩弧焊的单道熔敷金属厚度一般为 2～3mm，而埋弧焊的熔深较大，正常情况下 5～10mm，所以氩弧焊后若直接采用埋弧焊会造成烧穿缺陷，因此，需采用焊条电弧焊过渡两层以避免埋弧焊时烧穿。

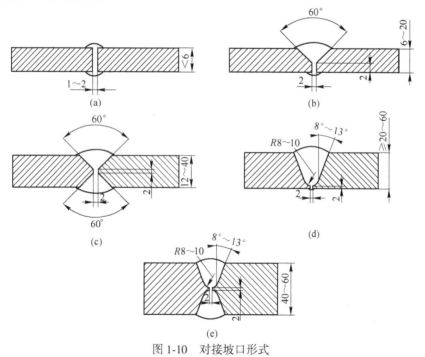

图 1-10　对接坡口形式

（a）不开坡口；（b）Y 形坡口；（c）X 形坡口；（d）单 U 形坡口；（e）双 U 形坡口

1.4.2 焊缝坡口设计

坡口是根据设计或工艺需要，在焊件上的待焊部位加工并装配成的一定几何形状的沟槽。

常见的坡口形式有对接坡口和角接坡口（工程上为区分角接接头中的对接与一般对接焊缝，现将其分为对接、坡口角接、角接三大类）。对接坡口主要有 I 形、V 形、X 形、U 形、Y 形、UV 形、VV 形等；角接坡口有 T 形、搭接、J 形等。

常用的焊缝坡口标准有《气焊、手工电弧焊及气体保护焊焊缝坡口的基本形状与尺寸》（GB 985—88），《埋弧焊焊缝坡口的基本形式和尺寸》（GB 986—1988）。

1.4.2.1 坡口设计原则[5]

焊缝坡口可以选用标准坡口或自行设计，选择或设计坡口形式和尺寸应考虑下列因素：

（1）焊接方法；

（2）焊缝填充金属尽量少（坡口截面积最小，从而焊缝金属填充量最少）；

（3）避免产生缺陷（使电弧达到根部，保证根部焊透不出现未焊透和未熔合等缺陷）；保证一定的熔合比，从而防止结晶裂纹、碳迁移等缺陷）；

（4）减少残余焊接变形与应力（尽量采用填充量少、双面对称焊的坡口）；

（5）有利于焊接防护；

（6）焊工操作方便；

（7）复合钢板的坡口应有利于减少过渡焊缝金属的稀释率。

焊缝坡口应与焊接方法一起考虑，不同的焊接方法特点不同，所以坡口形式要求也不同，反之亦然；坡口与钢板或管子壁厚、产品要求、实际工况有关。

I 形坡口加工和装配简单，双面焊能保证焊透时应优先选择。

V 形或 Y 形坡口与 U 形坡口相比，加工更易，在板厚不大于 20mm 单面焊情况下需要开坡口才能保证焊透时，应该首选 Y 或 V 形坡口；当板厚大于 20mm 时，应采取 U 形坡口，因为此时 U 形坡口焊缝金属填充量小于 V 形或 Y 形坡口。

当能进行双面焊必须开坡口才能焊透时，可以选择 X 形和双 U 形坡口。板厚不大于 40mm 时采用 X 形，大于 40mm 时采用双 U 形。

1.4.2.2 坡口选用和设计例题

例题 1-7：Q235A、$\delta = 12$mm、300mm×120mm 对接焊缝，采用埋弧焊和采用熔化极气体保护焊（或焊条电弧焊）时分别应采用哪种坡口形式？

答：埋弧焊、采用 I 形坡口，如图 1-10（a）所示；熔化极气体保护焊（或焊条电弧焊）、采用单面 Y 形坡口，如图 1-10（b）所示。

例题 1-8：20G、ϕ426mm×40mm 管子对接焊缝，采用哪种坡口形式？

答：采用单面 U 形坡口，如图 1-10（d）所示。直径 ϕ600mm 以下只能采用单面焊、壁厚超过 20mm 采用 U 形坡口焊缝填充量小于 V 形或 Y 形坡口。

例题 1-9：Q345R、$\delta = 80$mm、400mm×120mm 对接焊缝，采用哪种坡口形式？

答：采用双面 U 形坡口，如图 1-10（e）所示。双面焊 U 形坡口焊缝填充量小、且400mm×120mm 尺寸较小，可以实现双面对称焊，对减少焊接变形和应力有利。

1.4.3 焊接材料选择

1.4.3.1 焊接构件分类和组合方式

A 钢材分类

按化学成分和强度级别：分为低碳钢、碳锰钢、低合金高强钢、高合金强度钢、不锈钢、铸铁、铝及铝合金、铜及铜合金、钛及钛合金等等。

按组织：分为铁素体钢、珠光体钢、贝氏体钢、马氏体钢和奥氏体钢等。

按使用工况：分为锅炉用钢、桥梁用钢、压力容器用钢和船舶用钢等等。

按使用温度：分为低温用钢、常温用钢和高温用钢等。

B 组合方式

(1) 同种金属材料之间的焊接组合。同种材料之间焊接构件组合的特点是：母材相同，但焊缝金属的显微组织及合金成分与母材不同，这一类构件属于同种钢焊接结构件。母材一般为碳钢、低合金钢、珠光体耐热钢、奥氏体不锈钢、马氏体或铁素体钢。当采用的焊接材料与母材基体的化学成分有较大差异时，也会产生类似于异种金属焊接中存在的问题。

(2) 不同材料之间的焊接组合。按照材料组织进行分类的异种材料焊接构件组合方式可以分为以下几种：

1) 异种钢铁材料的焊接组合结构，又称为异种黑色金属的焊接组合，如珠光体与奥氏体钢的焊接组合等。

2) 钢铁材料与有色金属的焊接组合结构，如钢与铝的焊接组合等。

3) 异种有色金属的焊接组合结构，如铜与铝的焊接组合等。

4) 金属材料与非金属材料的焊接组合结构，如钢与石墨、金属与陶瓷的焊接组合等。

金相组织不同的异种钢焊接时，焊缝金属的化学成分和金相组织至少与一种基体金属有所不同，焊缝金属的这种差异会影响焊接接头的工作性能。金相组织不同的异种钢进行焊接时，焊接工艺参数应使熔合比尽量小。焊接材料的选择必须考虑到焊接过程中产生的过渡层小、韧性好、高温条件下工作时接头不发生变脆等要求。

1.4.3.2 焊接材料选择的原则[2]

(1) 满足使用性能和接合性能。因此，焊接材料选择时应选择裂纹、夹渣和气孔等缺陷产生倾向性小的材料；同时应保证焊缝金属的强度、塑性和韧性等力学性能与母材匹配。

(2) 焊接材料的工艺性（工艺性好的焊接材料可以降低对工人操作技能的要求）。

(3) 经济性。

(4) 统一性（焊接材料品种应尽可能少，便于焊接材料的日常管理）。

1.4.3.3 强度型结构钢同种钢焊接材料选择

A 选择相应强度级别的焊接材料

为了达到焊缝与母材的力学性能相当，在选择焊接材料时应该从母材的力学性能出发，而不是从化学成分出发，选择与母材成分完全一样的焊接材料。因为力学性能并不完全取决于化学成分，它还与材料所处的组织状态有很大关系。由于焊接时的冷却速度很大，完全脱离了平衡状态，使焊缝金属具有一个特殊的过饱和的铸态组织，因此，当焊接材料（指熔敷金属）的化学成分与母材相同时，则焊缝金属的性能将表现为强度很高而塑韧性较低，这对焊接接头的抗裂性能和使用性能都是非常不利的。

例题 1-10：15MnVN 焊条电弧焊时，应选择哪种焊条？

答：15MnVN 是一种低合金强度结构钢，按《低合金高强度结构钢》（GB1591—2008），其标准牌号为 Q420，按等强原则我们选择 J557（E5515）焊条。该焊条熔敷金属化学成分为：$w(C) \leq 0.12\%$，$w(Mn) \approx 1.2\%$，$w(Si) \approx 0.5\%$，$w(S) \leq 0.030\%$，$w(P) \leq 0.030\%$。所以从成分上看，C、Mn 含量均比 15MnVN 低，而且根本不含沉淀强化元素 V，但它的熔敷金属力学性能抗拉强度 $R_m = 549 \sim 608MPa$，同时还具有很高的塑性和韧性（$A = 22\% \sim 32\%$，$KV_2 = 196 \sim 294J/cm^2$）。

（1）弱强匹配。焊缝金属强度低于母材强度称为弱强，按此方法进行焊接材料选择的原则称为弱强原则。由于焊缝强度较低（与其他两个原则相比焊缝强度更低，但是实际接头强度并不低于母材抗拉强度下限值），塑韧性更好，焊接接头的残余应力值降低、扩散氢的最高浓度也下降，有利于防止裂纹的产生。

另外，为提高高合金钢接头的持久性能和抗裂性能，现也大量采用弱强原则来选择焊接材料。据相当研究表明，当焊接材料熔敷金属抗拉强度与母材抗拉强度之比不小于0.87∶1，即能保证焊缝金属强度与母材基本相当。

例题 1-11：选择 SA-210C $\phi76mm \times 6mm$ 管子对接焊缝焊接方法和焊接材料。

答：采用钨极氩弧焊+焊条电弧焊；焊接材料配合为 H05MnSiAlTiZrA+J507（E5015）。H05MnSiAlTiZrA 焊丝标准型号为 ER50-2，它熔敷金属强度比 SA-210C 低，为弱强选择。SA-210C 含碳量为 0.17%~0.37%，打底焊时熔合比较大造成焊缝金属 C 含量较高，易在焊缝中产生结晶裂纹；采用 H05MnSiAlTiZrA 目的是通过减少焊丝的 C 含量来减少焊缝金属 C 含量、提高焊缝金属塑韧性，避免采用 H08Mn2SiA 焊丝打底时可能出现的结晶裂纹问题；而填充层采用 J507 焊条，目的是保证焊缝金属强度不低于母材。

（2）等强匹配。焊缝金属强度等于或略高于母材强度称为等强，按此方法进行选择的原则称为等强原则，此原则应用最广泛。

焊接碳钢或低合金钢时其焊接材料熔敷金属的强度不得低于施焊母材抗拉强度的下限（某些标准中对上限也有规定，如 NB/T47015—2011 规定其上限不得大于母材上限）。通常，焊接材料熔敷金属的强度级别与母材相当，考虑到焊缝中可能出现一些工艺缺陷，可以选用强度略高于母材的焊接材料。

对某些有再热裂纹倾向的钢种，为了提高焊接接头在消除应力或高温运行条件下的蠕变塑性和形变能力，应选用强度相当且具有抗蠕变裂纹性能优良的焊接材料。

对于承受动载荷或热疲劳的焊接结构，为了提高接头的疲劳强度，可以选用塑韧性较好而强度基本相当的焊接材料；对于拘束度较大的焊接结构，根部焊道应选用含碳量较低、抗裂性优良的焊接材料，填充层选用塑韧性优良、强度相当的低氢型或超低氢型焊接材料。如 SA-210C、Q345 等管子对接采用 E5015 焊接，即为等强选择。

（3）超强匹配。焊缝金属强度大于或高于母材强度称为超强，按此方法进行选择的原则称为超强原则。焊缝强度高于母材越多，焊接接头中出现裂纹的倾向越大，因此此原则较少采用。

例题 1-12：Q195、Q235A 焊条电弧焊时应选择什么焊条？

答：Q195 材料下屈服强度 $R_{eL} \geq 195MPa$，Q235A 材料下屈服强度 $R_{eL} \geq 235MPa$，而

根据《非合金钢及细晶粒钢焊条》（GB5117—2012），熔敷金属强度最低的焊条为 J427（E4315）焊条，其熔敷金属下屈服强度 $R_{eL} \geqslant 330MPa$，所以，对于 Q195、Q235 材料即使采用 J427 焊条焊接时都是超强匹配。

总之，不论采用何种匹配原则，其基础仍是焊接实验，某些行业也要求进行焊接工艺评定。从强度角度来说，焊接接头强度不得低于母材下限值；从抗裂性来说，希望焊缝具有很好的塑韧性，提高接头的抗裂纹能力，防止产生焊接裂纹。

B　必须同时考虑到熔合比的影响

焊缝金属的力学性能取决于焊缝金属的化学成分和组织的过饱和度。其中焊缝金属的化学成分不仅取决于焊接材料，而且还和母材的熔入量即熔合比有关系；而焊缝组织的过饱和度则与冷却速度有很大的关系。因此，当所用的焊接材料完全相同，但由于熔合比不同或冷却速度不同，所得到的焊缝的性能也会出现很大差别。

例题 1-13：16MnR 材料，板对接 I 形坡口或板板角接焊缝，埋弧焊时焊丝与焊剂如何匹配？

答：从等强匹配原则出发，16MnR 材料应该选用 H08MnA、H10MnSi、H10Mn2 三种焊丝之一配合 HJ431 焊剂。但对于 16MnR 板板角接焊缝而言，第一道焊缝焊接选用 H08A+HJ431 焊接时，焊缝金属强度仍然比母材要高；16MnR 板采用 I 形坡口焊接时也可以选择 H08A+HJ431 进行焊接，焊缝金属强度仍不低于母材。这是因为角焊缝第一道焊缝和 I 型坡口熔合比较大，母材向焊缝过渡了 Mn 元素，虽然比母材低但比 H08A+HJ431 熔敷金属高，在焊接快速冷却条件下，焊缝金属强度仍不低于母材。另外，同等板厚的板板角接接头在工艺条件相同情况下，冷却速度大于对接接头，这也会使角接焊缝的强度更高。

C　冷却速度的影响

根据焊接冶金学理论，冷却速度对焊缝组织和硬度有较大影响（见表 1-8），从而对焊缝金属的强度和抗裂性也有较大的影响。因此，焊接材料选择时应考虑冷却速度的影响。

表 1-8　低碳钢焊缝冷却速度对组织和硬度的影响

冷却速度/℃·s^{-1}	焊缝组织/%		焊缝硬度（HV）
	铁素体	珠光体	
1	82	18	165
5	79	21	167
10	65	35	185
35	61	39	195
50	40	60	205
110	38	62	228

D　必须考虑到热处理对焊缝力学性能的影响

很多情况下，为防止延迟裂纹，焊接接头需进行焊后消除应力处理。但在消除应力的热处理中，焊接接头的强度和硬度均有一定程度的下降，强度一般会下降 10~50MPa 左右，强度下降的程度与热处理的温度和保温时间有关。另外，某些情况下，焊接接头还可能进行正火处理，此时，焊缝金属强度下降更多。因此，如果焊接接头焊后需要进行热处理，当焊缝强度裕度不大时，消除应力退火后焊接接头强度（主要指焊缝强度）有可能会低于要求。例如，焊接大坡口的 15MnV 厚板，焊后进行消除应力处理时，必须采用 H08Mn2Si 焊丝，若此时用 H10Mn2 焊丝，强度就会偏低。另外，对焊后要进行正火处理的钢种，必须选择强度更高一些的焊接材料。

E 使用工况的影响

焊接接头作为产品的一个组成部分，必然要承受工况条件的考验，因此，使用工况不同，焊接材料也会不同。在进行焊接材料选择时，此原则是最难掌握也是最灵活运用的。

例题 1-14：Q245R 材质的压力容器筒体纵环缝采用焊条电弧焊时应选择什么焊条？

答：按照《容规》要求，压力容器主焊缝（纵环缝和接管角焊缝）应采用低氢型焊接材料，所以 Q245R 压力容器筒体纵环缝采用焊条电弧焊时，应选择韧性更好的 J427R（E4315）焊条，筒体与接管的角焊缝也需采用 J427R（E4315）焊条；但筒体与鞍座垫板等钢板件角焊缝可选择 J422R（E4303）焊条。

注：按新标准，承压设备用焊接材料应符合《承压设备用焊接材料订货技术条件》（NB/T 47018—2017）的要求，焊接材料牌号后加"R"作为标记，如 J427R。

例题 1-15：16MnCu 和 09PCuCrNiA 焊条电弧焊应选择什么焊条？

答：16MnCu 母材中含有少量 Cu 元素，提高了对硫酸等介质的抗腐蚀性，对于焊缝金属也应具有与母材相同的耐腐蚀性能，因此需选用含铜的焊条 J507Cu；同样，对抗大气腐蚀用钢 09PCuCrNiA，为了保证焊缝金属具备与母材相当的抗腐蚀能力，焊条应选择用 J507CrNi 或 J507CuP。

1.4.3.4 特殊用钢同种钢焊接材料选择

常见特殊用钢为珠光体耐热钢、低温钢、耐蚀不锈钢或热强钢等，对于此类材料，焊接材料熔敷金属成分和组织应与母材基本相同，才能保证焊缝金属具备与母材相当的高温性能、低温塑韧性、抗腐蚀性等。如 15CrMo 珠光体耐热钢选择 ER55-B2 焊丝或 E5515-1CM 焊条焊接、0Cr18Ni9 奥氏体不锈钢采用 ER308 焊丝或 E308-15/16 焊条焊接、SA-213T91 马氏体钢采用 ER90S-B9 焊丝焊接等，其焊接材料熔敷金属成分和性能均与母材相近。

1.4.3.5 常见材料的焊接材料选择（见表 1-9）

表 1-9 常见材料的焊接材料选择[5]

母材牌号	焊接方法			
	焊条电弧焊（SMAW）	钨极氩弧焊（TIG）	埋弧焊（SAW）	熔化极气体保护焊（MIG/MAG）
Q235A、Q235A.F、Q235B	E4303、E4315	H08Mn2SiA	H08A+HJ431	ER50-6、ER49-1
20、20R、20g、Q245R	E4303、E4315	H08Mn2SiA	H08A+HJ431	ER50-6、ER49-1
16Mn、16MnR、16Mng、Q345R	E5015	H08Mn2SiA	H10Mn2+HJ431 H08MnA+HJ431 H10MnSi+HJ431	ER50-6
16MnDR	J507RH（E5015-G）	H09MnDR	H10Mn2+SJ102	
15CrMo、15CrMoR 15CrMog、15CrMoG	E5515-1CM	ER55-B2、H08CrMoA、TIG-R30	H13CrMoA+HJ350	ER55-B2

续表 1-9

母材牌号	焊 接 方 法			
	焊条电弧焊 （SMAW）	钨极氩弧焊 （TIG）	埋弧焊 （SAW）	熔化极气体保护焊 （MIG/MAG）
12Cr1MoV、12Cr1MoVg、 12Cr1MoVG	E5515-1CMV	H08CrMoVA TIG-R31	H08CrMoVA+HJ350	ER55-B2-V
12Cr2Mo1SA-213T22	E6015-2C1M	ER60S-B3		ER60S-B3
0Cr18Ni9、SUS304、 SA-213TP304H	E308-15、E308-16	ER308	F308-H0Cr21Ni10 H0Cr21Ni10+HJ260	ER308
0Cr18Ni9Ti、SUS321、 SA-213TP347H	E347-15、E347-16	ER347	F347-H0Cr21Ni10Nb H0Cr21Ni10Nb+HJ260	ER347
00Cr17Ni14Mo2、316L	E316L-16	ER316L		ER316L

1.4.3.6 异种钢焊接材料选择

A 异种钢焊接的工艺要点

异种钢之间的组合焊接，可以归纳为金相组织相同仅合金化程度不同的异种钢焊接，以及金相组织不相同的异种钢焊接两种情况。这其中最难的以 α-Fe 相为基体的 F、P、B、M 组织与以 γ-Fe 相为基体的 A 组织之间的异种钢焊接（我们通常说的异种钢接头就特指奥氏体钢与非奥氏体钢之间的焊接接头）。

用常用的熔焊方法焊接异种钢，其焊接接头的质量很大程度上取决于所选用的焊接材料。

B 金相组织相同的异种钢焊接

a 焊接材料选择

由于它们金相组织相同，因此两者之间的物理性能没有很大差异，仅仅是合金化程度不同。由于两种钢材的成分和性能相当接近，其焊接性与同种钢几乎相同，所以，为了获得优质的焊接接头，焊接材料一般按合金化程度低的一侧来选择（即采用低侧材料同种钢接头焊接材料），焊缝金属强度不低于合金含量低侧标准值下限、不高于合金含量高侧标准值上限即为合格。

b 其他工艺参数

其他工艺参数则一般是按异种钢中合金化程度较高的钢（同时也是焊接性较差的钢）来选择。焊接方法、焊前预热、焊接线能量等工艺参数按两种钢中合金化程度较高者选定；层温及道温控制按要求最严格者执行（一般也是合金化程度较高者）；焊后热处理参数则需考虑不能超过两种钢的 Ac_1，对于正火+回火供货的材料，热处理温度还不能超过原材料供货时的回火温度 $T_{回}$。材料 Ac_1 均会高于 $T_{回}$，因此对于正火+回火供货的材料，焊后消除应力处理温度上限应不超过 $T_{回}$，且按相关标准应比 $T_{回}$ 还低 30℃ [5]。

例题 1-16：Q235A+16Mn $\delta=10$mm 钢板对接焊缝采用焊条电弧焊时，选择什么焊条？其他工艺参数如何选择？

答：Q235A 同种钢焊接采用 J427（E4315）焊条、16Mn 同种钢焊接采用 J507（E5015）焊条，因此，Q235A+16Mn 焊接时应选择 J427（E4315）焊条；Q235A 和 16Mn $\delta=10$mm 厚板对接时焊前均不要求预热，焊后不进行消除应力处理，道间温度不高于 300℃ [5]。

例题 1-17：15CrMo+12Cr1MoV $\delta=20$mm 钢板对接焊缝采用焊条电弧焊时，选择什么焊条？其他工艺参数如何选择？

答：15CrMo 同种钢焊接采用 R307（E5515-1CM）焊条、12Cr1MoV 同种钢焊接采用 R317（E5515-1CMV）焊条，因此，15CrMo+12Cr1MoV 焊接时应选择 R307（E5515-1CM）焊条；按相关报道和实践经验，15CrMo $\delta \geqslant 15$mm 时焊前预热 $100 \sim 150$℃、12Cr1MoV $\delta >$ 6mm 时焊前预热 $200 \sim 250$℃，因此，15CrMo+12Cr1MoV $\delta = 20$mm 钢板对接焊前预热 $200 \sim$ 250℃；15CrMo $\delta \geqslant 15$mm 时焊后热处理温度可控制在 $650 \sim 710$℃、12Cr1MoV $\delta > 6$mm 时焊后热处理温度可控制在 $690 \sim 750$℃，因此，15CrMo+12Cr1MoV $\delta = 20$mm 钢板对接焊后消除应力处理热处理温度应控制在 $690 \sim 710$℃。

例题 1-18：16Mn+15CrMo $\delta = 20$mm 钢板对接焊缝采用焊条电弧焊时，选择什么焊条？其他工艺参数如何选择？

答：16Mn 同种钢焊接采用 J507（E5015）焊条、15CrMo 同种钢焊接采用 R307（E5515-1CM）焊条，因此，16Mn+15CrMo $\delta = 20$mm 焊接时应选择 J507（E5015）焊条；16Mn $\delta = 20$mm 焊前不必预热、15CrMo $\delta \geqslant 15$mm 时焊前预热 $100 \sim 150$℃，因此，16Mn+15CrMo $\delta = 20$mm 钢板对接焊前预热 $100 \sim 150$℃；16Mn $\delta = 20$mm 焊后不必进行消除应力处理、15CrMo $\delta \geqslant 15$mm 时需要进行焊后消除应力处理，因此，16Mn+15CrMo $\delta = 20$mm 焊后应进行 $650 \sim 680$℃/1h 的焊后消除应力处理。

例题 1-19：0Cr18Ni9+1Cr25Ni14Si2 焊条电弧焊时焊条如何选择？

答：0Cr18Ni9 和 1Cr25Ni14Si2 均为奥氏体不锈钢，前者为 18-8 型，后者为 25-13 型。0Cr18Ni9 同种钢焊接采用 A102（E308-16）或 A107（E308-15）焊条，而 1Cr25Ni14Si2 同种钢焊接采用 A402（E310-16）或 A407（E310-15）焊条。两种奥氏体不锈钢焊接时，可以按合金含量更低的 0Cr18Ni9 来选择 A102（E308-16）或 A107（E308-15）焊条。此时，焊缝金属强度、塑韧性、抗腐蚀性均不低于母材，且焊条成本低。

C　金相组织不相同的异种钢焊接

被焊两种钢（如珠光体钢与铁素体钢、珠光体钢与奥氏体钢、铁素体钢与奥氏体钢的焊接）因金相组织不同，无论使用何种填充材料，焊后所形成的焊缝金属的化学成分和金相组织至少与其中一种钢不同。此类接头分为以下两类：奥氏体与非奥氏体（α-Fe+ γ-Fe），非奥氏体与非奥氏体（α-Fe+α-Fe）。

a　非奥氏体与非奥氏体（α-Fe+α-Fe）

钢质材料按组织分为 F、P、B、M、A 五类组织，F、P、B、M 四种组织是以 α-Fe 相为基体，它们两者之间的焊接就属此类型。

焊接方法、焊前预热、焊接线能量等工艺参数按两种钢中合金化程度较高者选定；层温及道温控制按要求最严格者执行（一般也是合金化程度较高者）；焊后热处理参数则需考虑两种钢的 Ac_1 值，对于正火+回火供货的材料，热处理温度不能超过任一钢种的 Ac_1 以及原材料供货时的回火温度 $T_{回}$，且按相关标准应比 $T_{回}$ 还低 30℃[5]。

当高者推荐的热处理温度下限高于低者的上限时，此种接头不能热处理，则此类接头设计不合理；若需进行焊后热处理，则需要增加中间过渡段。如 15CrMoG+SA-213T91 则由于 15CrMo 的上限热处理温度为 710℃、SA-213T91 的下限热处理温度为 730℃，所以此类接头不合理，设计上不能采用；或需在 15CrMoG+SA-213T91 接头中增加 12Cr1MoVG 中间过渡，形成 15CrMoG+12Cr1MoVG+SA-213T91 接头。先焊接 12Cr1MoVG+SA-213T91 管子对接焊缝，焊后按（745±10）℃规范进行热处理；然后再焊 15CrMoG+12Cr1MoVG 管子对接焊缝，焊后按（700±10）℃规范进行热处理。或者对两种接头分别进行局部热处理。

焊接材料选择时的原则主要有就低原则、就中原则和就高原则三种。

（1）就低原则，即按使合金成分低的一侧来选择焊接材料。按此原则选取的焊接材料，焊接接头成分、组织和性能更接近于合金成分低的一侧，焊接接头的强度不低于合金成分低侧母材，能满足要求，而且由于焊缝合金成分更低，焊缝的强度和硬度较低，塑性和韧性也较好，抗裂性较好；由于焊接材料熔敷金属合金成分少，焊接材料价格也更便宜，具有好的经济效益。另外，有些制造标准（如《火力发电厂异种钢焊接技术规程》（DL/T 752—2010）8.5 条）对焊缝的硬度有要求，按就低原则选取的焊接材料，焊后焊缝硬度更容易满足相关标准要求，所以就低原则在两种异种钢成分、强度和组织相差不大时是最优先也最普遍采用的原则。

例题 1-20：20 钢为低碳钢，组织为 F+P$_少$；而 12Cr1MoV 为低合金钢，组织为 P；G102 的标准号为 12Cr2MnMoWVTiB，是一种中合金钢，组织为 B。它们之间对接焊缝采用就低原则时如何进行焊接材料选择？

所以，12Cr1MoV+20 钢板对焊缝采用焊条电弧焊焊接时，若采用 20 钢同种钢接头用焊接材料 J427(E4315) 焊条时，这种焊条选择即为就低原则；12Cr1MoVG+G102 管子对接焊缝 TIG 焊时采用 12Cr1MoVG 用 H08CrMoVA(ER55-B$_2$V) 焊丝时，这种焊丝选择即为就低原则。

（2）就中原则。焊缝金属的金相组织、化学成分和机械性能介于两种被焊材料的金相组织、化学成分、机械性能之间，此时的选择原则称为就中原则。当两种钢材的化学成分、力学性能、组织相差较大（如 P 和 M）时，就中原则是最好的选择，可以兼顾两者的成分和性能需要，起到过渡作用。

例题 1-21：12Cr1MoV+20 钢对接焊缝，按就中原则选择时可以选择哪些焊条？

答：12Cr1MoV 同种钢焊接时焊条应为 R317(E5515-1CMV)、20 钢同种钢焊接时焊条应为 J427(E4315)，所以选择熔敷金属成分和性能介于两者之间的 R307(E5515-1CM)、R207(E5515-CM)、R107(E5015-1M3)、J507(E5015) 焊条时均为就中原则。

例题 1-22：12Cr1MoVG+SA-213T91 对接焊缝，钨极氩弧焊时按就中原则如何选择焊丝？

答：12Cr1MoVG 管子对接焊缝同种钢 TIG 焊应采用 H08CrMoVA(ER55-B$_2$V) 焊丝、SA-213T91 同种钢采用 TIG 焊时应采用 TGS-9cb/Union I MTS-3(ER90S-B9) 焊丝，而当我们采用 SA-213P23 管子用 E6015-2CMWVTiB(Union I P23) 焊丝时即为就中原则。H08CrMoVA 熔敷金属公称成分为 1Cr-0.5MoV，组织为 P(珠光体)，强度级别 540MPa；Union I MTS-3 熔敷金属公称成分为 9Cr-1MoV，组织为 M(马氏体)，强度级别 580MPa；E6015-2CMWVTiB 熔敷金属公称成分为 2.25Cr-0.5Mo-2WV，组织为 B(贝氏体)，强度级别 580MPa。

由此可见，12Cr1MoVG+SA-213T91 对接焊缝采用 E6015-2CMWVTiB(Union I P23) 焊丝，焊丝熔敷金属成分、金相组织和力学性能介于两个母材之间，起到了过渡作用，有利于减缓接头应力。实践证明，采用 Union I P23 焊丝焊接的接头使用寿命高于 H08CrMoVA(ER55-B$_2$V) 或 Union I MTS-3（ER90S-B9）焊丝焊接的接头使用寿命。

（3）就高原则。焊接材料按两种钢中合金成分较高的一种选择，此时的选择原则称为就高原则。按此原则选择的焊接材料正好与就低原则相反，焊缝硬度、塑韧性、抗裂性均较差，且价格较高，因此该原则在实际中极少采用，只有在特殊情况下采用。

12Cr1MoV+20 对接焊缝采用 R317(E5515-1CMV) 焊条，12Cr1MoVG+SA-213T91 对接

焊缝采用 Union I MTS-3（ER90S-B9）焊丝时，即为就高原则。需要注意的是，在没有出现 Union I P23 焊丝之前，12Cr1MoVG+SA-213T91 对接焊缝基本采用 Union I MTS-3 焊丝而不是按就低原则选择 H08CrMoVA 焊丝，因为通过大量实验证明，采用 Union I MTS-3 焊丝时接头裂纹率比 H08CrMoVA 焊丝还更低。

b 奥氏体钢与非奥氏体钢（α-Fe+γ-Fe）

由于两者化学成分和物理性能有很大差异，必然影响到接头的工作性能。选择焊接材料时，应选择在焊接过程中所产生的过渡层小而韧性好的材料；焊接时所选用的焊接工艺参数应使熔合比尽量小，并尽可能避免熔敷金属被熔化的母材稀释产生马氏体。

此类异种钢接头主要存在以下三个问题：焊接时母材的稀释产生的马氏体带，两者膨胀系数不同在焊接过程中产生的焊接残余应力和热应力，由于碳扩散或碳迁移产生的脱碳层和增碳层。

基于上述三个问题，在焊接材料选择时要充分考虑其焊接工艺性、常温力学性能和长期运行性能，而我们选择焊接材料时主要考虑的是接头的长期运行性能。

(1) 异种钢接头脆化的控制。异种钢接头脆化的控制主要是马氏体带与碳迁移的控制问题，因增碳层和马氏体的存在而沿焊缝边界发生的氢致剥离开裂也应给予注意。

为减少马氏体带，提高焊接材料的镍含量是比较有效的措施；增大熔池的搅拌作用和适当延长熔池在液态持续时间，均有利于焊接材料熔敷金属与母材金属在液态下的混合，有利于消除马氏体带。

脱碳层与增碳层的控制主要是控制焊缝成分和限定焊后的加热温度。焊后再次高温加热，对碳迁移影响较显著，回火参数 P 值越大则碳迁移越明显，堆焊层边界的增碳层宽度越大；同时，增碳层的硬度也相应增高。

(2) 剩余应力的调整。采用奥氏体不锈钢焊条，焊缝膨胀系数与奥氏体不锈钢侧母材相近而与另一侧 α-Fe 基体母材相差较大，则在 α-Fe 基体一侧熔合区形成应力集中，由于 α-Fe 基体通过塑性变形松弛应力的能力较弱，对接头性能不利。

采用镍基合金焊条，焊缝膨胀系数与 α-Fe 基体相近而与奥氏体不锈钢侧母材相差较大，则在奥氏体不锈钢一侧熔合区形成应力集中，由于奥氏体钢通过塑性变形松弛应力的能力较强，对接头性能有利。

对于此类焊接接头，焊后消除应力处理对于降低接头残余应力没有显著效果。因为在热处理过程中，接头焊接残余应力得以释放，但在随之的冷却过程中，由于两侧母材线材膨胀系数的差异，又会在接头中重新产生残余应力。焊接接头中残余应力在焊后消除应力处理后与热处理之前相比，残余应力得到一定程度降低，但降低程度较小，没有显著改善和降低。

同种厚度和结构情况下非奥氏体钢侧材料的同种钢焊接接头需要进行焊后热处理时，非奥氏体钢+奥氏体钢异种接头焊后也应按非奥氏体材料同种钢接头进行焊后消除应力处理，否则易在非奥氏体钢侧焊接热影响区产生冷裂纹。热处理工艺规范制定时，应注意奥氏体钢侧热影响区的晶间腐蚀问题和 δ 相析出 σ 脆化相的问题。

(3) 碳迁移的控制。碳在焊接过程及焊后热处理过程中，会由 α-Fe 基体经过熔合区向焊缝迁移，最后造成 α-Fe 基体热影响脱碳，从而出现软化区；而靠近熔合区的焊缝，由于增碳、加上此处混合不充分 Cr、Ni 含量不足而促进马氏体的形成。

控制碳迁移的措施：焊接材料中 Ti、Nb、Mo、V 等强碳化物形成元素含量尽可能低，否则易促进碳迁移；采用线能量集中的焊接方法，采用小线能量，减少接头高温停留时间；能不进行焊后热处理时尽量不进行，必须进行焊后热处理时，应控制热处理温度和保温时间。

（4）焊接材料选择。原则：超合金化，即高铬镍，特别是采用较高镍含量，有利于减小马氏体带宽度；但焊缝金属为纯奥氏体组织时，镍含量高使焊缝金属结晶裂纹倾向较大，因此，应该控制 $Cr_{eq}/Ni_{eq} \geqslant 1.5$，保证焊缝金属凝固模式为 FA，即先析出相为 δ 铁素体、最终焊缝组织为 A+δ(5%~10%)，防止或减小焊缝结晶裂纹产生。

碳钢或低合金钢、高合金钢与奥氏体不锈钢焊接，除要考虑稀释、碳扩散和热应力三方面的问题，同时还要考虑焊接工艺性及使用条件。

当产品工作温度低于或等于 370℃ 时，通常选用 E309-15(A307) 或 E309-16(A302) 焊条；当产品工作温度高于 370℃ 或焊接接头要求热处理时，则选用镍基焊接材料，如 ENiCrFe-2(Ni327)[5]。

1.4.4　焊接工艺参数

1.4.4.1　概念

焊接工艺参数是指焊接时，为保证焊接质量而选定的各项工艺参数（例如，焊接电流、电弧电压、焊接速度、线能量、预热温度、后热规范、道间温度等）的总称。

1.4.4.2　焊接线能量

对于电弧焊，可用"线能量"来衡量热源的热作用。每单位长度焊缝从移动热源输入的热能数量即为线能量。用"热输入"或"输入热"代替"线能量"，在概念上不够准确，因为未能反映"每单位长度焊缝"的意思。

用 E 表示"线能量"，其表达式为：

$$E = q/v, \quad q = IU \tag{1-11}$$

式中　v——焊接速度，cm/s；

　　　q——焊接电弧的功率，J/s；

　　　U——电弧电压，V；

　　　I——焊接电流，A。

由于电弧能量并不能全部用于加热焊件，总是有所损失，有效线能量 E_e 应为：

$$E_e = \eta E \tag{1-12}$$

式中，η 为热效率，与焊接方法有关。常见焊接方法的热效率见表 1-10。

表 1-10　常见焊接方法的热效率（焊接结构钢）

焊接方法	焊条电弧焊 SMAW	埋弧焊 SAW	熔化极气体保护焊 GMAW	非熔化极惰性气体保护焊 GTAW
η	0.75~0.85	0.95~1.0	0.8~0.9	0.3~0.5

A　焊接线能量的影响

线能量过大可能会使接头高温停留时间过长，热影响区粗晶区变宽且晶粒更粗大，从而造成热影响区软化和韧性下降（对于调质钢必须限制线能量上限及最高层间温度，见表 1-11）；线能量过小则接头冷却速度加快，可能在热影响区产生淬硬组织而带来冷裂纹。

B　焊接线能量最佳范围的确定

焊接线能量最佳范围的确定方法主要有计算法、实测法和 CCT 图法，其中实测法应用最广、最方便、精确度高。

a CCT 图法

根据图 1-11 和图 1-12 可见，为防止产生根部裂纹，在焊条电弧焊条件下（低氢焊条、17kJ/cm），临界 $t_{8/5}$ 均大体在 C_f' 附近，即应控制实际冷却时间 $t_{8/5}$ 超过 C_f'。但用 CCT 估计下限时还应考虑 H_D 及 R_F 的影响，做必要的修正，在工程中实施不便且准确不高，所以，不如直接通过试验来确定 $t_{8/5}$，然后确定线能量上下限。

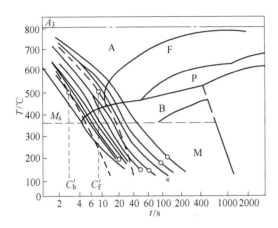

图 1-11 HT50（相当于 Q345）钢的 CCT 图与抗裂纹试验结果的联系（$w(C) = 0.18\%$，$w(Si) = 0.47\%$，$w(Mn) = 1.40\%$）

×—裂；○—不裂

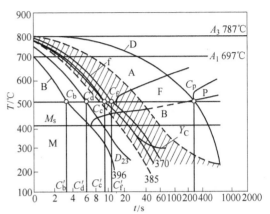

图 1-12 T-1（相当 HQ80C、STE690）钢的 CCT 图

Y_C—斜 Y 抗裂试验的临界冷却曲线；

阴影区—缺口韧性最佳冷却时间范围；

D_{23}—焊道弯曲塑性临界冷却时间（表面应变 23%）

b 实测法

实测法就是通过抗裂试验（斜 Y 形坡口试验或 CTS 抗裂试验法）求得不产裂纹的最小临界 $t_{8/5}$，也即最小线能量；通过实际焊接试板，变化线能量，测定冲击韧度，按某一判据（一般以母材冲击试验温度下 V 型缺口冲击功不低于 27J 为准）确定 $t_{8/5}$ 的上限，也即最小线能量。实测时只采用一种板厚（常用 $\delta = 20mm$）即可。

表 1-11 调质高强钢线能量上限及最高层间温度

钢号	板厚 δ/mm	最大线能量/kJ·cm^{-1}	最高层间温度/℃
SM58	<25	≤50	≤230
	25~50	≤70	≤230
	50~75	≤80	≤230
HT70 HT80	<25	≤40	≤200
	25~50	≤50	≤200
	50~75	≤50	≤200

c 最佳焊接参数

实践证明，线能量是一个极为重要的焊接参量，在焊接施工中有着很重要的作用和影响，但线能量这一参量不宜用在不同焊接方法之间的比较。如图 1-13 所示，大功率高速度焊与小功率低速焊两条焊道，所用线能量基本相同，埋弧焊时的线能量为 $E = 18000J/cm$，焊条电弧焊时线能量 $E = 19500J/cm$，但两条焊道尺寸却相差很大，特别是熔深 H 的差别。埋弧焊时线能量实际比焊条电弧焊时要小一些，而熔深要大得多，焊道尺寸也显然很大。

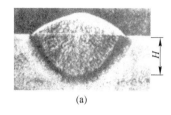

(a)　　　　　　　　　(b)

图 1-13　焊接速度对熔深的影响

（a）SAW：$I = 800A$，$U = 26V$，$v = 68.5cm/s$；（b）SMAW：$I = 125A$，$U = 26V$，$v = 10cm/s$

分析认为，焊接速度是关键因素，焊接速度超过 30cm/s（18m/h）以后会改变焊接过程中的传热效率。高速的埋弧焊，大部分能量用于形成焊道，所以，有效线能量虽然差别不大，但焊道截面积必然增大。同时，因为高速时热量来不及向周围传出，从而使熔深增大，不同焊速时焊缝熔深的变化实测结果，如图 1-14 所示。可知，在同样线能量条件下，焊接速度越高，熔深或横断面积也越大。

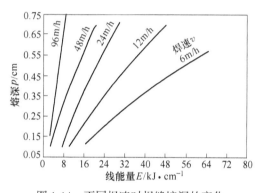

图 1-14　不同焊速时焊缝熔深的变化

由上述数据可见，即使同一焊接方法，采用大电流和高焊速，或采用小电流低焊速，即使焊接线能量相同，但热作用结果也不会相同。同一线能量，高速自动焊时，由于焊缝截面积增大，冷却速度反而延缓，焊缝附近最高硬度也随之降低。这和通常认为焊速增大会增大冷却速度的概念似乎不一致，其实这与有效线能量随焊速增大而提高有关。

线能量确定后，还需确定具体的焊接电流、电弧电压和焊接速度。确定标准是在线能量一定条件下改变焊接电流、电弧电压和焊接速度，以焊缝成形美观为原则。

1.4.4.3　预热温度[2]

A　预热温度的影响因素

a　环境温度的影响

环境温度越低，预热温度越高。一般情况，室温在 0℃ 以下时即使工艺不要求预热也需要进行预热。

b　钢的成分影响

由图 1-15 可知，碳当量越大，预热温度越高。

c　板厚的影响

板厚增加，拘束度和冷却速度增加，

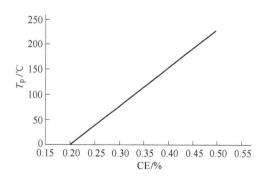

图 1-15　预热温度与碳当量 CE 的关系[6]

焊前应该预热。

国内外标准中对不同材料厚度情况下预热均有规定，如中国锅炉焊接技术条件《锅炉受压元件焊接技术条件》（JB 1613—1993）中规定：15CrMo 钢当材料厚度 $\delta \geqslant$ 15mm 时预热温度 $T_p = 100 \sim 150℃$，12Cr1MoV 钢当 $\delta > 6mm$ 预热温度 $T_p = 200 \sim 250℃$。

如图 1-16 所示，在线能量 E 和碳当量 CE 一定的情况下，随着板厚增加预热温度 T_p 越高；在线能量 E 和板厚 δ 一定的情况下，随着碳当量 CE 增加预热温度 T_p 越高。

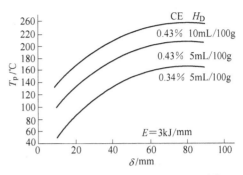

图 1-16　板厚对预热温度的影响[6]

表 1-12 则列出了最低预热温度与板厚、P_{cm} 之间的关系。由表 1-12 可以看出，随着被焊结构的板厚和 P_{cm} 增加，为防止产生裂纹的最低预热温度 T_p 越高。

表 1-12　最低预热温度与板厚和 P_{cm} 的关系

$P_{cm}/\%$	焊接方法	预热温度/℃（≤）				
		板厚 δ/mm				
		$\delta \leqslant 25$	$25 < \delta \leqslant 40$	$40 < \delta \leqslant 50$	$50 < \delta \leqslant 75$	$75 < \delta \leqslant 100$
0.21	SMAW	不预热	不预热	不预热	20	20~40
	SAW, GMAW	不预热	不预热	不预热	不预热	20
0.22	SMAW	不预热	不预热	20	20~40	40~60
	SAW, GMAW	不预热	不预热	不预热	不预热	20
0.23	SMAW	不预热	不预热	20	40~60	40~60
	SAW, GMAW	不预热	不预热	不预热	20	20~40
0.24	SMAW	不预热	20	20~40	40~60	60~80
	SAW, GMAW	不预热	不预热	20	20~40	40~60
0.25	SMAW	20	20~40	40~60	60~80	80~100
	SAW, GMAW	不预热	20	20~40	20~40	40~60
0.26	SMAW	20~40	40~60	60~80	60~80	80~100
	SAW, GMAW	不预热	20	20~40	40~60	60~80
0.27	SMAW	40~60	60~80	60~80	80~100	100~120
	SAW, GMAW	20~40	40~60	40~60	60~80	80~100
0.28	SMAW	40~60	60~80	80~100	100~120	120~140
	SAW, GMAW	20~40	40~60	60~80	60~80	80~100
0.29	SMAW	60~80	80~100	100~120	100~120	120~140
	SAW, GMAW	40~60	60~80	60~80	80~100	100~120

d　焊接线能量的影响

线能量增加，预热温度可降低，因为随着热输入的增加，焊件冷却速度减缓，即使预热温度更低的情况下焊接接头中也不易出现淬硬组织。

如图 1-17 (a) 所示，不预热条件，一组字母与数字表示一个规定的 H_D 和碳当量 CE_{IIW}，在此条件下分析的就是板厚 $\sum\delta$ 与临界线能量的关系。可见合并板厚 $\sum\delta$ 越大，临界线能量越要增大。如图所示，同一条曲线有两组 H_D 和 CE_{IIW} 的数据，说明两组等效。其差别是：一个 CE_{IIW} 低，H_D 高；另一个 CE_{IIW} 高，H_D 低。这说明，即使碳当量高的钢，采取降低扩散氢的方法，可以不必提高预热温度。

提高线能量固然可以达到不预热的目的，但为防止发生过热脆化现象，线能量常要受到限制，这时仍须确定一个合理的预热温度。如图 1-17 (b) 所示，在一定 H_D 和 CE_{IIW} 组合的条件下，降低线能量 E，预热温度则须相应提高。

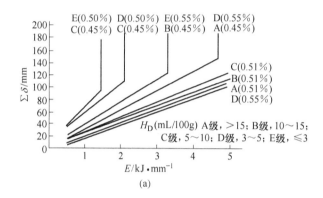

(a)

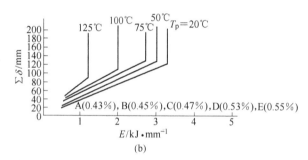

(b)

图 1-17　板厚、扩散氢、碳当量及线能量对预热温度的综合影响（图中括号内数字为碳当量）

B　预热温度的确定

a　AWS 规范关于预热温度的推定

$$P_{cm} = C + \frac{Mn + Cr + Cu}{20} + \frac{Si}{30} + \frac{Ni}{60} + \frac{Mo}{5} + \frac{V}{10} + 5B \qquad (1-13)$$

式中，C、Mn、Cr、Cu、Si、Ni、Mo、V、B 为该元素含量。

冷裂纹敏感因子：$SI = 12P_{cm} + lgHG.C$

HG.C1—熔敷金属扩散氢小于 5mL/100g；

HG.C2—熔敷金属扩散氢小于 10mL/100g；

HG.C3—熔敷金属扩散氢小于 30mL/100g。

最低预热温度确定的流程为：根据材料的成分按 P_{cm} 公式计算 P_{cm}，再根据采用的焊接工艺（特别是焊接材料）确定熔敷金属扩散氢含量 HG. C，从而计算 SI。而表 1-13 简化了此过程，根据 P_{cm} 和 HG. C 就可以查到 SI 属于 A～G 中哪个级别；然后根据表 1-14，按 SI 级别、板厚、拘束度 RF 三种参数确定最低预热温度。焊接过程中，层间温度不允许低于预热温度，因此，最低预热温度也是最低层间温度。

表 1-13　*SI* 的分级

H_D ＼ P_{cm}	<0.18	<0.23	<0.28	<0.33	<0.38
HG. C1	A	B	C	D	E
HG. C2	B	C	D	E	F
HG. C3	C	D	E	F	G

表 1-14　最低预热温度和层间温度

拘束度 RF	板厚/mm	在下列 *SI* 分级时的最低预热温度/℃						
		A	B	C	D	E	F	G
低	<10	<20	<20	<20	<20	60	135	150
	10～20	<20	<20	20	60	100	135	150
	20～40	<20	<20	20	80	110	135	150
	40～75	20	20	40	95	120	135	150
	>75	20	20	40	95	120	135	150
中	<10	<20	<20	<20	<20	70	135	160
	10～20	<20	<20	20	80	115	145	160
	20～40	<20	20	75	110	135	150	160
	40～75	20	80	110	130	150	150	160
	>75	95	120	135	150	170	160	160
高	<10	<20	<20	<20	40	110	150	160
	10～20	<20	20	65	105	135	160	160
	20～40	20	85	115	135	150	160	160
	40～75	115	130	150	150	160	160	160
	>75	115	130	150	160	160	160	160

例题 1-23：Q345R、50mm、规格为 200×400mm 工艺试验板对接焊缝；采用焊条电弧焊，焊条为 J507（E5015）。请问焊前最低预热温度为多少？

答：根据《锅炉和压力容器用钢板》（GB 713—2014）和对 Q345R 成分检测，其成分：$w(C)=0.16\%$、$w(Si)=0.40\%$、$w(Mn)=1.50\%$、$w(S)=0.008\%$、$w(P)=0.010$、$w(Cr)=0.15\%$、$w(Cu)=0.20\%$、$w(V)=0.20\%$、$w(Ni)=0.10\%$、$w(Mo)=0.05\%$。根据 P_{cm} 公式计算得 Q345R 钢 $P_{cm}=0.298\%$。

根据《非合金钢及细晶粒钢焊条》（GB/T 5117—2012），J507（E5015）焊条药皮类型为碱性，其熔敷金属扩散氢含量应不大于 5mL/100g；另 Q345R 为锅炉和压力容器用钢板，其焊接材料应符合《承压设备用焊接材料采购技术条件》（NB/T 47018—2017）之"第 2 部分：钢焊条"的第 3.5 款规定，E5015 熔敷金属扩散氢含量应不大于 4mL/100g。按前面阐述，J507（E5015）熔敷金属扩散氢应为 HG. C1。

熔敷金属扩散氢 HG. C1、$P_{cm} = 0.298\%$，根据表 1-13，则 Q345R 采用 J507（E5015）焊条焊接时，冷裂纹敏感因子 SI 为 D 级。

工艺试板规格为 200mm×400mm，自身结构尺寸较小且在自由状态下焊接，拘束度较小，属于低拘束度。低拘束度、板厚 50mm、SI 为 D 级，则根据表 1-14，Q345R、50mm、规格为 200mm×400mm 工艺试验板对接焊缝；采用焊条电弧焊，焊条为 J507（E5015）时，焊前最低预热温度为 95℃，可以选择焊前预热温度为高于或等于 100℃。

b　EN1101-2：2001 关于预热温度的推定

$$T_p = 697 \times CE \times \tanh(\delta/35) + 62 \times H_D^{0.35} + (53 \times CE - 32) \times E - 328 \quad (1-14)$$

$$CE = C + \frac{Mn + Mo}{10} + \frac{Ni}{40} + \frac{Cr + Cu}{20} \quad (1-15)$$

式中，C、Mn、Mo、Ni、Cr、Cu 为该元素含量。

总结：

（1）碳当量每增加 0.01%，预热温度 T_p 大致上升 7.5℃。

（2）计算时，有效条件是母材的碳当量应比焊缝的碳当量至少高出 0.03%；否则，计算时应将碳当量提高至少 0.03%。

C　不同标准中对常用 Cr-Mo 耐热钢的预热温度的规定

表 1-15 归纳了几个规范对 Cr-Mo 耐热钢预热温度的规定。表中 DL 为我国电力系统的推荐规定，适用于管子焊接。总的看来，规定的耐热钢的预热温度普遍偏高，而且不太考虑板或管的厚度影响。

表 1-15　几种耐热钢的预热温度 T_p 规定

钢号	板厚 δ；预热温度 T_p	IIW IX	BS5500	ASME VIII	ANSI B31.3	BS3351	德国鲁奇公司	DL（管）
1.25Cr-0.5Mo	δ/mm	>12	>12	>13	所有厚度	所有厚度	所有厚度	>10
	T_p/℃	150	150	120	50	150	220±20	150~250
2.25Cr-0.5Mo	δ/mm	>12	>12	>13	所有厚度	>12.5	—	≥6
	T_p/℃	200	200	204	175	200		250~350
5Cr-0.5Mo	δ/mm	所有厚度	所有厚度	>13	所有厚度	所有厚度	>7	—
	T_p/℃	200	200	204	200	200	250~350	
9Cr-1Mo	δ/mm	所有厚度	所有厚度	>13	所有厚度	所有厚度	>8.5	所有厚度
	T_p/℃	200	200	204	175	200	220±20	350~400

D　压力容器用材料国家标准预热温度的规定

中国原机械部标准《钢制压力容器焊接规程》（JB4 709—2000）对常用压力容器钢

材推荐的预热温度见表 1-16，最新能源部标准《压力容器焊接规程》（NB/T 47015—2011）（代替 JB4709）对常用压力容器钢材推荐的预热温度见表 1-17。

表 1-16　常用钢号推荐的预热温度

钢　号	厚度/mm	预热温度/℃
20G, 20, 20R, 20g, Q245R	30～50	≥50
	>50～100	≥100
	100	≥150
16MnD, 09MnNiD, 16MnDR, 09MnNiDR, 5MnNiDR	≥30	≥50
16Mn, 16MnR 15MnVR, 15MnNbR	30～50	≥100
	>50	≥150
20MnMo, 20MnMoD, 08MnNiCrMoVD	任意厚度	≥100
07MnCrMoVR 07MnNiCrMoVDR	16～30	≥60
	>30～40	≥80
	>40～50	≥100
13MnNiMoNbR	任意厚度	≥150
18MnMoNbR		≥180
20MnMoNb	任意厚度	≥200
12CrMo, 15CrMo 12CrMoG, 15CrMoR, 15CrMoG	>10	≥150
12Cr1MoV, 12Cr1MoVG, 14Cr1MoR, 14Cr1Mo 12Cr2Mo, 12Cr2M01, 12Cr2MoG, 12Cr2M01R	>6	≥200
1Cr5Mo	任意厚度	≥250

表 1-17　常用钢材推荐的最低预热温度

钢材类别	预　热　条　件	最低预热温度/℃
Fe-1	（1）规定的抗拉强度下限值大于或等于 490MPa，且接头厚度大于 25mm	80
	（2）除（1）外的其他材料	15
Fe-2	—	—
Fe-3	（1）规定的抗拉强度下限值大于 490MPa，或接头厚度大于 16mm	80
	（2）除（1）外的其他材料	15
Fe-4	（1）规定的抗拉强度下限值大于 410MPa，或接头厚度大于 13mm	120
	（2）除（1）外的其他材料	15
Fe-5A Fe-5B-1	（1）规定的抗拉强度下限值大于 410MPa	200
	（2）规定最低铬含量大于 6.0% 且接头厚度大于 13mm	
	（3）除（1）、（2）外的其他材料	150
Fe-6	—	200
Fe-7	—	不预热
Fe-8	—	不预热
Fe-9B	—	150

注：钢材类别按《承压设备焊接工艺评定》（NB/T 47014—2011）。

E   确定预热温度的常用步骤

对于标准中没有规定预热温度的情况或新材料，应综合材料、板厚和结构形式、焊接工艺条件等因素来确定预热温度。预热温度的确定步骤如下：

（1）理论计算。计算碳当量或冷裂纹敏感指数，综合不同焊接工艺条件下的扩散氢含量、不同结构形式和板厚下的拘束度进行计算，得到理论上防止冷裂纹需要的预热温度。

$$P_{cm} = C + \frac{Mn + Cr + Cu}{20} + \frac{Si}{30} + \frac{Ni}{60} + \frac{Mo}{15} + \frac{V}{10} + 5B \tag{1-16}$$

式中，C、Mn、Cr、Cu、Si、Ni、Mo、V、B 为该元素含量。

$$P_w = P_{cm} + \frac{H_D}{60} + \frac{R_F}{400000} (R_F = K_1\delta, \ K_1 \ 为拘束系数) \tag{1-17}$$

$$P_c = P_{cm} + \frac{H_D}{60} + \frac{\delta}{600} \tag{1-18}$$

斜 Y 坡口： $T_p = 1440P_c - 392℃$ $\tag{1-19}$

X、U、V 形坡口： $T_p = 1330P_w - 380℃$ $\tag{1-20}$

K 形或 T 形接头： $T_p = 2030P_w - 550℃$ $\tag{1-21}$

（2）焊接性实验。采用斜 Y 型坡口试验，改变预热温度进行实验，即可得到得到防止裂纹的最低预热温度。

（3）生产论证和优化。比较理论计算和焊接性实验得到的预热温度，采用两者之中较高的预热温度焊接产品试件（结构形式完全与产品相同），然后进行无损检测，若没有出现裂纹，则降低预热温度再次实验，直至找到防止冷裂纹的最低预热温度。

生产制造中，随时跟踪产品焊接情况，统计不同室温条件（季节不同室温不同）、结构形式等情况下的预热温度，对焊接工艺进行优化，得到不同情况下的最低预热温度。

1.4.4.4   后热规范、道间温度

A   后热规范

后热是焊后立即对工件进行全部或局部加热并保温缓冷的工艺措施，它不同于焊后热处理。后热的主要目的是降低焊接接头扩散氢，所以也称为"消氢处理"。

对于冷裂纹倾向较大的钢种和焊接结构，在不能及时进行焊后热处理情况下，应对焊件进行后热处理，通过降低接头扩散氢、热影响区组织韧化和消除部分应力来延长延迟裂纹产生的时间，保证在实施焊后热处理前接头中不出现延迟裂纹。

在实际生产中，根据具体情况（材料、结构形式、焊接工艺等一定的情况下），总结延迟裂纹产生的延迟时间 t_1；根据生产安排，总结第一条焊缝焊接完成至进行热处理的间隔时间 t_2。如果 $t_1 \leq t_2$ 则需要进行后热；反之 $t_1 > t_2$，则不需要进行后热。

后热温度一般选择 200~400℃；保温时间根据母材厚度而定，一般按 1h/25mm 进行，但不能少于 0.5h。另外对于碳钢和低合金钢焊接，可采用式（1-22）进行确定[7]：

$$T_p(℃) = 455.5[C_{eq}]_p - 111.4 \tag{1-22}$$

$$[C_{eq}]_p = C + 0.2033Mn + 0.0473Cr + 0.1228Mo + 0.0292Ni +$$
$$0.0359Cu - 0.0792Si - 1.595P + 1.692S + 0.844V \qquad (1-23)$$

试验研究表明，后热不仅能消氢，也能韧化热影响区和焊缝的组织，特别对于一些淬硬倾向较大的中碳调质钢（如 30CrMnSi 钢等），效果更为明显。例如，焊接 30CrMnSiNi2A 超高强钢时，经 250℃ 预热 +260℃/1h 后热，发现热影响区出现 9.8% 的残余奥氏体，其基体为板条马氏为主带有少量下贝氏体的显微组织。残余奥氏体以薄膜状形态分布在马氏体的板条之间，它既韧化了组织，又阻碍了氢的扩散，对防止冷裂纹是有益的[8]。但应指出，对于一些不含 Si、Ni 的低合金高强钢（如 18MnMoNb），在后热过程中会使残余奥氏体分解为渗碳体+铁素体，因此，经过后热反而使热影响区韧性下降[9]。

另外，对于需要保证焊缝和热影响区为马氏体组织的材料，焊后不能马上进行后热。因为焊后立即对接头进行保温并缓冷，降低了接头冷却速度，则奥氏体不会形成马氏体而分解为铁素体+渗碳体，虽然接头淬硬程度降低，降低了延迟裂纹倾向，但焊接接头组织和性能与母材不同（性能降低），特别是在用于高温环境时，接头高温性能无法满足要求。如电站锅炉 SA-335P91 管道焊缝，焊后不能立即进行后热，而应当焊接接头温度降低到 100~150℃（M_f 点以下）、保温 1~2h 完成马氏体转变，然后再进行后热或进行焊后热处理。这样避免了 100℃ 以下及后热前出现延迟裂纹，又避免了奥氏体分解为铁素体+渗碳体，保证焊缝和热影响区焊后组织为低碳马氏体，从而使接头性能与 SA-335P91 母材的高温性能相当。

B 道间温度

多层多道焊时，焊接相邻焊道时，前道焊道的温度即为道间温度。

多层多道焊时，应严格控制道间温度。如果焊件焊前进行预热，则焊接过程中道间温度不能低于预热温度，否则可能造成冷裂纹；但道间温度过高，则热影响区过热区晶粒长大、热影响区韧性下降造成粗晶脆化，因此需要控制道间温度上限。若标准中对道间温度上限有规定时，则可参照执行；否则应焊接试板取样进行冲击试验，以焊缝和热影响区韧性满足标准要求或不高于母材冲击试验温度下 V 型缺口冲击功为条件，确定道间温度上限值。

根据金属学，材料塑韧性与晶粒度有关。晶粒越细小，塑性和韧性越好；晶粒越粗大，塑性和韧性越差。而对于焊接热影响区过热区，当母材中含有强碳化物形成元素（如 W、V、Ti、Nb 等合金元素）时，在焊接热循环作用下晶粒长大趋势小，韧性下降范围小；而当母材中没有强碳化物形成元素时，在焊接热循环作用下晶粒长大厉害，韧性下降范围大。因此，为保证焊接热影响区韧性，一般情况下，对于碳钢道间温度应更严格控制，建议最高 250℃；而对于低合金钢，道间温度应控制宽松一些，建议最高 300℃ 或 350℃；而对于高合金钢，由于材料淬硬倾向大，组织脆化程度大，导致韧性下降，虽然因为合金元素含量高，在热循环作用下晶粒长大趋势小，但为保证热影响区韧性，道间温度应严格控制，建议最高 300℃。

另外，对于焊缝金属结晶裂纹倾向较大的材料，如奥氏体不锈钢或镍基焊接材料焊缝，道间温度应严格控制在较低范围，比如不大于 100℃ 或 50℃。

根据《压力容器焊接规程》（NB/T 47015—2011）4.4.3 条之规定可知：碳钢和低合

金钢的最高预热温度和道间温度不宜大于 300℃，奥氏体不锈钢最高道间温度不宜大于 150℃[5]。

1.4.4.5　其他工艺参数

A　焊条和焊丝直径

焊条和焊丝直径主要取决于母材厚度、焊缝坡口、焊缝位置、焊缝类型和焊接线能量等。母材厚度较薄、焊缝坡口钝边小且间隙大、打底焊或根部焊道、奥氏体不锈钢焊条和需要采用小线能量时，尽量采用小直径焊条和焊丝；反之对于厚大结构，需要高的焊接效率时采用大直径焊条和焊丝。

B　钨极型号和直径

常用的钨极型号主要有三种：铈钨极 WCe-20、钍钨极 WTh-15 和纯钨极 WP。铈钨极 WCe-20 放射性小且电子发射能力强，而 WTh-15 放射性大且电子发射能力弱，所以现在低碳钢、低合金钢及不锈钢 TIG 焊采用直流正接电源极性时基本不采用钍钨极 WTh-15 而采用 WCe-20，但对于铝及铝合金 TIG 焊采用交流焊时，一般采用纯钨极 WP 作为电极。

常用的钨极直径主要有三种：$\phi 2.5mm$、$\phi 3.2mm$ 和 $\phi 4.0mm$。$\phi 2.5mm$ 主要用于手工钨极氩弧焊，$\phi 3.2mm$ 和 $\phi 4.0mm$ 主要用于自动或机动钨极氩弧焊。主要原因是直径越大，载流能力越强，手工钨极氩弧焊电流较小、负载持续率较低所以采用小直径即可；而机动或自动钨极氩弧焊电流相对较大、负载持续率较高所以应该采用大直径钨极，否则钨极容易烧损。

C　保护气体种类、混合比例、纯度和气体流量

中国目前制造过程中常用的保护气体种类、混合比例、纯度和气体流量见表 1-18；《焊接消耗品——熔焊及相关工艺用气体和气体混合物》（ISO 14175—2008）则列出目前世界各国所采用的保护气体种类，但特殊的如 TIME 高速焊采用的四元和三元保护气体不在其中。

在焊接有色合金等易氧化的金属材料时，应采用氩气作为保护气体（氦气更好，但价格昂贵）；焊接不锈钢材料时，不能采用二氧化碳作为保护气体，当采用富氩保护时，氧化成分（CO_2 和 O_2）气体的比例应控制较低，一般 CO_2 控制在 20% 以下，O_2 控制在 1%~2%。

表 1-18　常用气体种类、混合比例、纯度和气体流量

序号	保护气体种类	混合比例	纯度	气体流量/L·min⁻¹	
				手工焊	机动或自动
1	纯氩（Ar）	100%	99.99%（钨极氩弧焊 TIG） 99.5%（熔化极氩弧焊 MIG）	6~10（TIG） 15~20（MIG）	10~20（TIG） 20~35（MIG）
2	富氩（Ar+CO₂）	80%Ar+20%CO₂	99.5%（Ar、CO₂）	15~20	20~35
3	富氩（Ar+O₂）	Ar+1%~5%CO₂	99.5%（Ar、O₂）	15~20	20~35
4	二氧化碳（CO₂）	100%	99.5%	15~20	20~35

1.5 焊后热处理

焊后热处理是指能改变焊接接头的组织和性能或焊接残余应力的热过程。

焊后热处理不属于焊接工艺范畴，但对于承压设备焊接接头，焊后经常进行焊后热处理来消除应力、降低扩散氢和改善接头组织和性能，主要是防止焊接接头出现延迟裂纹、应力腐蚀裂纹等。另外，焊接工程师在编制焊接工艺的同时，需要编制相应的焊后热处理工艺，因此，应该掌握焊后热处理工艺的制定原则和方法。

对于碳钢、低合钢焊接结构而言主要的热处理方式有正火、正火+回火、回火或消除应力处理；而对于奥氏体不锈钢的热处理方式有固溶处理和稳定化处理。根据《钢制压力容器焊接规程》（JB 4709—2000），常用钢号的焊后热处理温度和保温时间见表1-19；而按《压力容器焊接规程》（NB/T 47015—2011）（代替 JB4709），常用钢号的焊后热处理温度和保温时间见表1-20。

表 1-19 常用钢号焊后热处理规范

钢 号	焊后热处理温度/℃		最短保温时间
	电弧焊	电渣焊	
10, Q235-A, 20, Q235-B, 20R, Q235-C, 20G, 20g	600~640	—	（1）当焊后热处理厚度 ≤50mm 时，为 $(\delta_{PWHT}/25)$ h，但最短时间不低于1/4h；
09MnD	580~620	—	（2）当焊后热处理厚度 $\delta_{PWHT} > 50$mm 时，
16MnR	600~640	900~930 正火后 600~640 回火	为 $\left(2+\frac{1}{4}\times\frac{\delta_{PWHT}-50}{25}\right)$ h
16Mn, 16MnD, 16MnDR	—	—	（1）当焊后热处理厚度 $\delta_{PWHT} \leqslant 125$mm 时，
15MnVR, 15MnNbR	540~580	—	为 $(\delta_{PWHT}/25)$ h，但最短时间不小于1/4h；
20MnMo, 20MnMoD	580~620	—	（2）当焊后热处理厚度 $\delta_{PWHT} > 125$mm 时，
18MnMoNbR 13MnNiMoNbR	600~640	950~980 正火后 600~640 回火	为 $\left(5+\frac{1}{4}\times\frac{\delta_{PWHT}-125}{25}\right)$ h
20MnMoNb	—	—	
07MnCrMoVR 07MnNiCrMoVDR 08MnNiCrMoVD	550~590	—	
09MnNiD, 09MnNiDR 15MnNiDR	540~580	—	（1）当焊后热处理厚度 $\delta_{PWHT} \leqslant 125$mm 时，
12CrMo, 12CrMoG	≥600	—	为 $(\delta_{PWHT}/25)$ h，但最短时间不小于1/4h；
15CrMo, 15CrMoG	≥600	—	（2）当焊后热处理厚度 $\delta_{PWHT} > 125$mm 时，
15CrMoR	≥600	890~950 正火后 ≥600 回火	为 $\left(5+\frac{1}{4}\times\frac{\delta_{PWHT}-125}{25}\right)$h
12Cr1MoV, 12Cr1MoVG 14Cr1MoR, 14Cr1Mo	≥640	—	
12Cr2Mo, 12Cr2Mo1 2Cr2Mo1R, 12Cr2Mo1G	≥660	—	
1Cr5Mo	≥660	—	

表 1-20　焊后热处理规范

钢质材料类别[①]	最低保温温度/℃	在相应焊后热处理厚度下，最短保温时间/h		
		$\delta_{\mathrm{PWHT}} \leqslant 50\mathrm{mm}$	$50\mathrm{mm} < \delta_{\mathrm{PWHT}} \leqslant 125\mathrm{mm}$	$\delta_{\mathrm{PWHT}} > 125\mathrm{mm}$
Fe-1[②]	600	$\delta_{\mathrm{PWHT}}/25$，最少为 15min	$2 + \dfrac{1}{4} \times \dfrac{\delta_{\mathrm{PWHT}} - 50}{25}$	
Fe-2	—			
Fe-3[②]	600			
Fe-4	650		$\delta_{\mathrm{PWHT}}/25$	$5 + \dfrac{1}{4} \times \dfrac{\delta_{\mathrm{PWHT}} - 125}{25}$
Fe-5A[③]，Fe-5B-1[③] Fe-5C	680			
Fe-5B-2[⑦]	730（最高保温温度 775℃）	$\delta_{\mathrm{PWHT}}/25$，最少为 30min		$5 + \dfrac{1}{4} \times \dfrac{\delta_{\mathrm{PWHT}} - 125}{25}$
Fe-6[④]	760	$\delta_{\mathrm{PWHT}}/25$，最少为 15min	$2 + \dfrac{1}{4} \times \dfrac{\delta_{\mathrm{PWHT}} - 50}{25}$	
Fe-7[④][⑥]	730			
Fe-8	见注[⑤]	—		
Fe-9B[②]	600	$\leqslant 25\mathrm{mm}$：$\delta_{\mathrm{PWHT}}/25$，最少为 15min；$> 125\mathrm{mm}$：$1 + \dfrac{1}{4} \times \dfrac{\delta_{\mathrm{PWHT}} - 25}{25}$		
Fe-10H	见注[⑤]	—		
Fe-10I[⑥]	730	$\delta_{\mathrm{PWHT}}/25$，最少为 15min	$\delta_{\mathrm{PWHT}}/25$	

①钢质母材类别按《承压设备焊接工艺评定》（NB/T 47014—2011）规定。

②Fe-1、Fe-3 类别的母材，当不能按本表规定的最低保温温度进行焊后热处理时，可按表 1-21 的规定降低保温温度，延长保温时间；Fe-9B 类别的钢质母材保温温度不得超过 635℃，当不能按本表规定的最低保温温度进行焊后热处理时，可按表 1-21 的规定降低保温温度（最多允许降低 55℃），延长保温时间。

③Fe-5A、Fe-5B-1 组的钢质母材，当不能按本表规定的最低保温温度进行焊后热处理时，最低保温温度可降低 30℃，降低最低保温温度焊后热处理最短保温时间：

当 $\delta_{\mathrm{PWHT}} \leqslant 50\mathrm{mm}$ 时，为 4h 与 $\left(4 \times \dfrac{\delta_{\mathrm{PWHT}}}{25}\right)$ h 中较大值；

当 $\delta_{\mathrm{PWHT}} > 50\mathrm{mm}$ 时，为表 1-20 中最短保温时间的 4 倍。

④Fe-6、Fe-7 中的 06Cr13、06Cr13Al 型不锈钢，当同时具备下列条件时，无需进行焊后热处理：钢材中碳含量不大于 0.08%；用能产生铬镍奥氏体熔敷金属或非空气淬硬的镍-铬-铁熔敷金属的焊条施焊；焊接接头母材厚度不大于 10mm，或母材厚度为 10~38mm 且保持 230℃预热温度；焊接接头经 100%射线透照检测。

⑤Fe-8、Fe-10H 类钢质母材焊接接头既不要求，也不禁止采用焊后热处理；

⑥焊件温度高于或等于 650℃时，冷却速度不能应大于 55℃/h；低于 650℃后迅速冷却，冷却速度应足以防止脆化。

⑦Fe-5B-2 类焊后热处理保温温度与焊缝金属成分密切相关，表中所列数值尚需调整。

　　当碳素钢、强度型低合金钢焊后热处理温度低于表 1-20 规定温度的下限值时，最短保温时间如表 1-21 规定。

表 1-21　焊后热处理温度低于规定值的保温时间

比规定温度范围下限值降低温度数值/℃	降低温度后最短保温时间[1]/h
25	2
55	4
80	10[2]
110	20[2]

① 最短保温时间适用于焊后热处理厚度 δ_{PWHT} 不大于 25mm 焊件，当焊后热处理厚度 δ_{PWHT} 大于 25mm 时，厚度每增加 25mm，最短保温时间则应增加 15min。

② 仅适用于碳素钢和 16MnR 钢。

1.5.1　焊后热处理厚度 δ_{PWHT} 选取[5]

（1）等厚度全焊透对接接头。等厚度全焊透对接接头的焊后热处理厚度 δ_{PWHT} 为其焊缝厚度（焊缝厚度是指焊缝横截面中，从焊缝正面到焊缝背面的距离，余高不计），也即钢材厚度或管子壁厚 δ_s。角焊缝连接的焊接接头中，δ_{PWHT} 等于角焊缝厚度；组合焊缝连接的焊接接头中，δ_{PWHT} 等于对接焊缝和角焊缝厚度中较大者。

（2）不等厚焊接接头：

1）对接接头取其较薄一侧母材厚度；

2）在壳体上焊接管板、平封头、盖板、凸缘或法兰时，取壳体厚度；

3）接管、人孔与壳体组焊时，在接管颈部厚度、壳体厚度、封头厚度、补强板厚度和连接角焊缝厚度中取其较大者；

4）接管与高颈法兰相焊时取管颈厚度；

5）管子与管板相焊时取其焊缝厚度。

（3）非受压元件与受压元件相焊取焊接处的焊缝厚度。

（4）焊接返修时，取其所填充的焊缝金属厚度。

1.5.2　热处理温度

1.5.2.1　标准或规范有规定时

制造标准中对热处理温度有规定（如 ASME I PG—39、NB/T 47015—2011）时，可按标准执行；对于标准中没有规定，但相关资料或文献有介绍的，可以参照实验结果制定热处理工艺，然后进行验证试验，若试验结果符合技术文件、图纸等的要求，则可以用于指导热处理工艺规范的制定工作。

1.5.2.2　标准或规范没有规定时

对于标准没有规定、资料也没有介绍的钢种（如新材料），热处理温度的确定步骤如下：

（1）是否进行焊后热处理。在相关制造标准或焊接标准中对是否进行热处理有规定时按标准规定执行即可。

当标准或规范没有规定是否需要进行焊后热处理时，应根据母材的化学成分、焊接性能、厚度、焊接接头的拘束程度、使用条件综合确定是否需要进行焊后热处理，即按制定的焊接工艺焊接试件后，若不进行焊后热处理则可能造成焊接接头残余应力（造成裂纹、应力腐蚀等）、冲击韧性低等不符合要求的情况，则需要进行焊后热处理，否则不需要。

（2）热处理温度的确定。根据材料手册或钢厂提供的 Ar_1、Ac_1 和 Ac_3 相变温度（当没有相应资料时，可以采用测量仪器测量），然后确定热处理温度。

1）正火温度为 $Ac_3+(30\sim50)$℃，保温时间为 $1\sim2$min/mm，最低不少于 15min。

2）同种材料相焊时，焊后消除应力处理或高温回火温度不应超过临界点 Ac_1；不同钢号相焊时，焊后热处理规范应按焊后热处理温度要求较高的钢号执行，但温度不应超过两者中任一钢号的临界点 Ac_1。一般情况下，焊后热处理温度应低于 Ar_1 值 $50\sim100$℃。

3）调质钢或正火+回火钢焊后热处理温度应低于调质处理或回火处理时的回火温度 $T_回$，其差值至少为 30℃。

4）非受压元件与受压元件相焊时，应按受压元件的焊后热处理规范。

5）采用电渣焊，焊后应进行正火+回火的热处理。

6）对有再热裂纹倾向、回火脆性的材料，在焊后热处理时应注意防止产生再热裂纹和回火脆性。尽可能避开再热裂纹和回火脆性敏感温度区间，不能避开时保温时间尽可能减短。

1.5.3　焊后热处理保温时间

焊后热处理保温时间按表1-19、表1-20和表1-21之规定执行。

1.5.4　其他参数

1.5.4.1　进出炉温度

焊件进炉时炉内温度不得高于400℃，同样焊件出炉时炉内温度不得高于400℃。要求更严格的情况下，可以将进出炉温度控制在300℃及以下。

1.5.4.2　升降温速度

升温速度：焊件升温至400℃后，加热区升温速度不得超过 $5500/\delta_{PWHT}$（℃/h），且不得超过220℃/h，最小可为55℃/h；焊件温度高于400℃时，加热区降温速度不得超过 $7000/\delta_{PWHT}$（℃/h），且不得超过280℃/h，最小可为55℃/h。

1.5.5　焊后热处理注意事项

（1）奥氏体高合金钢制压力容器一般不进行焊后消除应力热处理。

（2）焊后热处理应在压力试验前进行。

（3）应尽可能采取整体热处理。当分段热处理时，加热重叠部分长度至少为1500mm，加热区以外部分应采取保温措施，防止产生有害的温度梯度。

（4）补焊和筒体环焊缝采取局部热处理时，焊缝每侧加热带宽度不得小于容器厚度的3倍；接管与容器相焊的整圈焊缝热处理时，加热带宽度不得小于壳体厚度的6倍。加热区以外部位应采取措施，防止产生有害的温度梯度。

（5）焊后热处理温度以在焊件上直接测量为准，在整个热处理过程中应当连续记录；热电偶应布置在典型区域，如工件两端和中部，管屏多层堆放时应在中间管屏的中部布置热电偶，对于厚壁容器或锅筒筒体内表面也应布置热电偶；热电偶应采用螺母压紧，与工件表面紧密接触，热电偶与工件表面焊接时焊接材料应按工件进行选择，其他工艺参数（特别指预热）应与工件焊接工艺一致。

（6）保温时间的计量应以所有热电偶记录的温度达到热处理温度后开始计量。

特别注意，大部分热处理炉的热电偶是布置在炉顶和两侧，此时热电偶检测的温度为炉温而非工件温度。保温时间的计量开始时间应通过大量实验确定炉温与工件达到热处理要求温度的时间差，计算保温时间时应去除这段时间，否则可能造成炉温达到热处理温度而工件温度还未达到，造成工件实际保温时间低于热处理曲线记录的保温时间。

（7）工件应放在热处理炉有效加热区范围内，同时离开火焰喷口一定距离，避免火焰直接对着工件。对于细长类（如集箱）和宽大且薄（如水冷壁）的部件，热处理时应注意支撑和工件之间间隔，保证气流的对流有利于温度的均匀和避免热处理过程中的变形。热处理炉有效加热区测定方法见《热处理炉有效加热区测定方法》（GB/T 9452—2012）。

例题1-24： 16MnR、$\delta = 40mm$压力容器筒体对接焊缝，请做出其焊后热处理曲线。

答： 按照表1-19、表1-20，其焊后热处理温度可为600~640℃；保温时间$t = 40/25 = 1.6h$，可取100min；出入炉温度为400℃；升温速度为5500/40 = 137.5℃/h，取135℃/h；降温速度为7000/40 = 175℃/h。根据以上参数，可以做出它的热处理曲线如图1-18所示。

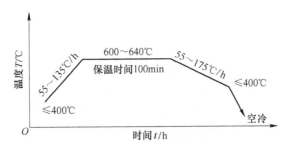

图1-18 16MnR、$\delta = 40$压力容器筒体对接焊缝焊后热处理曲线图

1.6 焊接工艺设计例题

例题1-25： 15CrMoG $\phi273mm \times 40mm$管道对接焊缝，焊后需经100%RT探伤合格，请编制对接焊缝的焊接工艺。

焊接工艺说明书		第 1 页　共 1 页
		版本号：No. A
说明书名称	管子对接焊缝　　　焊接方法	GTAW+SMAW+SAW

母材牌号	15CrMoG+15CrMoG
规格	$\phi273mm×40mm+\phi273mm×40mm$
接头及坡口形式	对接

工艺要求		坡口形式
预热温度/℃	≥120（可选 100～150℃）	
层间温度或道间温度/℃	≤300	
后热温度及时间/℃·h⁻¹	不要求	
焊缝外观要求	要求	
坡口加工方法及清理	机械加工，去油污	
清根方法	不需要	

有关的工艺顺序	备注
（1）清理坡口两侧 100mm 内的油污及杂质，呈金属光泽；焊前预热。 （2）手工钨极氩焊装点并打底一层，焊条电弧焊 $\phi3.2mm$、$\phi5.0mm$ 各过渡一层，埋弧焊填充盖面。 （3）清理并自检。	

焊接方法	焊材牌号	焊材规格 /mm	焊接电流 /A	焊接电压 /V	焊接速度 /mm·min⁻¹	钨极牌号 及规格	气体流量 /L·min⁻¹
手工 钨极氩弧焊	H08CrMoA （ER55-B2）	$\phi2.5$	90～130	14～20	30～50	WCe-20$\phi2.5$	6-10
焊条电弧焊	R307 （E5515-1CM）	$\phi3.2$	100～140	22～26	150～250		
		$\phi5.0$	200～250	24～30	150～250		
埋弧焊	H08CrMoA+HJ350 （F48P0-H08CrMoA）	$\phi4.0$	500～600	32～36	400～500		
焊后热处理/℃·h⁻¹				670±10℃·1.6h⁻¹			

例题 1-26： 12Cr1MoVG $\phi168×16mm$ 管道对接焊缝，焊后需经 100％RT 探伤合格，请编制一份相应的焊接工艺。

焊接工艺说明书	第 1 页 共 1 页
	版本号：No. A

说明书名称	管子对接焊缝	焊接方法	GTAW+SMAW

母材牌号	12Cr1MoVG+12Cr1MoVG
规格	φ168mm×16mm+φ168mm×16mm
接头及坡口形式	对接

工艺要求		接头形式
预热温度/℃	≥120（可选 150~200℃）	
层间温度或道间温度/℃	≤300	
后热温度及时间/℃·h⁻¹	不要求	
焊缝外观要求	要求	
坡口加工方法及清理	机械加工，去油污	
清根方法	不需要	

接头形式图：φ168mm×16mm 管，坡口角度 70°，钝边 1，根部间隙 2

有关的工艺顺序	备注

（1）清理坡口两侧 100mm 内的油污及杂质，呈金属光泽；焊前预热。

（2）手工钨极氩焊装点并打底一层，焊条电弧焊 φ3.2mm 过渡一层、φ5.0mm 焊妥。

（3）清理并自检。

焊接方法	焊材牌号	焊材规格 /mm	焊接电流 /A	焊接电压 /V	焊接速度 /mm·min⁻¹	钨极牌号及规格	气体流量 /L·min⁻¹
手工钨极氩弧焊	H08CrMoVA （ER55-B2-V）	φ2.5	90~130	14~20	30~50	WCe-20φ2.5	6~10
焊条电弧焊	R317 （E5515-1CMV）	φ3.2	100~140	22~26	150~250		
		φ5.0	200~250	24~30	150~250		
焊后热处理/℃·h⁻¹				725±10℃·1h⁻¹			

思 考 题

1-1 焊接工艺的主要内容包含哪些？

1-2 试分析 Q345R、15CrMo、1Cr5Mo 等材料的焊接性。

1-3 针对 Q345B 20mm T 型接头，15CrMoG φ51mm×6mm 管子对接焊缝，SUS304 20mm 钢板对接，ZB32 2mm 板对接焊缝，制定相应的焊接工艺。

1-4 列出 SA-335P91 φ426mm×50mm 热参数（包括预热、后热和焊后热处理），并画出热曲线图。

参 考 文 献

［1］ 中华人民共和国国家质量监督检验检疫总局．TSG R0004—2009 固定式压力容器安全技术监察规程
　　 ［S］．北京：中国标准出版社，2009.

［2］ 陈伯蠡．焊接工程缺欠分析与对策［M］．2 版．北京：机械工业出版社，2005.

［3］ 中国标准化管理委员会．GB 3375—1994 焊接术语［S］．北京：中国标准出版社，1994.

［4］ 李亚江．焊接冶金学-材料焊接性［M］．北京：机械工业出版社，2016.

［5］ 国家能源局．NB/T 47015—2011 压力容器焊接规程［S］．北京：中国标准出版社，2011.

［6］ 陈伯蠡．焊接冶金原理［M］．北京：机械工业出版社，1991.

［7］ 张文钺．焊接冶金学-基本原理［M］．北京：机械工业出版社，2016.

［8］ 陈忠孝，等．30CrMnSiNi2A 超高强钢 HAZ 后热韧化抗裂机理的探讨［J］．焊接学报，1983，
　　 4（3）.

［9］ 许玉环，张文钺．预热及后热对焊缝含氢量及韧性的影响［J］．兵器材料科学与工程，1991，11
　　（12）：32~34.

2 焊接工艺规程

2.1 通用焊接工艺规程

2.1.1 焊接材料[1]

焊接材料包括焊条、焊丝、钢带、焊剂、气体、电极和衬垫等。

焊接材料选用原则：应根据母材的化学成分、力学性能、焊接性能，并结合压力容器的结构特点、使用条件及焊接方法综合考虑选用焊接材料，必要时通过试验确定。

焊缝金属的性能应高于或等于相应母材标准规定值的下限或满足图样规定的技术条件要求。对各类钢的焊缝金属要求如下：

（1）相同钢号相焊的焊缝金属。

1）碳素钢、低合金钢的焊缝金属（不是熔敷金属）应保证力学性能，且其抗拉强度不应超过母材标准规定的上限值，耐热钢的焊缝金属还应保证化学成分。

2）高合金钢的焊缝金属应保证力学性能和耐腐蚀性能。

3）不锈钢复合钢基层的焊缝金属应保证力学性能，且其抗拉强度不应超过母材标准规定的上限值；复层的焊缝金属应保证耐腐蚀性能，当有力学性能要求时还应保证力学性能。复层焊缝与基层焊缝以及复层焊缝与基层钢板的交界处宜采用过渡焊缝。

（2）不同钢号相焊的焊缝金属。

1）不同强度钢号的碳素钢、低合金钢之间的焊缝金属应保证力学性能，且其抗拉强度不应超过强度较高母材标准规定的上限值。

2）奥氏体高合金钢与碳素钢或低合金钢之间的焊缝金属应保证抗裂性能和力学性能。宜采用铬镍含量较奥氏体高合金钢母材高的焊接材料。

（3）焊接材料应有产品质量证明书，熔敷金属化学成分和力学性能符合相应标准的规定。

2.1.2 坡口设计和制备

2.1.2.1 坡口设计原则[1]

焊接坡口应根据工艺条件选用标准坡口或自行设计。主要可以选用及参照的焊缝坡口标准有：《气焊、焊条电弧焊、气体保护焊和高能束焊的推荐坡口》（GB/T 985—2008）、《埋弧焊焊缝坡口的基本形式和尺寸》（GB 986—88）。

2.1.2.2 设计以及选择坡口形式和尺寸应考虑的因素

（1）焊接方法；

（2）焊缝填充金属尽量少；

（3）避免产生缺陷；

（4）减少残余焊接变形与应力；

（5）有利于焊接防护；

（6）焊工操作方便；

（7）复合钢板的坡口应有利于减少过渡焊缝金属的稀释率，具体可参照《压力容器焊接规程》（NB/T 47015—2011）附录 B 表 B.1 和表 B.2。

2.1.2.3 常用的钢板、管子对接焊缝坡口形式[2]

常用的钢板、管子对接焊缝坡口形式见表 2-1。

表 2-1 常用的钢板、管子对接焊缝坡口形式

名　称	坡　口　图	适　用　范　围
管子对接 V 形坡口		（1）$\alpha=70°$。 （2）当对口错边量 $\Delta\delta > 10\%\delta$ 或 $\Delta\delta \geqslant 1mm$ 时应修磨内错边成 12° 斜度。 （3）采用氩弧焊或氩弧焊打底
单/双面焊 V 形坡口		（1）当 $3mm \leqslant \delta < 10mm$ 时，采用焊条电弧焊；当 $10mm \leqslant \delta \leqslant 30mm$ 时，采用焊条电弧焊打底加埋弧焊。 （2）为保证焊透，可反面清根后封底焊
单/双面焊 U 形坡口		（1）壁厚 $\leqslant 60mm$ 时，$\beta=13°$；壁厚 $>60mm$ 时，$\beta=8°$。 （2）采用焊条电弧焊打底加埋弧焊；为保证焊透，可反面清根后封底焊
双面焊 I 形坡口		（1）当 $2mm \leqslant \delta < 8mm$，$C=1\sim2mm$，$B=6\sim10mm$； 　　当 $8mm \leqslant \delta \leqslant 14mm$，$C=3mm$，$B=14\sim20mm$； 　　当 $14mm < \delta \leqslant 20mm$，$C=5mm$，$B=18\sim24mm$。 （2）当 $2mm \leqslant \delta < 8mm$，采用双面焊条电弧焊；当 $8mm \leqslant \delta \leqslant 20mm$，采用双面埋弧焊。 （3）焊缝需进行无损检查时反面需挑焊根
单面 VV 形坡口		（1）适用于壁厚 $\delta=50\sim150mm$ 对接焊缝。 （2）采用焊条电弧焊加埋弧焊，焊条电弧焊打底厚度 $\geqslant 10mm$，反面清根后用焊条电弧封底焊接

名　称	坡　口　图	适　用　范　围
双面焊 X 形坡口		（1）适用于 $\delta = 20 \sim 150$mm 对接焊缝。 （2）当采用焊条电弧焊时，$p = 2$mm，反面挑焊根后再焊；当采用埋弧焊时，$p = 6$mm，反面可挑可不挑焊根
双面焊 双 U 形坡口		（1）适用于 $\delta = 60 \sim 150$mm 对接焊缝。 （2）当采用焊条电弧焊时，$p = 2$mm，反面挑焊根后再焊；当采用埋弧焊时，$p = 6$mm，反面可挑可不挑焊根

2.1.3　焊缝坡口制备[1]

（1）碳素钢和标准抗拉强度下限值不大于 540MPa 的强度型低合金钢可采用冷加工方法，也可采用热加工方法制备坡口。

（2）耐热型低合金钢和高合金钢、标准抗拉强度下限值大于 540MPa 的强度型低合金钢，宜采用冷加工方法。若采用热加工方法，对影响焊接质量的表面层（主要指氧化层、渗碳层和熔渣），应用冷加工方法去除。

（3）焊接坡口应保持平整，不得有裂纹、分层、夹杂等缺陷，形式和尺寸应符合相应规定。

（4）坡口表面及两侧（以离坡口边缘的距离计焊条电弧焊各 10mm，埋弧焊、气体保护焊各 20mm）应将水、铁锈、油污、熔渣和其他有害杂质清理干净。

（5）为防止粘附焊接飞溅，奥氏体高合金钢坡口两侧各 100mm 范围内应刷涂料。

2.1.4　组对定位

组对定位过程中要注意保护不锈钢和有色金属表面，防止发生机械损伤；组对定位后，坡口间隙应与焊接方法和焊接工艺参数匹配，错边量应小于 0.5mm，除采用反变形法防止角变形外棱角度应小于 3°。组装时避免强力组装。

定位焊时，焊前预热与正式焊缝相同。定位焊缝长度不低于 40mm，定位焊缝间距 200~300mm。定位焊缝不得有裂纹，否则应清除重焊，如存在气孔、夹渣时亦应去除。熔入永久焊缝内的定位焊缝两端应便于接弧，否则应予修整。

当采用埋弧焊时，对于钢板对接试件两端应安装引灭弧板，引灭弧板规格应不小于 80mm×80mm。埋弧焊时应在引弧板上引弧，禁止在试件其他部位引弧，应在灭弧板上收弧。

2.1.5　预热[1]

（1）根据母材的交货状态、化学成分、焊接性能、厚度、焊接接头的拘束程度、焊接方法和焊接环境等综合考虑是否预热。焊接接头的预热温度除参照相关标准外，必要时通过焊接性能试验确定（如斜 Y 坡口试验）。

（2）不同钢号相焊时，预热温度按预热温度要求较高的钢号选取。

（3）采取局部预热时，应防止局部应力过大。预热的范围应大于测温点 A 所示区间（见图 2-1），在此区域内任意点的温度都要满足规定的要求。

当采用热加工法下料、开坡口、清根、开槽或施焊临时焊缝时，亦需要考虑预热要求。

2.1.5.1 预热温度的测量

单面加热时应在加热面的背面测定温度。双面加热或单面加热做不到在背面测量时，应先移开热源，等母材厚度方向上温度均匀后测定温度。温度均匀化的时间按每 2min/25mm 的比例确定。

2.1.5.2 测温点的位置

测温点的位置如图 2-1 所示。当焊件焊缝处母材厚度小于或等于 50mm 时，A 等于 4 倍母材厚度 δ_s，且不超过 50mm；当焊件焊缝处母材厚度大于 50mm 时，$A \geqslant 75$mm。

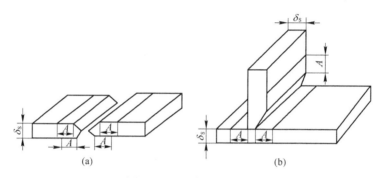

图 2-1 测温点 A 的位置

（a）对接接头；（b）T 形接头

2.1.6 施焊

焊接环境：气体保护焊不大于 2m/s，其他方法不大于 10m/s；相对湿度不大于 90%。

多道焊或多层焊时，应注意道间和层间清理，将焊缝表面熔渣、有害氧化物、油脂、锈迹等清除干净后再继续施焊。

双面焊时须清理焊根，显露出正面打底的焊缝金属。对于机动焊或自动焊，若经试验确认能保证焊透及焊接质量，则可不作清根处理。

施焊过程中控制道间温度不超过规定的范围。道间温度过高，则焊接接头高温停留时间过长，热影响区增加，粗晶区范围增大且晶粒长大更厉害，热影响区韧性下降，所以焊接过程中应控制道间温度。一般情况下，碳钢和碳-锰钢道间温度≤250℃，奥氏体不锈钢道间温度≤100℃（严格时可控制在 60℃ 以下），合金钢道间温度≤300℃。

当焊件规定预热时，应控制道间温度不能低于预热温度。每条焊缝应一次焊完，当中断焊接时对冷裂纹敏感的焊件应及时采取保温、后热或缓冷等措施。重新施焊前应将焊件重新预热，达到规定的预热温度后方可施焊。

可锤击的钢质焊缝金属和热影响区，采用锤击消除接头残余应力时，打底层焊缝和盖面层焊缝不宜锤击。引灭弧板不应锤击去除。

2.1.7　焊缝返修

（1）对需要焊接返修的缺陷应当分析产生原因，提出改进措施，编制焊接返修工艺。

（2）焊缝同一部位返修次数不宜超过 2 次。

（3）返修前需将缺陷清除干净，必要时可采用表面探伤检验确认。

（4）待补焊部位应开宽度均匀、表面平整、便于施焊的凹槽，且两端有一定坡度。

（5）如需预热，预热温度应较原焊缝适当提高。

（6）返修焊缝性能和质量要求应与原焊缝相同。

2.2　钢制结构焊接规程

2.2.1　焊接材料[1]

各类钢材的焊接材料选用原则如下。

（1）碳素钢相同钢号相焊，选用焊接材料应保证焊缝金属的力学性能高于或等于母材规定的限值。

（2）强度结构钢相同钢号相焊，选用焊接材料应保证焊缝金属的力学性能高于或等于母材规定的限值。

（3）耐热钢相同钢号相焊：

1）选用焊接材料应保证焊缝金属的力学性能高于或等于母材规定的限值，特别是高温性能（持久强度、蠕变强度、高温抗氧化性、高温耐磨性等）不能低于母材规定的下限值；

2）焊缝金属中 Cr、Mo 含量与母材规定相当。

（4）低温钢相同钢号相焊，选用焊接材料应保证焊缝金属的力学性能高于或等于母材规定的限值，特别是低温韧性不能低于母材规定的下限值。

（5）高合金钢相同钢号相焊，选用焊接材料应保证焊缝金属的力学性能高于或等于母材规定的限值。当需要时，其耐腐蚀性能不应低于母材相应要求。

（6）用生成奥氏体焊缝金属的焊接材料焊接非奥氏体母材时，应慎重考虑母材与焊缝金属膨胀系数不同而产生的应力作用。特别是高温或疲劳载荷工况下，由于两者塑性、韧性、导热率和膨胀系数不同可能造成过早破坏，所以一般情况下不推荐采用。

（7）不同钢号材料相焊：

1）不同强度等级钢号的碳素钢、低合金钢之间相焊，选用焊接材料应保证焊缝金属的抗拉强度高于或等于强度较低一侧母材抗拉强度下限值，且不超过强度较高一侧母材标准规定的上限值。

2）奥氏体高合金与碳素钢、低合金钢之间相焊，选用焊接材料应保证焊缝金属的抗裂性能和力学性能。当设计温度不超过 370℃时，采用铬、镍含量可保证焊缝金属为奥氏体的不锈钢焊接材料；当设计温度超过 370℃时，宜采用镍基焊接材料。

（8）不锈钢复合钢基层相焊，选用焊接材料应保证焊缝金属的力学性能高于或等于母材规定的限值；覆层钢材选用的焊接材料应保证焊缝金属的耐腐蚀性能，当有力学性能要求时，还应保证力学性能。覆层焊缝与基层焊缝以及覆层焊缝与基层母材的交界处宜采用过渡焊缝。

2.2.2 焊接材料的使用[1]

（1）焊接材料使用前，焊丝需去除油、锈，保护气体应保持干燥。

（2）除真空包装外，焊条、焊剂应按产品说明书规定的规范进行再烘干，烘干后可放入保温箱内（100~150℃）保温待用。对于烘干温度超过350℃的焊条，累计烘干次数不宜超过3次。常用焊材烘干温度及保持时间见表2-2。

（3）常用钢号推荐选用的焊接材料见表2-3，常用钢号分类分组、不同钢号相焊推荐选用的焊接材料见表2-4、表2-5。

表 2-2　常用焊材烘干温度及保持时间[2]

类　别	牌　号	T（温度）/℃	t（时间）/h
碳钢和低合金钢焊条	J422	150	1
	J426	300	1
	J427	350	1
	J502	150	1
	J506，J507	350	1
	J506RH，J507RH	350~430	1
	J507Mo	350	1
	J557	350	1
	J556RH	400	1
	J606，J607	350	1
	J607RH	350~430	1
	J707	350	1
	J707RH	400	2
低温钢焊条	W607，W707	350	1
钼和铬钼耐热钢焊条	R207，R307	350	1
	R307H	400	1
	R317，R407，R507	350	1
铬镍不锈钢焊条	A102	150	1
	A107	250	1
	A132	150	1
	A137	250	1
	A202	150	1

续表 2-2

类　别	牌　号	温度/℃	T（时间）/h
铬镍不锈钢焊条	A207	250	1
	A002，A022，A212，A242	150	1
铬不锈钢焊条	G202	150	1
	G207	250	1
	G302	150	1
	G307	200～300	1
熔炼焊剂	HJ431	250	2
	HJ350，HJ260	300～400	2
	HJ250	300～350	2
烧结焊剂	SJ101	300～350	2
	SJ102		

表 2-3　常用钢号推荐选用的焊接材料[1]

钢　号	焊条电弧焊		埋　弧　焊		CO_2 气保焊	氩弧焊
	型号	牌号	焊丝型号	焊剂牌号		
Q235-A.F Q235-A 10（管） 20（管）	E4303	J422	H08A H08MnA	HJ431	H08MnSi	—
Q235-B、Q235-C 20G、20g 20R、20（锻）	E4316	J426	H08A H08E H08MnA	HJ431	H08MnSi	—
	E4315	J427				
09MnD	E5015-G	W607				
09MnND 09MnNiDR	—	W707	—	—	—	—
16Mn、16MnR	E5016	J506	H10MnSi H10Mn2	HJ431 HJ350 SJ101	H08Mn2SiA	H10MnSi
	E5015	J507				
16MnD 16MnDR	E5016-G	J506RH	—	—	—	—
	E5015-G	J507RH	—	—	—	—
15MnNiDR	E5015-G	W607	—	—	—	—
15MnNbR	E5516-G	J556RH	HJ404-H08MnA	SJ101	—	—
	E5515-G	J557		—		
15MnVR	E5515-G	J557	H08MnMoA H10MnSi H10Mn2	HJ431 J350 SJ101	H08Mn2SiA	H08Mn2SiA

钢 号	焊条电弧焊		埋 弧 焊		CO_2 气保焊	氩弧焊
	型号	牌号	焊丝型号	焊剂牌号		
20MnMo	E5015-G	J507RH	H10MnSi H10Mn2 H08MnMoA	HJ431 HJ350	—	—
	E5515-G	J557				
20MnMoD	E5016-G	J506RH	—	—	—	—
	E5015-G	J507RH				
	E5516-G	J556RH				
13MnNiMoNbR	E6016-D1	J606	H08Mn2MoA	HJ350	—	—
	E6015-D1	J607				
18MnMoNbR	E6015-D1	J607	H08Mn2MoA	HJ250G	—	—
20MnMoNb	E6015-D1	J607	H08MnMoA	H1250G	—	—
07MnCrMoVR 08MnNiCrMoVD 07MnNiCrMoVDR	E6015-G	J607RH	—	—	—	—
10Ni3MoVD	E6015-G	J607RH	—	—	—	—
12CrMo 12CrMoG	E5515-B1	R207	H13CrMoA	HJ350 J101 H1250G	—	H08CrMoA
15CrMo 15CrMoG 15CrMoR	E5515-B2	R307			—	H13CrMoA
14Cr1MoR 14Cr1Mo	E5515-B2	R307H	—	—	—	—
12Cr1MoV 12Cr1MoVG	E5515-B2-V	R317	H08CrMoVA	HJ350	H08CrMoVA	H08CrMoVA
12Cr2Mo 12Cr2Mo1 12Cr2MoG 12Cr2Mo1R	E6015-B3	R407	—	—	—	—
1Cr5Mo	E5MoV-15	R507	—	—	—	—
0Cr18Ni9	E308-16	A102	H0Cr21Ni10	HJ260	H0Cr21Ni10	H0Cr21Ni10
	E308-15	A107				
0Cr18Ni10Ti 1Cr18Ni9Ti	E347-16	A132	H0Cr21Ni10Ti	HJ260	—	H0Cr21Ni10Ti
	E347-15	A137				
0Cr17Ni12Mo2	E316-16	A202	H0Cr19Ni12Mo2	HJ260	—	H0Cr19Ni12Mo2
	E316-15	A207				

续表 2-3

钢 号	焊条电弧焊		埋 弧 焊		CO₂气保焊	氩弧焊
	型号	牌号	焊丝型号	焊剂牌号		
0Crl8Ni12Mo2Ti	E316L-16	A022	H0Cr19Nil2Mo2	M260	—	H00Cr19Ni12Mo2
	E318-16	A212	—	—	—	—
0Cr19Ni13Mo3	E317-16	—	—	—	—	—H0Cr20Ni14Mo3
00Cr19Ni10	E308L-16	A002	H00Cr21Ni10	HJ260	—	H00Cr21Ni10
00Cr17Nil4Mo2	E316L-16	A022	—	—	—	—
00Cr19Ni13Mo3	E317L-16	A242	—	—	—	—
0Cr13	E410-16	G202	—	—	—	—
	E410-15	G207	—	—	—	—

表 2-4 常用钢号分类分组[1]

类别号	组别号	钢 号
Fe-1	Fe-1-1	Q245R, Q235-A, Q235-B, Q235-C, 10, 20, 20g, 20G
	Fe-1-2	16Mn, 16MnR, Q345R, 16MnDR, 15MnNiDR, 09MnNiDR, Q345D, 09MnD
	Fe-1-3	Q370R, 15MnNiNbDR
	Fe-1-4	08MnNiMoVD, 12MnNiVR, 07MnMoVR, 07MnNiMoDR, 07MnNiVDR
Fe-2	—	—
Fe-3	Fe-3-1	12CrMo
	Fe-3-2	20MnMo, 20MnMoD, 10MoWVNb, 12SiMoVNb
	Fe-3-3	13MnNiMoR, 18MnMoNbR, 20MnMoNb, 20MnNiMo
Fe-4	Fe-4-1	15CrMo, 15CrMoR, 14Cr1Mo, 14Cr1MoR
	Fe-4-2	12Cr1MoVR, 12Cr1MoVG
Fe-5A	—	12Cr2Mo1, 12Cr2MoG, 12Cr2Mo1R, 08Cr2AlMo, 12Cr2Mo
Fe-5B	Fe-5B-1	1Cr5Mo
Fe-6		06Cr13 (S41008)
Fe-7	Fe-7-1	06Cr13 (S11306), 06Cr13Al
Fe-8	Fe-8-1	06Cr18Ni9, 06Cr19Ni10, 00Cr19Ni10, 022Cr19Ni10, 00Cr17Ni12Mo2 06Cr17Ni12Mo2, 022Cr17Ni12Mo2, 00Cr17Ni14Mo2, 0Cr18Ni10Ti 06Cr18Ni11Ti, 0Cr18Ni12Mo2Ti, 0Cr19Ni13Mo3, 06Cr17Ni12Mo2Ti 06Cr19Ni13Mo3, 00Cr19Ni13Mo3, 022Cr19Ni13Mo3
	Fe-8-2	2Cr23Ni13, 06Cr23Ni13, 2Cr25Ni20, 06Cr25Ni20

注：钢号分类、分组同 NB/T 47014。

表 2-5　不同钢号相焊推荐选用焊接材料表[1]

钢材种类	接头母材类别、组别代号	焊条电弧焊		埋弧焊		氩弧焊	备注
		型号	牌号	焊丝型号	焊剂牌号	焊丝牌号	
低碳钢与强度型低合金钢相焊	Fe-1-1 与 Fe-1-2、Fe-1-3、Fe-1-4 相焊	E4315 E4316	J427 J426	F4A0-H08A F4A2-H08MnA	HJ431-H08A HJ431-H08MnA SJ101-H08A SJ101-H08MnA	H08Mn2SiA （ER50-6）	—
		E5015 E5016	J507 J506				—
含钼强度型低合金钢之间相焊	Fe-3-1 与 Fe-3-2、Fe-3-3 相焊	E5515-B1	R207	F48A0-H08CrMoA	HJ350-H08CrMoA SJ101-H08CrMoA	—	—
	Fe-3-2 与 Fe-3-3 相焊	E5515-G	J557	F55A0-H08MnMoA	HJ350-H08MnMoA SJ101-H08MnMoA	—	—
低碳钢与耐热型低合金钢相焊	Fe-1-1 与 Fe-4、Fe-5A、Fe-5B-1 相焊	E4315	J427	F4A0-H08A	HJ431-H08A SJ101-H08A HJ350-H08A	—	—
低碳钢与耐热型低合金钢相焊	Fe-1-1 与 Fe-4、Fe-5A、Fe-5B-1 相焊	E5015 E5016	J507 J506	F5A0-H10Mn2	HJ431-H10Mn2	—	—
强度型钢与耐热低合金钢相焊	Fe-3-2 与 Fe-4、Fe-5A 相焊	E5515-G	J557	F55A0-H08MnMoA	HJ350-H08MnMoA	—	—
		E5516-G	J556			—	—
	Fe-3-3 与 Fe-4、Fe-5A 相焊	E6015-D1	J607	F62A0-H08Mn2MoA F62A2-H08Mn2MoA	HJ431-H08Mn2MoA SJ101-H08Mn2MoA HJ350-H08Mn2MoA	—	—
		E6016-D1	J606			—	—
耐热型低合金钢与耐热型中合金钢相焊	Fe-4-1 与 Fe-5A 相焊	E5515-B2	R307	—	—	—	
		E309-15	A307	—	—	H12Cr24Ni13	不进行焊后热处理时采用
	Fe-4-2 与 Fe-5A 相焊	E5515-B2-V	R317	—	—	—	—
		E309-15	A307	—	—	H12Cr24Ni13	不进行焊后热处理时采用
	Fe-4、Fe-5A 与 Fe-5B-1 相焊	E310-15	A407	—	—	H12Cr26Ni21	不进行焊后热处理时采用

钢材种类	接头母材类别、组别代号	焊条电弧焊		埋 弧 焊		氩弧焊	备注
		型号	牌号	焊丝型号	焊剂牌号	焊丝牌号	
耐热型低合金钢与奥氏体不锈钢相焊	Fe-4、Fe-5A 与 Fe-6、Fe-7 相焊	E309-16	A302	F309-H12Cr24Ni13	—	H12Cr24Ni13	不进行焊后热处理时采用
		E309-15	A307				
	Fe-4、Fe-5A 与 Fe-6、Fe-7 相焊	E310-15	A407	F310-H12Cr26Ni21	—	H12Cr26Ni21	不进行焊后热处理时采用
强度型低合金钢与奥氏体不锈钢相焊	Fe-1-1、2、3、Fe-3-1、2 与 Fe-8-1 相焊	E309-16	A302	F309-H12Cr24Ni13	—	H12Cr24Ni13	不进行焊后热处理时采用
		E309-15	A307				
		E309Mo-16	A312				
	Fe-1-4、Fe-3-3 与 Fe-8-1 相焊	E310-15	A407	F310-H12Cr26Ni21	—	H12Cr26Ni21	不进行焊后热处理时采用
		E310-16	A402				
耐热型低合金钢与奥氏体不锈钢相焊	Fe-4、Fe-5A 与 Fe-8-1 相焊	E309-16	A302	F309-H12Cr24Ni13	—	H12Cr24Ni13	不进行焊后热处理时采用
		E309-15	A307				
	Fe-5B-1 与 Fe-8-1 相焊	E310-15	A407	F310-H12Cr26Ni21	—	H12Cr26Ni21	不进行焊后热处理时采用

2.2.3　后热

后热又称消氢处理，是焊后对焊件进行全部或局部加热并保温缓冷的工艺措施。它的主要作用可以降低焊接接头的扩散氢含量、改善接头韧性和消除部分应力，达到防止接头出现冷裂纹或延长冷裂纹产生的时间。

对冷裂纹敏感性较大的低合金钢和拘束度较大的焊件应采取后热措施。是否需要采取后热措施按以下进行判断：

（1）冷裂纹敏感性大。计算母材碳当量 C_{eq} 或冷裂纹敏感指数 P_{cm}。若 $C_{eq} \geqslant 0.4\%$，则具有一定冷裂纹倾向；若 $C_{eq} \geqslant 0.6\%$，则冷裂纹倾向较严重；若 $P_{cm} \geqslant 0.2\%$，则具有一定冷裂纹倾向。另外焊件拘束度大、焊接残余应力较大会促进冷裂纹的产生，这时需对焊件及时进行后热，防止出现冷裂纹。

（2）冷裂纹产生的延迟时间和焊接结束至进行焊后热处理间隔时间比较。若前者较后者时间短，则焊后需对焊件采取后热措施（若不然，则焊后热处理时焊件接头已产生裂纹）；反之则不需要。

后热温度一般为 200~350℃，保温时间与焊缝厚度有关，一般不低于 0.5h。

2.2.4　焊后热处理

（1）调质钢焊后热处理温度应低于调质处理时的回火温度，其差值至少为 30℃。

（2）不同钢号相焊时，焊后热处理规范应按焊后热处理温度要求较高的钢号执行，但温度不应超过两者中任一钢号的下临界点 Ac_1。

（3）对有再热裂纹倾向的钢，在焊后热处理时应注意防止产生再热裂纹。

（4）奥氏体高合金钢一般不进行焊后消除应力热处理。

（5）焊后热处理温度以在焊件上直接测量为准，在整个热处理过程中应当连续记录。当焊件上不能布置热电偶而只能测量炉冷时，应考虑均温时间，即炉温达到规定的热处理温度时不能开始计算保温时间，而应间隔一段时间（考虑焊件内外温度差需有一定均温时间以达到内外温度一致）后开始计算保温时间。均温时间与焊件厚度有关，可以按 2min/25mm 考虑；同时，多工件同炉热处理时还与工件摆放位置、间隔距离等有关。

（6）焊件升温期间，加热区内任意长度为 4600mm 内的温差不得大于 140℃。

（7）焊件保温期间，加热区内最高与最低温度之差不宜大于 80℃。

（8）升温和保温期间应控制加热区气氛，防止焊件表面过度氧化。

（9）焊件出炉时，炉温不得高于 400℃，出炉后应在静止的空气中冷却。

2.3　铝制材料焊接规程

2.3.1　焊接材料

（1）选用焊接材料应保证焊缝金属的力学性能高于或等于母材规定的限值，当需要时，其耐腐蚀性能不应低于母材相应的要求。

（2）为保证焊缝金属的耐蚀性，母材为纯铝时，宜采用纯度不低于母材的焊丝；母材为铝镁合金或铝锰合金时，宜采用含镁量或含锰量不低于母材的焊丝。

（3）常用铝材推荐选用焊丝型号见表 2-6。

（4）焊丝表面应光滑，无毛刺、划伤、气孔、裂纹、凹坑、皱纹等缺陷。

（5）常用保护气体为氩气，也可以采用氦气或两者混合气体。氩气纯度不应低于 99.9%，瓶装氩气压力低于 0.5MPa 时不宜使用。

（6）推荐采用铈钨极作为钨极气体保护焊用电极，也可以采用纯钨极、钍钨极等作为电极。

2.3.2　坡口准备

（1）气体保护用坡口形式和尺寸参照《铝及铝合金气体保护焊的推荐坡口》（GB/T 985.3—2016）。

表2-6　常用铝材推荐选用焊丝型号

焊丝或填充丝

母材	母材 6063 6061 6A02	5454	5086	5083	5052	5A05	5A03	3004	3003	1200	1060 1050A
1050A 1060	ER 4043①	ER 4043①②	ER 5356②	ER 5356②	ER 4043①②	ER 5356②	ER 5356②③	ER 4043①②	ER 1100①③	ER1100①③	ER 1188④
1200	ER 4043①	ER 4043①②	ER 5356②	ER 5356②	ER 4043①②	ER 54356②	ER 5356②③	ER 4043①②	ER 1100①③	ER 1100①③	—
3003	ER 4043①	ER 4043①②	ER 5356②	ER 5356②	ER 4043①②	ER 5356②	ER 5356②③	ER 4043①②	ER 1100①③	—	—
3004	ER 4043①⑤	ER 5356⑤	ER 5356②	ER 5356②	ER 5356③⑤	ER 5356②	ER 5356⑤	ER 5356③⑤	—	—	—
5A03	ER 5356⑤	ER 5356⑤	ER 5356②	ER 5356②	ER 5356⑤	ER 5356⑤	ER 5654⑤	—	—	—	—
5A05	ER 5356②③	ER 5356⑤	ER 5356②	ER 5183②	ER 5356⑤	ER 5556②	—	—	—	—	—
5052	ER 5356③⑤	ER 5356⑤	ER 5356②	ER 5356②	ER 5654③⑤	—	—	—	—	—	—
5083	ER 5356②	ER 5356②	ER 5356②	ER5183②	—	—	—	—	—	—	—
5086	ER 5356②	ER 5356②	ER 5356②	—	—	—	—	—	—	—	—
5454	ER 5356③⑤	ER 5554③⑤	—	—	—	—	—	—	—	—	—
6A02 6061 6063	ER 4043①⑤	—	—	—	—	—	—	—	—	—	—

注：1. 气焊通常仅使用 ER 1188，ER 1100，ER 4043，ER 4047 和 ER 4145。

2. 高温环境时，不推荐使用 Mg 含量大于 3% 的焊丝和填充丝。

3. 使用铝硅合金焊丝强度可能低于母材。

①有时可使用 ER 4047。

②可使用 ER 5183，ER 5356，ER 5556。

③有时使用 ER 4043。

④有时可使用 ER 4043，ER 4047，ER 1100。

⑤可使用 ER 5183，ER 5356，ER 5554，ER 5556，ER 5654。

（2）坡口加工采用冷加工方法，也可以采用等离子弧方法加工。焊前应对坡口进行打磨或冷加工以去除氧化物，直至露出金属光泽并打磨平整。

（3）坡口表面及两侧 50mm 范围内应严格进行表面清理，去除水分、尘土、金属屑、油污、漆、氧化膜、含氢物质及其附着物。也可以采用机械法或化学法进行表面清理，但不要使用砂轮或砂布。建议采用不锈钢丝刷。

（4）清理后的表面应加以保护，免遭沾污，并即时施焊。

2.3.3　焊丝表面清理

焊丝表面在焊前也要进行清理，要求同 2.2.2。

2.3.4　预热

（1）符合下列条件的焊件，焊前需进行预热。

1）钨极氩弧焊时，焊件厚度大于 10mm；

2）熔化极氩弧焊时，焊件厚度大于 15mm；

3）钨极或熔化极氦弧焊时，焊件厚度大于 25mm。

（2）未强化的铝及铝合金的预热温度一般在 100~150℃；经强化的铝及铝合金，包括含镁量 4%~5% 的铝镁合金，预热温度不应超过 100℃。

2.3.5　施焊

（1）铝及铝合金应在无污染、无灰尘和无金属粉尘的专用洁净环境内施焊。

（2）施焊过程中，应控制道间温度不超过 150℃。

（3）钨极气体保护焊时，若发生钨极触及焊丝端或熔池时，应停止焊接。等铲除触钨部分的焊缝金属并清理钨极后再继续施焊。

（4）熄弧坑应填满并高于母材。

（5）多层多道焊时，焊完一道后应用机械方法去除氧化膜。

（6）气焊后应立即清理焊缝表面及两侧焊剂和熔渣。

（7）当焊接过程中发现不锈钢垫板熔化时，应立即停止焊接，去除相应部分的焊缝金属，并将不锈钢垫板熔化位置和留在铝材上的痕迹做好记录。

2.3.6　后热和焊后热处理

铝及铝合金焊接接头，焊后一般不要求进行后热和焊后热处理。

2.4　钛制材料焊接规程

2.4.1　焊接材料

（1）选用焊接材料在焊态下焊缝金属应保证力学性能高于或等于母材规定的限值，当需要时，其耐腐蚀性能不应低于母材相应的要求。

（2）焊丝中的氮、氧、碳、氢、铁等杂质元素的标准规定上限值应低于母材中杂质元素的标准规定上限值。

（3）常用钛材推荐选用焊丝型号见表 2-7。

表 2-7 常用钛材推荐选用焊丝和填充丝的型号

钛 材 牌 号	焊丝和填充丝型号
TA1	ERTA1ELI
TA2	ERTA2ELI
TA3	ERTA3ELI
TA4	ERTA4ELI
TA9	ERTA9
TA10	ERTA10

（4）不同牌号的钛材相焊时，按耐蚀性较好和强度级别较低的母材选择焊丝和填充丝。

（5）焊丝表面应光滑，无毛刺、划伤、气孔、裂纹、凹坑、皱纹等缺陷。

（6）常用保护气体为氩气，也可以采用氦气或两者混合气体。氩气纯度不应低于99.9%，瓶装氩气压力低于 0.5MPa 时不宜使用。

（7）推荐采用铈钨极作为钨极气体保护焊用电极。

2.4.2 坡口准备

（1）气体保护用坡口形式和尺寸见《压力容器焊接规程》（NB/T 47015—2011）附录 B。

（2）坡口加工采用冷加工方法，若采用热加工方法加工，则应去除坡口及两侧表面的氧化层、浮渣。坡口表面及两侧应呈银白色金属光泽。

（3）坡口表面及两侧 20mm 范围内应严格进行表面清理，去除水分、尘土、金属屑、油污、漆、氧化膜、有机杂质。

（4）表面清理可采用脱脂、机械清理和化学清理方法。表面清理时，不要使用氧化物溶剂和甲醇溶剂，应注意清除橡胶制品残留的增塑剂和防止含氯离子水的应力腐蚀危险。用磨削法去除表面氧化物时，应采用不锈钢丝刷或碳化硅砂轮。

（5）焊丝和坡口表面清理后，若不能在干燥的环境中保存，则施焊前再经轻微酸洗。

2.4.3 焊丝表面清理

（1）焊丝表面应光滑，无毛刺、划伤、气孔、裂纹、凹坑、皱纹等影响焊接过程、焊机操作及焊缝金属性能的外来物质，使用前应仔细去除表面油污、水分。

（2）清理干净的焊丝焊件，焊前应严禁沾污，不要用手触摸焊接部位，否则应重新进行清理。

2.4.4 组对

（1）使用钢制工具、器具或装置时，应防止铁离子对钛材的污染。

（2）不得在焊件表面刻痕、打冲眼和钢印。

（3）充分利用夹具、定位焊等方法，保证焊件装配正确，防止回弹。

（4）定位焊缝也要防止表面氧化，若表现出现除银白色和金黄色以外的氧化层，应清除后才能施焊永久焊缝。

（5）板状材料焊接对接焊缝时，应在焊件两端放置引弧板和引出板。

2.4.5　施焊

（1）钛及钛合金应在无污染、无灰尘、无金属粉尘和无铁离子污染的专用洁净环境内组装、施焊。

（2）一般不进行焊前预热。多层或多道焊时，道间温度不超过120℃。

（3）防止空气进入焊接区，严格加强焊接区的惰性气体保护。

（4）对温度在400℃以上的焊缝和热影响区的正面、背面均应进行保护，防止氧化。

（5）焊接工艺参数在保护良好、熔深足够情况下，尽量采用小线能量施焊。

（6）钨极气体保护焊时，若发生钨极触及焊丝端或熔池时，应停止焊接。等铲除触钨部分的焊缝金属并清理钨极后再继续施焊。

（7）管状环缝焊接时，应有电流递增和衰减装置，避免产生弧坑。

2.4.6　焊后热处理

钛制材料焊接接头一般不要求进行焊后热处理。若需要进行热处理时，应在真空或充氩环境下进行。

思　考　题

2-1　焊条烘干的目的是什么？为何不同酸碱性焊条烘干温度不同？焊条烘干温度应如何确定？

2-2　焊条选择的原则是什么？

2-3　20MnMo、16Mn+20、12Cr2Mo1、Q345B+12Cr1MoV、12CrMo+0Cr19Ni10焊条电弧焊选择什么焊条？

2-4　5A03、5A03+5086采用TIG焊时，焊丝牌号和电源极性如何选择？

2-5　TA2的TIG焊焊丝是什么？氩气纯度是多少？是否需要采用拖尾增加保护？

参　考　文　献

［1］国家能源局．NB/T 47015—2011 压力容器焊接规程［S］．北京：中国标准出版社，2011.

［2］全国压力容器标准化技术委员会．JB/T 4709—2000 钢制压力容器焊接规程［S］．北京：机械工业出版社，2000.

3 焊接试件性能检验

3.1 试件制备

在对焊接接头进行性能检验前，应根据设计的焊接工艺说明书准备材料（母材和焊接材料）、加工坡口、组装和点焊、焊制试件、制取试样。而试件尺寸、试样数量及制备可参照以下内容进行。

（1）母材、焊接材料、坡口和试件的焊接必须符合焊接工艺指导书的要求。

（2）试件的数量和尺寸应满足制备试样的要求。

3.1.1 对接焊缝试件[1]

钢板的宽度应根据拉伸试验设备夹头距离、拉伸断裂时最大拉应力（由材料抗拉强度、试样宽度和厚度三个因素决定，它决定了夹持端的长度）来确定；管子对接时，管子长度也由拉伸试验设备夹头距离、拉伸断裂时最大拉应力来确定。

钢板对接时，钢板的长度应根据拉伸试样、弯曲试样、冲击试样等检查项目数量、试样形式、试样制取的加工方法确定，并且还要考虑试板两端各 25mm 舍弃和检查不合格时应重新取样进行复试需要的长度；管子对接时，管子直径和试件数量也应根据拉伸试样、弯曲试样、冲击试样等检查项目数量、试样形式确定，并考虑复试所需准备的试件。

例题 3-1：Q235A、$\delta = 10$mm 钢板对接，焊后应进行 2 个拉伸、4 个侧弯、焊缝和热影响区各 3 个冲击，请确定试件尺寸。

答：试件宽度，焊缝坡口采用单 V 形，焊缝宽度约在 15~20mm；根据图 3-1，则试样长度应为 20mm+12mm+33mm（R25 圆弧）+50mm（两侧夹持端总长）= 105mm；试样拉伸试验机夹头距离 100~200mm。由此，可将试件宽度定为 120~150mm。

试件长度，64mm（2 个拉伸试样宽度）+40mm（4 个侧弯试样宽度）+60mm（6 个冲击试样宽度）+12×4mm（13 个切口，切口宽度按铣床加工 4mm 计算）+50mm（试件两端各 25mm 舍弃）+100~150mm（复试试样需要）= 320~370mm，实际可取400mm。若采用气割取样，则割口 6~8mm且还需加工去除气割造成的热影响区（10 左右），则试件长度应不小于 500mm。

所以，钢板的下料尺寸为 500mm ×

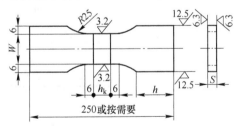

图 3-1 紧凑型板接头带肩板形试样[1,2]

S—试样厚度，单位为 mm；W—试样受拉伸平行侧面宽度，大于或等于 20mm；h_k—S 两侧面焊缝中的最大宽度，单位为 mm；h—夹持部分长度，根据试验机夹具而定，单位为 mm

（60~75）mm，两块钢板拼接后试件的尺寸为 500mm×（120~150）mm。

例题 3-2：20，ϕ25mm×3mm 管子对接，焊后应进行 2 个拉伸、面弯和背弯各 2 个，请确定试件长度和数量。

答：试件管子长度，如上例所述，取 120~150mm。

数量：可采用整管拉伸，由于 1 个整管就可以代表 2 个拉伸，则拉伸试验所需数量为 1；直径为 ϕ25mm，弯曲试样可以四等分，分别进行面弯和背弯，则弯曲试验所需数量为 1；再考虑 1 个复试用试件。所以，最终数量确定 3 个即可。

3.1.2　角接焊缝试件

板—板角接、管—板角接和管—管角接，试件的数量和尺寸符合图 3-2 和图 3-3 即可。

（1）板材角焊缝试件尺寸见表 3-1 和图 3-2。

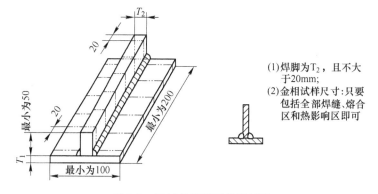

(1)焊脚为T_2，且不大于20mm;
(2)金相试样尺寸：只要包括全部焊缝、熔合区和热影响区即可

图 3-2　板材角焊缝试件及试样

表 3-1　板材角焊缝试件尺寸

翼板厚度 T_1	腹板厚度 T_2
≤3	T_1
>3	≤T_1，但不小于 3

（2）管材角焊缝试件，可用管—板或管—管试件，如图 3-3 所示。

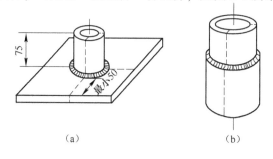

（a）　　　　　　　　　　　（b）

图 3-3　管材角焊缝试件

（a）管—板角焊缝试件：
（1）T 为管壁厚；（2）底板母材厚度不小于 T；（3）最大焊脚等于管壁厚；（4）图中虚线为切取试样示意线；
（b）管—管角焊缝试件：
（1）T 为内管壁厚；（2）外管壁厚不小于 T；（3）最大焊脚等于内管壁厚；（4）图中虚线为切取试样示意线

3.1.3　耐蚀堆焊试件尺寸

试件应不小于 150mm×150mm，堆焊宽度等于或大于 38mm，长度应满足切取试样要求，见图 3-4。

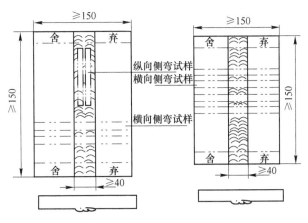

图 3-4　板状耐蚀堆焊试件

3.2　对接焊缝试件和试样的检验

3.2.1　试件检验项目

试件检验项目包括外观检查、无损检测、力学性能试验。外观检查和按《承压设备无损检测》（NB/T 47013—2015）进行无损检测结果不得有裂纹。

3.2.2　力学性能和弯曲性能试验

力学性能和弯曲性能试验项目包括拉伸试验、冲击试验（当规定时）和弯曲试验。

（1）力学性能和弯曲性能试验项目和取样数量可参照表 3-2 的规定。

表 3-2　力学性能和弯曲性能试验项目和取样数量

试件母材的厚度 /mm	试验项目和取样数量/个					
	拉伸试验	弯曲试验[2]			冲击试验[4][5]	
	拉　伸[1]	面　弯	背　弯	侧　弯	焊缝区	热影响[4]
$T<1.5$	2	2	2	—	—	—
$1.5 \leqslant T \leqslant 10$	2	2	2	—	3	3
$10<T<20$	2	2	2	[3]	3	3
$T \geqslant 20$	2	—	—	4	3	3

①一根管接头全截面试样可以代替两个板形试样。

②当试件焊缝两侧的母材之间或焊缝金属和母材之间的弯曲性能有显著差别时，可改用纵向弯曲试验代替横向弯曲试验。纵向弯曲时只取面弯和背弯试样各 2 个。

③可以用 4 个横向侧弯试样代替 2 个面弯和 2 个背弯试样。

④当焊缝两侧母材的钢号不同时，每侧热影响区都应取 3 个冲击试样。

⑤当无法制备 5mm×10mm×55mm 小尺寸冲击试样时，免做冲击试验。

（2）当试件采用两种或两种以上焊接方法（或焊接工艺）时，拉伸试样和弯曲试样的受拉面应包括每一种焊接方法（或焊接工艺）的焊缝金属；当规定做冲击试验时，对每一种焊接方法（或焊接工艺）的焊缝区和热影响区都要做冲击试验。

3.2.3　力学性能和弯曲性能试验的取样要求

（1）试件允许避开缺陷制取试样，取样位置按图 3-5、图 3-6 的规定。

（2）试样去除焊缝余高前允许对试样进行冷校平。

（3）板材对接焊缝试件上试样取样位置见图 3-5。

（4）管材对接焊缝试件上试样取样位置见图 3-6。

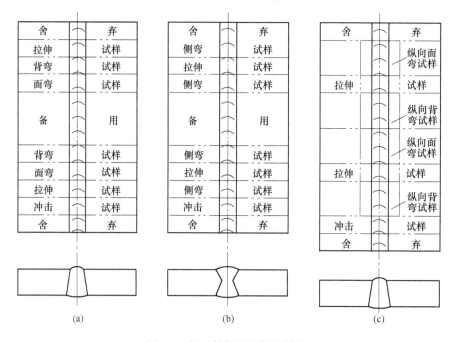

图 3-5　板对接焊缝试件取样图

（a）不取侧弯试样时；（b）取侧弯试样时；（c）取纵向弯曲试样时

3.2.4　拉伸试验

3.2.4.1　取样和加工要求

（1）拉伸试样应包括试件上每一种焊接方法（或焊接工艺）的焊缝金属和热影响区。

（2）试样的焊缝余高应以机械方法去除，使之与母材齐平。

（3）厚度小于或等于 30mm 的试件，采用全厚度试样进行试验。试样厚度应等于或接近试件母材厚度 T。

（4）当试验机受能力限制不能进行全厚度的拉伸试验时，则可将试件在厚度方向上均匀分层取样，等分后制取试样厚度应接近试验机所能试验的最大厚度。等分后的两片或多片试样试验代替一个全厚度试样的试验。

3.2.4.2　试样形式

（1）紧凑型板接头带肩板形试样（见图 3-1）适用于所有厚度板材的对接焊缝试件。

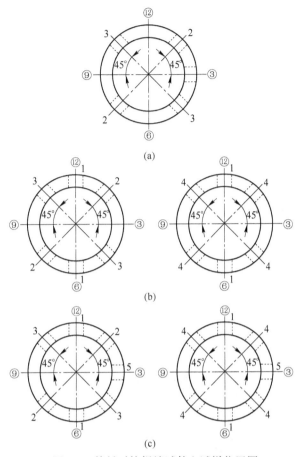

图 3-6 管材对接焊缝试件上试样位置图

（③⑥⑨⑫钟点记号，为水平固定位置焊接时的定位标记）

（a）拉伸试样为整管时弯曲试样位置；（b）不要求冲击试验时；（c）要求冲击试验时

1—拉伸试样；2—面弯试样；3—背弯试样；4—侧弯试样；5—冲击试样

（2）紧凑型管接头带肩板形拉伸试样形式Ⅰ（见图 3-7）适用于外径大于 76mm 的所有壁厚管材对接焊缝试件。

（3）紧凑型管接头带肩板形拉伸试样形式Ⅱ（见图 3-8）适用于外径小于或等于 76mm 的管材对接焊缝试件。

（4）管接头全截面试样（见图 3-9）适用于外径小于或等于 76mm 的管材对接焊缝试件。

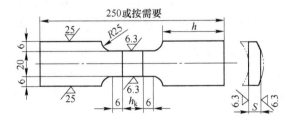

图 3-7 紧凑型管接头带肩板形拉伸试样形式Ⅰ

注：为取得图中宽度为 20mm 的平行平面，壁厚方向上的加工量应最少。

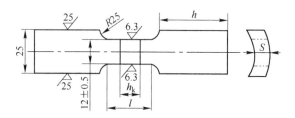

图 3-8　紧凑型管接头带肩板形拉伸试样形式 Ⅱ

l—受拉伸平行侧面长度，等于或大于 h_k+2S，mm

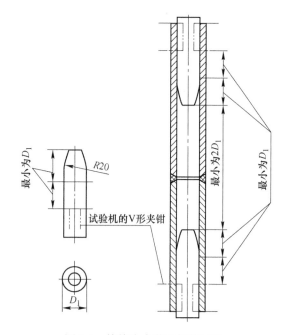

图 3-9　管接头全截面拉伸试样

3.2.4.3　试验方法

拉伸试验按《金属材料　拉伸试验第 1 部分：室温试验方法》（GB/T 228.1—2010）规定的试验方法测定焊接接头的抗拉强度、断后伸长率。合格指标如下：

（1）试样母材为同种钢号时，钢质母材每个（片）试样的抗拉强度应不低于母材钢号标准规定值的下限值；铝质母材类别为 Al-1、Al-2、Al-5（分类见《承压设备用焊接工艺评定》（NB/T 47014—2011）表 1）的母材抗拉强度最低值，等于其退火状态标准规定的抗拉强度下限值；铝质母材类别为 Al-3 的母材规定的抗拉强度最低值见表 3-3；钛质母材规定的抗拉强度最低值，等于其退火状态标准规定的抗拉强度下限值。

表 3-3　Al-3 类铝材规定的抗拉强度最低值

牌号及状态	规定的抗拉强度最低值/MPa
6A02（T4 焊、T6 焊）	165
6061（T4 焊、T6 焊）	165
6063（T5 焊、T6 焊）	118

（2）试样母材为两种钢号时，每个（片）试样的抗拉强度应不低于两种钢号标准规定最低值的较小值。

（3）若规定使用室温抗拉强度低于母材的焊缝金属，其每个（片）试样的抗拉强度应不低于焊缝金属规定的抗拉强度最低值。

（4）同一厚度方向上的两片或多片试样拉伸试验结果平均值应符合上述要求，且单片试样如果断在焊缝或熔合线以外的母材上，其最低值不得低于母材钢号标准规定值下限的95%（碳素钢）或97%（低合金钢和高合金钢）。

3.2.5　弯曲试验

3.2.5.1　试验要求

弯曲试样的受拉面应包括每一种焊接方法（或焊接工艺）的焊缝金属和热影响区。

3.2.5.2　试样的形式和加工

（1）试样的焊缝余高应采用冷加工方法去除，面弯、背弯试样的拉伸表面应齐平，试样受拉伸表面不应有划痕和损伤。

（2）面弯和背弯试样见图3-10和表3-4。

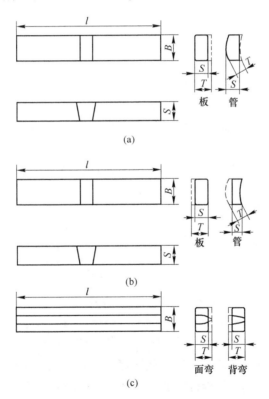

图 3-10　面弯和背弯试样[3,4]

（a）板材和管材试件的面弯试样；（b）板材和管材试件的背弯试样；（c）纵向面弯和背弯试样

（试样长度 l（mm）≈2.5S+100，D 为弯心直径，mm；

试样拉伸面棱角 R≤2mm）

1）表3-4中序号为1的母材类别：

当 $T>3$mm 时，取 $S=3$mm，从试样受压面去除多余厚度；

当 $T\leqslant3$mm 时，S 尽量与 T 相等或接近。

表3-4　弯曲试验条件及参数

序号	焊缝两侧母材类别号	试件厚度 $S/$mm	弯心直径 $D/$mm	座间距离 /mm	弯曲角度 / (°)
1	（1）Al-3 与 Al-1、Al-2、Al-3、Al-5 相焊； （2）用 AlS-3 类焊丝焊接 Al-1、Al-2、Al-3、Al-5（各自焊接或相互焊接）	3	50	58	180
		<3	16.5S	18.5S+1.5	
2	Al-5 与 Al-1、Al-2、Al-5 相焊	10	66	89	
		<10	6.6S	8.6S+3	
3	Ti-1	10	80	103	
		<10	8S	10S+3	
4	Ti-2	10	100	123	
		<10	10S	12S+3	
5	除以上所列类别母材、铜及铜合金外，断后伸长率标准规定值下限等于或大于20%的母材类别	10	40	63	
		<10	4S	6S+3	

注：表内母材类别按《承压设备用焊接工艺评定》（NB/T 47014—2011）表1规定。

2）表3-4中序号为1以外的母材类别：

当 $T>10$mm 时，取 $S=10$mm，从试样受压面去除多余厚度；

当 $T\leqslant10$mm 时，S 尽量与 T 相等或接近。

3）板状及外径 $\phi>100$mm 管状试件，试样宽度 $B=38$mm；当管状试件外径 ϕ 为 50mm~100mm 时，则 $B=$（$S+\phi/20$）mm，且 8mm$\leqslant B\leqslant$38mm；当管状试件外径 10mm$\leqslant\phi<$50mm 时，则 $B=$（$S+\phi/10$）mm，且最小为 8mm；当 $\phi\leqslant25$mm 时，则将试件在圆周方向四等分取样。

（3）横向侧弯试样见图 3-11。

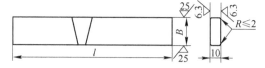

图 3-11　横向侧弯试样[3,4]

（1）B—试样宽度（此时为试件厚度方向），mm；

（2）$L=D+105$，mm，最小为150mm

1）当试件厚度 10mm$\leqslant T<$38mm 时，试样宽度 B 接近或等于试件厚度。试样的厚度分别为 3mm（表3-4中序号为1的母材类别）或 10mm（表3-4中序号为1以外的母材类别）。

2）当试件厚度 $T\geqslant38$mm 时，允许沿试件厚度方向分层切成宽度为 20~38mm 等分的两片或多片试样的试验代替一个全厚度侧弯试样的试验，或者试样在全宽度下弯曲。

3.2.5.3　试验方法

（1）弯曲试验按《金属材料　弯曲试验方法》（GB/T 232—2010）或《焊接接头弯曲试验方法》（GB/T 2653—2008）和表3-4规定的试验方法测定焊接接头的完好性和塑性。

（2）试样的焊缝中心应对准弯心轴线。侧弯试验时，若试样表面存在缺陷，则以缺陷较严重一侧作为拉伸面。

（3）弯曲角度应以试样承受载荷时测量为准。

（4）除表 3-4 所列的母材类别以外，当断后伸长率 A 标准规定值下限小于 20% 的母材，若按表 3-4 序号 5 规定的弯曲试验不合格而其实测值 $\delta<20\%$，则允许加大弯心直径重新进行试验，此时弯心直径等于 $S(200-\delta)/2\delta$（δ 为断后伸长率的规定值下限乘以 100），支座间距离弯心直径加上（2S+3）mm。

（5）横向弯曲试验时，焊缝金属和热影响区应完全位于试样的弯曲部分内。

3.2.5.4 合格指标

试样弯曲到规定的角度后，其拉伸面上的焊缝和热影响区内，沿任何方向不得有单条长度大于 3mm 的开口缺陷，试样的棱角开口缺陷不计，但由未熔合、夹渣或其他内部缺欠引起的棱角开口缺陷长度应计入。

若采用两片或多片试样时，每片试样都应符合上述要求。

3.2.6 冲击试验

3.2.6.1 试验要求

对每种焊接方法（或焊接工艺）的焊缝区和热影响区都要经受夏比 V 形冲击缺口冲击试验。

3.2.6.2 试样

（1）试样取向：试样纵轴应垂直于焊缝轴线，夏比 V 形冲击缺口轴线垂直于母材表面。

（2）取样位置：在试件厚度上的取样位置见图 3-12。

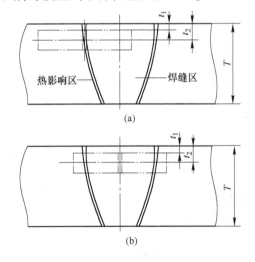

（a）

（b）

图 3-12　冲击试样位置图[1]

（a）热影响区冲击试样位置；（b）焊缝区冲击试样位置

（$T\leqslant40mm$ 时，$t_1\approx0.5\sim2mm$，$T>40mm$ 时，$t_2=T/4$；

双面焊时，t_2 从焊缝背面的材料表面测量）

（3）缺口位置：焊缝区试样的缺口轴线应位于焊缝中心线上。热影响区试样的缺口轴线至试样轴线与熔合线交点的距离 k 大于零，且应尽可能多的通过热影响区，详见图3-13。

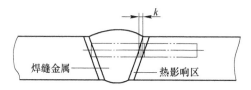

图3-13　热影响区冲击试样缺口轴线位置[1]

注：在缺口位置确定时，判断通过热影响区最大可采用以下措施：将冲击试样在没有加工 V 形缺口前磨光、采用 4%硝酸溶液对接头进行腐蚀，找到熔合线（如图3-14所示），然后画一条平行与熔合线的曲线，曲线与熔合线之间距离为热影响区宽度。由于热影响区宽度与焊接方法、焊接线能量、材料物理性能、接头形式等有关，所以具体宽度无法确定。假定热影响区宽度为一个具体值，对于判断缺口轴线尽可能通过热影响区是不影响的，所以，这个宽度可由实验者自定。再用一个标尺沿冲击试样长度方向垂直于试样表面前后移动，两曲线之间线段为 L_1、L_2、L_3……。比较不同线段长度，最终确定最长的线段，此线段则为缺口轴线，冲击试样的缺口应开在此轴线上。冲击试样缺口在保证 K 值情况下，缺口端部 $R0.25$ 位置尽可能保证线段最长，保证冲击时，通过热影响区最大。

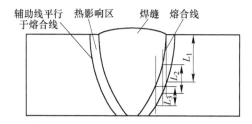

图3-14　热影响区冲击试样缺口取样位置确定示意图

（4）试样形式、尺寸和试验方法应符合《金属材料　夏比摆锤冲击试验方法》（GB/T 229—2007）的规定，见图3-15和表3-5。当试件尺寸无法制备标准试样（宽度为10mm）时，则应依次制备宽度为 7.5mm 或 5mm 的小尺寸冲击试样。

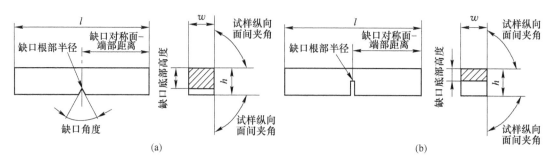

图3-15　夏比冲击试样形式[5]

（a）V 型缺口；（b）U 型缺口

l—长度；h—高度；w—宽度

表 3-5　夏比冲击试样尺寸与偏差[5]

名　称	符号及序号	V 型缺口试样		U 型缺口试样	
		公称尺寸	机加工偏差	公称尺寸	机加工偏差
长度	l	55mm	±0.60mm	55mm	±0.60mm
高度①	h	10mm	±0.075mm	10mm	±0.11mm
宽度①	w				
——标准试样		10mm	±0.11mm	10mm	±0.11mm
——小试样		7.5mm	±0.11mm	7.5mm	±0.11mm
——小试样		5mm	±0.06mm	5mm	±0.06mm
——小试样		2.5mm	±0.04mm		
缺口角度	1	45°	±2°	—	—
缺口底部高度	2	8mm	±0.075mm	8mm② 5mm②	±0.09mm ±0.09mm
缺口根部半径	3	0.25mm	±0.025mm	1mm	±0.07mm
缺口对称面-端部距离①	4	27.5mm	±0.42mm	27.5mm	±0.42mm③
缺口对称面-试样纵轴角度	—	90°	±2°	90°	±2°
试样纵向面间夹角	5	90°	±2°	90°	±2°

①除端部外，试样表面粗糙度应优于 Ra 5μm。

②如规定其他高度，应规定相应偏差。

③对自动定位试样的试验机，建议偏差用±0.165mm 代替±0.42mm。

3.2.6.3　合格指标

（1）冲击试验温度：当没有规定时，试验温度不高于试件母材的最低试验温度。

（2）钢质焊接接头每个区 3 个标准试样为一组的冲击吸收功平均值应不低于母材标准规定的下限值，且不得小于表 3-6 中的规定值，至多允许有 1 个试样的冲击吸收功低于规定值，但不低于规定值的 70%。铬镍奥氏体钢试样还应提供侧向膨胀量。

表 3-6　钢材及奥氏体不锈钢焊缝的冲击功最低值

材料类别	钢材标准抗拉强度下限值，R_m/MPa	3 个标准试样冲击功平均值，KV_2/J
碳钢和 低合金钢	≤450	≥20
	>450~510	≥24
	>510~570	≥31
	>570~630	≥34
	>630~690	≥38
奥氏体 不锈钢焊缝	—	≥31

（3）含镁量超过 3%的铝镁合金焊接接头，其焊缝区 3 个标准试样为一组的冲击吸收功平均值应不低于母材标准规定的下限值，且不得小于 20J，至多允许有 1 个试样的冲击

吸收功低于规定值，但不低于规定值的 70%。

（4）宽度为 7.5mm 或 5mm 的小尺寸冲击试样的冲击功指标，分别为标准试样冲击功指标的 75% 或 50%。

3.2.7　复验

（1）力学性能检验有某项目不合格时，允许从原试件上对不合格项目取样复验。

1）复验项目分为拉伸试验、面弯试验、背弯试验、侧弯试验、焊缝区冲击试验和热影响区冲击试验。

2）拉伸试验和弯曲试验的复验试样数量为原数量的 2 倍。

3）冲击试验的复验试样数量为一组 3 个。

（2）试样、试验方法和合格指标如下：

1）复验试样的切取位置、试样制备、试验方法仍然遵守前面的规定。

2）拉伸试验和弯曲试验的合格指标仍按原规定，复验试样全部合格，才认为复验合格。

3）冲击试样的合格指标为前后两组 6 个试样的冲击功平均值不应低于规定值，允许有 2 个试样小于规定值，但其中小于规定值 70% 的只允许有 1 个。

3.3　角焊缝试件和试样的检验

3.3.1　检验项目

检验项目包括外观检查、金相检验（宏观）。外观检查不得有裂纹。

3.3.2　金相检验（宏观）

3.3.2.1　方法

A　板材角焊缝试样

（1）试件两端各舍去 20mm，然后沿试件纵向等分切取 5 块试样。

（2）每块试样取一个面进行金相检验，任意两检验面不得为同一切口的两侧面。

B　管材角焊缝试样

（1）将试件等分切取 4 块试样，焊缝的起始和终了位置应位于试样焊缝的中部。

（2）每块试样取一个面进行金相检验，任意两检验面不得为同一切口的两侧面。

3.3.2.2　合格指标

（1）焊缝根部应焊透，焊缝金属和热影响区不得有裂纹、未熔合。

（2）角焊缝两焊脚之差不宜大于 3mm。

3.4　耐蚀堆焊试件和试样的检验

3.4.1　检验项目

检验项目包括渗透检测、弯曲试验和化学成分分析。

3.4.2 渗透检测方法

渗透检测可采用着色法和荧光法，检验方法按《承压设备无损检测》（NB/T 47013—2015）的规定，检测结果不得有裂纹。

3.4.3 弯曲试验

3.4.3.1 取样方法

（1）在渗透检测合格的试件上切取 4 个侧弯试样，可在平行和垂直于焊接方向各切取 2 个，也可 4 个试样都垂直于焊接方向，取样位置如图 3-14 所示。

（2）试样宽度至少应包括堆焊层全部、熔合线和基层热影响区，试样尺寸参照图 3-11。

（3）当试件 $T \geqslant 25mm$ 时，则试样宽度（连同堆焊层）>25mm；当试件 $T < 25mm$ 时，则试样宽度（连同堆焊层）等于 T。

3.4.3.2 试验方法

试验按《金属材料 弯曲试验方法》（GB/T 232—2010）和表 3-7 的规定进行，若试样存在缺陷则取缺陷较严重的一侧作为拉伸面。

表 3-7 堆焊试样弯曲试验尺寸规定

试样厚度 S/mm	弯心直径 D/mm	支座间距离/mm	弯曲角度/(°)
10	40	63	180

3.4.3.3 合格指标

弯曲试验后在试样拉伸面上的堆焊层不得有大于 1.5mm 的任一裂纹或缺陷；在熔合线上不得有大于 3mm 的任一裂纹或缺陷。

3.4.4 化学成分分析

3.4.4.1 取样位置

在耐蚀堆焊试件中部堆焊层横截面上取样（见图 3-4）。

3.4.4.2 测定方法（见图 3-16）

（1）直接在堆焊焊层焊态表面上测定，或从焊态表面制取屑片测定。

（2）在清除焊态表面后的加工表面上测定，或从加工表面制取屑片测定。

（3）从堆焊层侧面水平钻孔采集屑片测定。

3.4.4.3 分析方法和合格指标按有关技术文件规定

在技术文件没有规定时，合格指标按达到耐蚀性要求规定的化学成分。一般情况下，堆焊层化学成分符合堆焊焊接材料熔敷金属化学成分标准规定值即为合格。

3.4.4.4 堆焊层评定最小厚度（见图 3-16）

（1）当在焊态表面上进行分析时，则从熔合线至焊态表面的距离 a 为堆焊层评定最小厚度。

（2）当在清除焊态表面层后的加工表面上进行分析时，则从熔合线至加工表面的距

离 b 为堆焊层评定最小厚度。

（3）从侧面水平钻孔采取屑片进行分析时，则从熔合线至钻孔孔壁上沿的距离 c 为堆焊层评定最小厚度。

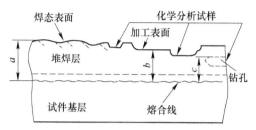

图 3-16　堆焊金属化学成分分析取样部位和评定最小厚度示意图

3.5　焊缝及热影响区硬度测量

具体测量方法和步骤见第 1 章图 1-4、图 1-5 和 1.3.2.1 小节第 F 部分第（4）条的内容，另外可以按《焊接接头硬度试验方法》（GB/T 2654—2008）标准进行[6]。

思　考　题

3-1　Q345R $\delta=20mm$ 板对接焊缝按《承压设备焊接工艺评定》（NB/T 47014—2011）进行工艺评定，确定钢板下料尺寸。（提示：拉伸、弯曲、冲击）

3-2　0Cr19Ni10 $\delta=5mm$ 板对接焊缝按《承压设备焊接工艺评定》（NB/T 47014—2011）进行工艺评定，确定钢板下料尺寸。（提示：拉伸、弯曲、除低温压力容器外不必做冲击）

3-3　Q345R $\delta=40mm$ 板对接焊缝，X 形对称坡口采用埋弧焊；X 形对称坡口，中间采用焊条电弧焊打底（焊缝金属 5mm）+埋弧焊两种情况下，冲击试样取样位置如何确定？

3-4　Q235A 表面采用 MIG 焊，ER308 焊丝堆焊耐刨层，确定试板尺寸和试样数量，以及堆焊层化学成分如何检测？

参 考 文 献

［1］国家能源局．NB/T 47014—2011 承压设备焊接工艺评定［S］．北京：中国标准出版社，2011.

［2］中华人民共和国国家质量监督检验检疫总局．GB/T 228.1—2010 金属材料拉伸实验第 1 部分：室温试验方法［S］．北京：中国标准出版社，2010.

［3］国家质量技术监督局．GB/T 232—2010 金属材料　弯曲试验方法［S］．北京：中国标准出版社，2010.

［4］中华人民共和国国家质量监督检验检疫总局，中国国家标准化管理委员会．GB/T 2653—2008 焊接接头弯曲试验方法［S］．北京：中国标准出版社，2008.

［5］中华人民共和国国家质量监督检验检疫总局，中国国家标准化管理委员会．GB/T 229—2007 金属材料　夏比摆锤冲击试验方法［S］．北京：中国标准出版社，2007.

［6］中华人民共和国国家质量监督检验检疫总局，中国国家标准化管理委员会．GB/T 2654—2008 焊接接头硬度试验方法［S］．北京：中国标准出版社，2008.

4 焊接缺陷

数字资源4

4.1　焊接工程缺陷和缺欠的定义和区别

缺欠——焊件上典型构造上出现的一种不连续性，诸如材料或焊件在力学特性、冶金特性或物理特性上的不均匀性。

缺陷——一种或多种不连续性或缺欠，按其特性或累加效果，使得零件或产品不能符合所提出的最低合用要求，称之为"缺陷"。

焊接工程质量始终与"缺欠"有联系。所谓缺欠，乃是一种瑕疵，泛指对技术要求的偏离，如不连续性、不均匀性，即有所欠缺的概括。谈工程质量，就是谈如何最大程度地减少或杜绝缺欠，使焊接产品符合技术要求。缺欠是一个广义词，有的缺欠未必危及产品的"使用适应性"（fitness-for-purpose）；而有的缺欠则可能对产品结构构成危害，损及其使用适应性，这种缺欠称为"缺陷"。有了缺陷，或者判废，或者返修合格后回用[1]。

由此可见，缺陷和缺欠是有联系又有区别。缺陷从属于缺欠，但它是缺欠程度累积到一定程度不符合标准要求或适用性要求的结果。缺欠并不完美，但它可以被接受，不需要做任何处理；而缺陷则不能被接受，必须返修处理，返修处理结果应符合标准或使用要求后才能被接受。

需联系焊接连接特点来分析焊接生产过程中缺欠出现的条件及控制、防止措施。焊接引起的缺陷中，裂纹是应该着重讨论的内容；气孔、夹杂和焊接残余应力及变形也是重要问题需要专题分析。由于操作不当引起的工艺缺欠虽是发生率最大的焊接缺欠，如咬边、焊瘤、烧穿、未焊透等，易于了解、分析原因和处理，因此不会做过多阐述和分析；对于使用性能方面，如韧性、疲劳强度、高温蠕变强度和耐腐蚀性能等，往往也会成为缺欠问题，但它们主要通过焊接工艺来保证，因此涉及也较少。所谓性能缺欠，指的是焊接接头的性能未能符合标准要求或技术要求，这也是关注的重要内容，将分别在有关章节中进行分析。

不同焊接产品有不同的制造标准，制造标准中焊接质量有不同要求，即焊接质量的容限要求。有关章节中会对常见的几大类焊接产品如石油管道、锅炉、容器标准中对焊接质量的要求做一些介绍，有利于理解制造标准中对焊接质量的要求，从而体会为何界定焊接缺欠与焊接缺陷的区别。

防止和控制焊接缺欠，首要的条件是掌握各类缺欠的形成条件、形成机理及其影响因素，从而制定合理的焊接工艺，并在生产制造过程中，严格执行焊接工艺，以达到防止和控制焊接缺欠产生的目的。

4.2 焊接缺陷的危害

焊接缺陷的危害:

(1) 引起应力集中,其中尤以裂纹和未焊透最为严重。

(2) 缩短使用寿命。

(3) 造成脆断,危及安全。

4.3 缺陷的分类

4.3.1 狭义的分类

IIW-SST-1157-90 对缺欠的定义分类如图 4-1 所示。

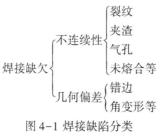

图 4-1 焊接缺陷分类

4.3.2 广义的分类

(1) 从表观上分类:成形缺欠、接合缺欠、性能缺欠,如图 4-2 所示。

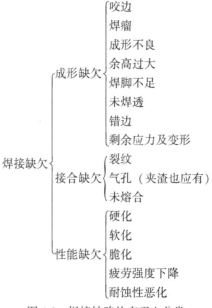

图 4-2 焊接缺陷从表观上分类

(2) 从主要成因上分类,如图 4-3 所示。

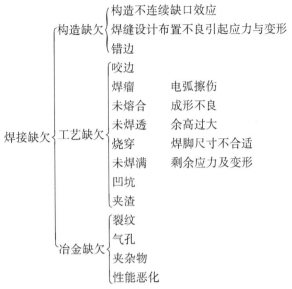

图 4-3　焊接缺陷从主要成因上分类

4.3.3　中国国家标准对缺陷的分类

《金属熔化焊接头缺欠分类及说明》（GB/T 6417.1—2005）[2]将焊接缺欠分为六大类。

（1）第一类缺欠：焊接裂纹。

（2）第二类缺陷：孔穴，主要有气孔和缩孔。

（3）第三类缺陷：固体夹杂，主要有夹渣、氧化物夹杂和金属夹杂。

（4）第四类缺陷：未熔合和未焊透。

（5）第五类缺陷：形状缺陷，主要有咬边、缩沟、下塌、焊瘤、错边、成形不良、角度偏差、烧穿、未焊满、凹凸度过大等。

（6）第六类缺陷：其他缺欠，主要有飞溅、电弧擦伤等。

4.4　各种缺陷产生的原因和防止措施

4.4.1　裂纹产生的原因和防止措施

常见裂纹分类及主要特征见表 4-1[3]。

表 4-1　常见裂纹分类及主要特征

裂纹分类		基 本 特 征	敏感温度区间	被焊材料	位置	裂纹走向
热裂纹	结晶裂纹	在结晶后期，由于低熔共晶形成的液态薄膜削弱了晶粒间的联结，在拉伸应力作用下发生开裂	在固相线温度以上稍高的温度（固液状态）	杂质较多的碳钢、低中合金钢，奥氏体钢、镍基合金及铝	焊缝上	沿奥氏体晶界

裂纹分类		基 本 特 征	敏感温度区间	被 焊 材 料	位置	裂纹走向
热裂纹	多边化裂纹	已凝固的结晶前沿，在高温和应力的作用下，晶格缺陷发生移动和聚集，形成二次边界，它在高温处于低塑性状态，在应力作用下产生的裂纹	在固相线温度以下再结晶温度	纯金属及单相奥氏体合金	焊缝上，少量在热影响区	沿奥氏体晶界
	液化裂纹	在焊接热循环峰值温度的作用下，在热影响区和多层焊的层间发生重熔，在应力作用下产生的裂纹	在固相线温度以下稍低温度	含 S、P、C 较多的镍铬高强钢、奥氏体钢、镍基合金	热影响区及多层焊的层间	沿晶界开裂
再热裂纹		厚板焊接结构消除应力处理过程中，在热影响区的粗晶区存在不同程度的应力集中时，由于应力松弛所产生附加变形大于该部位的蠕变塑性，则发生再热裂纹	600～700℃ 回火处理	含有沉淀强化元素的高强钢、珠光体钢、奥氏体钢、镍基合金等	热影响区的粗晶区	沿晶界开裂
冷裂纹	延迟裂纹	在淬硬组织、氢和拘束应力的共同作用下而产生的具有延迟特征的裂纹	在 M_s 点以下	中、高碳钢，低、中合金钢、钛合金等	热影响区，少量在焊缝	沿晶或穿晶
	淬硬脆化裂纹	主要是由于淬硬组织，在焊接应力作用下产生的裂纹	M_s 附近	含碳的 NiCrMo 钢、马氏体不锈钢、工具钢	热影响区，少量在焊缝	沿晶或穿晶
	低塑性裂纹	在较低温度下，由于被焊材料的收缩应变，超过了材料本身的塑性储备而产生的裂纹	在 400℃ 以下	铸铁、堆焊硬质合金	热影响区及焊缝	沿晶或穿晶
层状撕裂		主要是由于钢板的内部存在有分层的夹杂物（沿轧制方向），在焊接时产生的垂直于轧制方向的应力，致使在热影响区或精远的地方，产生"台阶"式层状开裂	约 400℃ 以下	含有杂质的低合金高强钢厚板结构	热影响区及附近	穿晶或沿晶
应力腐蚀裂纹		某些焊接结构（如容器和管道等），在腐蚀介质和应力的共同作用下产生的延迟开裂	任何工作温度	碳钢、低合金钢、不锈钢、铝合金等	焊缝和热影响区	沿晶或穿晶

4.4.1.1 延迟裂纹

冷裂纹主要包括延迟裂纹、淬硬脆化裂纹和低塑性脆化裂纹。淬硬脆化裂纹主要是由于淬硬组织和应力造成，主要产生于马氏体钢和工具钢等高碳钢或高合金钢中；低塑性脆化裂纹主要是被焊材料的塑性太差而产生，主要产生于铸铁、硬质合金钢中。因此，后两种裂纹出现的材料特别，产生的原因单一，本部分不讨论。而延迟裂纹主要是由于淬硬组织、接头承受的应力、扩散氢三个原因综合引起，出现的钢种有低碳钢、中碳钢、低合金钢、中合金钢、钛合金等，影响因素多，缺陷分析中原因判断难，因此本部分着重讲解延迟裂纹。

A　延迟裂纹的危害

延迟裂纹由于具有延迟现象，它不在焊后马上出现而是隔了一段时间，由于产品结构、焊接工艺、气候等变化，延迟时间并不确定，因此，可能存在焊后无损检测无法检测到的情况；另外，延迟裂纹具有典型的脆断特征，当微观裂纹出现，在应力及工作载荷的作用下裂纹延展速度快，当发现微观裂纹而来不及采取措施就可能造成结构的破坏，引起的后果非常严重。

B　延迟裂纹的影响因素

延迟裂纹产生的三大主因是：钢种的淬硬倾向、焊接接头的含氢量及其分布、焊接接头的拘束应力。

延迟裂纹的开裂过程存在这两个不同的过程，即裂纹的起源和裂纹的扩展，扩展到一定情况下，发生断裂。分析裂纹的影响因素主要有哪些，从而就可以有针对性地提出防止措施。

a　淬硬组织

根据金属学内容，组织主要受母材及焊缝金属成分、冷却速度影响，当母材及焊缝金属碳当量（即碳含量或合金元素含量）较大、冷却速度较快时，焊缝及热影响区出现淬硬组织的倾向大，则延迟裂纹倾向大。针对不同的母材和填充材料，淬硬倾向不同、延迟裂纹倾向则不同。当材料和结构确定的情况下，组织淬硬程度主要取决于冷却速度，而冷却速度主要取决于焊接工艺。不同组织对延迟裂纹的敏感性如下：

$$F、P \rightarrow B_下 \rightarrow M_低 \rightarrow B_上 \rightarrow B_G（粒贝）\rightarrow M\text{-}A\ 组元 \rightarrow M_高$$

奥氏体对延迟裂纹不敏感，即奥氏体组织不出现延迟裂纹。奥氏体组织塑韧性很好，即断裂韧性 K_{IC} 和临界张开位移 δ_c 都很大，材料中存在微观裂纹也不易扩散而发展成为宏观裂纹；奥氏体组织晶体结构为 fcc，溶解 H^+ 的能力大，接头中的扩散氢不易过饱和造成脆化；H^+ 在奥氏体组织中的扩散速度小，即在奥氏体组织中 H^+ 不容易因扩散引起聚集而诱发裂纹。以上三点即是奥氏体组织不出现延迟裂纹的主要原因。

（1）材料。根据材料焊接性分析，材料碳当量或冷裂纹敏感指数较大时，延迟裂纹倾向较大。

（2）填充材料。填充材料的碳当量或冷裂纹敏感指数（即填充材料熔敷金属碳含量或合金元素含量）增加时，同样会造成焊缝金属及热影响区延迟裂纹倾向增加。选择熔敷金属强度低、塑韧性好的填充材料，可以降低接头应力，热影响区中扩散氢浓度也下降，这些均有利于防止焊缝和热影响区出现延迟裂纹。

（3）冷却速度。当材料一定的情况下，冷却速度越快，则焊缝和热影响区组织越容易产生淬硬组织和淬硬组织的淬硬程度增加。根据焊接热影响区冷却速度 $t_{8/5}$、$t_{8/3}$、t_{100} 的计算公式，冷却速度主要取决于材料厚度、线能量、材料导热率、比热容、预热温度。当材料和结构一定的情况下，冷却速度就只取决于预热温度和线能量了，所以，选择合理的焊前预热温度和线能量对防止出现淬硬组织是焊接工艺制定中最重要的环节。另外，焊后后热和焊后热处理对改善组织有帮助。后热可以促进某些中碳调质钢热影响区出现更多的残余奥氏体组织，组织韧化且阻止扩散氢的迁移，防止延迟裂纹；焊后热处理可以使热影响区出现的淬硬组织回火，将淬火组织改变为回火组织，塑韧性提到提高，防止出现延迟裂纹。

因此，在材料和焊接结构由设计确定以后，为防止出现淬硬组织或使淬硬组织得到韧化防止出现延迟裂纹，主要应该从选择合理的预热温度和道间温度（道间温度高易造成粗晶脆化）、强度低塑韧性好的填充材料、焊后后热和焊后热处理四方面入手。具体的预热温度、焊接材料、后热规范和焊后热处理规范，应该由具体的材料和结构而定，成熟的材料和结构可以查相关标准或资料，而对于新材料新结构则需要先进行焊接性分析、理论计算，然后再进行焊接实验，最终通过长期的实践验证、不断地优化和改进，达到保证接头质量的同时，效率高且便于工人操作。

b　扩散氢

扩散氢是引起高强钢焊接时产生延迟裂纹的重要因素之一，扩散氢聚集在微观缺陷处（空穴和位错）而诱发裂纹需要时间，因此由扩散氢引起的裂纹称为延迟裂纹，也称为氢致裂纹。这是由于金属内部的缺陷（包括微孔、微夹杂和晶格缺陷等）提供了潜在裂源，在应力的作用下，这些微观缺陷的前沿形成了三向应力区，诱使氢向该处扩散并聚集。当氢的浓度达到一定程度时，一方面产生较大的应力，另一方向阻碍位错移动而使该处变脆，当应力进一步加大时，促使缺陷扩展而形成裂纹。由此可见，氢诱发的裂纹，从潜伏、萌生、扩展以至开裂是具有延迟特征的。因此，可以说延迟裂纹是由许多个单个的微裂纹断续合并而形成的宏观裂纹。

含氢量高，裂纹敏感性大。当氢达到一临界值，便开始出现裂纹，此值称为临界含氢量 $[H]_{cr}$。各种钢的临界扩散氢含量不同，它与钢的化学成分、刚度、预热温度、已有冷却条件有关。

（1）氢的来源及焊缝中的含氢量。焊接材料中的水分、焊件坡口处的铁锈、油污以及空气湿度等是焊缝中扩散氢的来源。为减少或降低接头扩散氢含量，应该从两方面入手：一是控制熔池中氢的溶入；二是增加接头扩散氢的逸出。

控制熔池氢的溶入对防止裂纹和气孔均有利，但增加接头扩散氢的逸出对防止气孔没有作用但对防止裂纹是有利的。

1）控制氢溶入熔池中的措施。

① 加强对焊接材料的保管和焊材的烘干、发放、使用。保证焊材一级库的环境湿度 ≤60%，焊接材料严格按制造厂商提供的烘干温度或焊接工艺说明书中的烘干温度执行，发放时严格要求焊工使用保温筒（保温筒应加热至 100~150℃），使用时控制焊接材料暴露在空气中的时间。

焊接材料烘干温度不能太高，一般情况下要求碱性焊条 350~400℃/1~1.5h 和酸性 100~150℃/1~1.5h。这是由于酸性焊条药皮中一般含有部分有机物作用为造气剂，在 220~320℃ 范围内因分解可损失达 50%（质量分数），因此烘干温度应控制在 150℃ 左右，不应超过 200℃。所以，酸性焊条常用的烘干温度为 100~150℃。碱性焊条药皮中一般含有碳酸盐，如碳酸钙和少量的碳酸镁。碳酸钙的开始分解温度为 545℃，碳酸镁为 325℃。

为防止碳酸盐过早分解造成造气不足，碱性焊条的最高烘干温度不能高于450℃，一般碱性焊条的烘干温度为350~400℃，部分马氏体耐热钢焊条烘干温度380~425℃。

碱性焊条烘干次数不能超过3次，在100~150℃中保温时间不能超过140h，否则会影响药皮造气量而影响保护效果。

②焊前严格清理焊材和焊缝坡口附近的铁锈、油污等杂质。从铁锈的成分 $mFe_2O_3 \cdot nH_2O$ （$Fe_2O_3 \approx 83.28\%$、$FeO \approx 5.7\%$、$H_2O \approx 10.70\%$）可以看出，铁锈中含有较多的 Fe_2O_3（铁的高级氧化物）和结晶水，一方面对熔池金属有氧化作用，另一方面又析出大量的氢。焊接过程中，在电弧作用下可进行以下反应：

$$3Fe_2O_3 \Longleftrightarrow 2Fe_3O_4 + O$$

$$2Fe_3O_4 + H_2O \Longleftrightarrow 3Fe_2O_3 + H_2$$

$$Fe + H_2O \Longleftrightarrow FeO + H_2$$

以上反应的结果，使焊缝增氧（FeO、O 含量增加），会促进发生以下反应：

$$C + FeO \Longleftrightarrow CO + Fe$$

$$C + O \Longleftrightarrow CO$$

反应的结果会促使生成 CO 和 H_2 气孔。另外，焊接接头扩散氢含量增加，延迟裂纹倾向大大增加，因此，焊前应严格清理工件和焊接材料表面的铁锈和油污等。

③ 空气湿度。空气中的湿度大的情况下，水分可以通过焊接电弧向熔池过渡，增加了熔池中氢的含量、焊后接头扩散氢含量，使焊缝气孔和接头延迟裂纹倾向增加。

从控制氢的来源来讲，主要是控制焊接材料和工件表面的铁锈、油污等杂质；环境湿度影响相对较小，在雨雪天气情况下，应避免施焊或者采取隔离措施下施焊。

2）增加氢从熔池和焊接接头中的逸出措施。

①预热和提高线能量。焊前预热和提高线能量，能增长熔池存在时间，有利于气体从熔池中逸出，减缓冷却速度增长接头高温停留时间，也有利于扩散氢逸出。

②增强熔池搅拌。摆动电弧，外加电磁场或振动，增强熔池的搅拌作用，有利于气体从熔池中逸出。

③焊后后热和焊后热处理。焊后后热可以有效降低接头扩散氢含量；焊后消除应力处理不仅可以消除接头焊接残余应力，还可以改善组织，并有效降低扩散氢含量。

（2）金属组织对氢扩散的影响。扩散氢在不同金属组织中的溶解度和扩散系数不同，因此氢在不同金属中的行为也有很大差别，如图4-4所示。氢在奥氏体中的溶解度远比在铁素体中的溶解度大，并且随温度的增高而增加。因此，在焊接时由奥氏体转变为铁素体时，氢的溶解度急剧下降（图4-4 (a)）；而氢的扩散速度正好相反，由奥氏体转变为铁素体时急剧增大，由图4-4 (b) 可见，氢在奥氏体钢中必须在高温下才有足够的扩散速度。

焊接时高温作用下，将有大量的氢溶解在熔池中，在随后的冷却和凝固过程中，由于溶解度的急剧下降，氢极力逸出，但因冷却很快，使氢来不及逸出而保留在焊缝金属中，使焊缝中的氢处于过饱和状态，因此氢要极力进行扩散。

氢在不同组织中的扩散速度，主要取决于它的扩散系数 D。氢在不同组织中的扩散系数如表4-2所示。

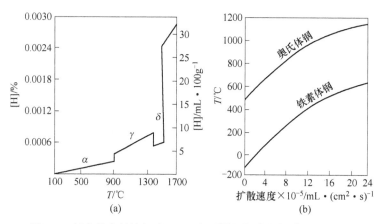

图 4-4　氢在铁中的溶解度（a）和不同组织中的扩散速度（b）

表 4-2　氢在不同组织中的扩散系数 $(w(C) = 0.54\%)$ [4]

	铁素体、珠光体	索氏体	托氏体	马氏体	奥氏体
$D/cm^2 \cdot s^{-1}$	4.0×10^{-7}	3.5×10^{-7}	3.2×10^{-7}	2.5×10^{-7}	2.1×10^{-12}
表面饱和浓度/mL·100g^{-1}	40	32	26	24	—

（3）氢在致裂过程中的动态行为。由于焊缝的含碳量低于母材（为提高焊接性，一般焊接材料的含碳量会低于被焊材料），因此焊缝在较高的温度就发生相变（参照 $Fe-Fe_3C$ 图共析反应区，A_3 线随 C 含量增加下降，则 C 含量增加，A_3 相变点温度降低），即由奥氏体分解为铁素体、珠光体、贝氏体以及低碳马氏体等（根据焊缝的化学成分和冷却速度而定），而此时热影响区的金属尚未开始奥氏体的分解（因为含碳量较焊缝高，发生滞后相变）。当焊缝金属发生由奥氏体向铁素体、珠光体转变时，氢的溶解度突然降低，同时氢在铁素体、珠光体中的扩散速度比奥氏体大，因此，此时氢就很快地从焊缝穿过熔合区向尚未发生分解的奥氏体的热影响区中扩散，而氢在奥氏体中的扩散速度很小，不能很快地把氢扩散到距离熔合区较远的母材中去，因此在熔合区附近就形成了富氢地带，见图 4-5。当滞后相变的热影响区发生奥氏体向马氏体转变时，氢便以过饱和状态残存于马氏体中，促使这一地区进一步脆化。

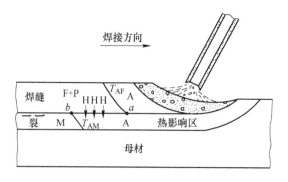

图 4-5　高强钢热影响区（HAZ）
延迟裂纹的形成过程

在热影响区氢的浓度如果足够高时，能使热影响区的马氏体进一步脆化，即形成焊道下裂纹，或在焊趾及根部应力集中的地方形成焊趾裂纹和根部裂纹。

当焊接某些超高合金钢时，由于焊缝的合金成分复杂，热影响区的转变可能先于焊缝，此时氢就相反地从热影响区向焊缝扩散，那么延迟裂纹就可能产生在焊缝上。

所以，常见低合金钢延迟裂纹一般产生在热影响区，而不出现在焊缝中。

（4）氢致裂纹开裂机理。

1）钢中的氢致裂纹需在一定应力中产生：σ_{UC} 为上临界应力，超过此应力试件断裂；σ_{LC} 为下临界应力，低于此应力氢是无害的。

2）钢中的延迟破坏只是在一定的温度区间发生（－100℃～＋100℃），温度太高则氢易逸出，温度太低则氢的扩散受到抑制，因此都不会产生延迟现象的断裂。HT80 钢焊道下裂纹试验，见图4-6。潜伏期即延迟时间是一个非常重要参数，它可以衡量材料或结构延迟裂纹倾向大小。当潜伏期或延迟时间短时，表示材料焊接性差、结构刚性大，延迟裂纹倾向特别严重，在延迟时间内必须采取措施，否则一旦时间超过潜伏期，即会发生裂纹。在焊接生产中，我们一般采用焊前预热、选择低强度高塑韧性

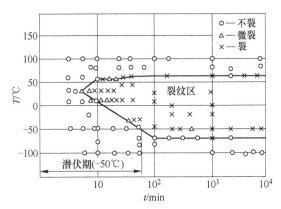

图 4-6 HT80 钢焊道下裂纹的温度区间和潜伏期
（焊条 D4301、φ4mm、I＝160A、v＝100mm／min、［H］＝22ml／100g）

的焊接材料防止组织淬硬和减少接头应力；焊接过程中控制线能量、道间温度防止组织淬硬和晶粒粗大带来的脆化；焊后采用后热消氢或焊后消除应力处理（消除扩散氢、降低接头残余应力和改善接头组织）等工艺措施，最终保证在整个结构使用寿命内不产生延迟裂纹。

c 应力

焊接接头承受的应力主要由以下几个应力组成。在应力作用下，会引起氢的聚集，诱发氢致裂纹。

（1）不均匀加热及冷却过程中产生的热应力。热应力与母材及焊缝金属的热物理性质及刚度有关。材料线膨胀系数越大，焊后接头残余应力越大；接头刚度或受到的拘束度越大，则焊后接头残余应力越大。当材料及结构一定的情况下，应减小刚度或拘束度，以减小接头残余应力。

（2）金属相变时产生的组织应力。高强钢奥氏体分解时（析出铁素体、珠光体、马氏体等）会引起体积膨胀，而且转变后的组织都具有较小的膨胀系数，见表4-3。

表4-3 钢不同组织的物理性质

组织 热物理性质	组织类型				
	奥氏体	铁素体	珠光体	马氏体	渗碳体
比容／cm³·g⁻¹	0.123～0.125	0.127	0.129	0.127～0.131	0.130
线膨胀系数／×10⁻⁶·℃⁻¹	23.0	14.5	—	11.5	12.5
体积膨胀系数／×10⁻⁶·℃⁻¹	70.0	43.5		35.0	37.5

由于相变的体积膨胀，将会减轻焊后收缩时产生拉伸应力，从这点出发，相变应力反而会降低冷裂纹倾向，这方面已被近年来的试验研究所证实[6]。

图 4-7 为低碳钢和高强钢（HY80）在拘束焊接条件下热应力和相变应力随温度的变化。由图 4-7 可以看出，冷却时由于发生相变膨胀而使应力急剧下降（即图上的 $e \sim f$ 段）。

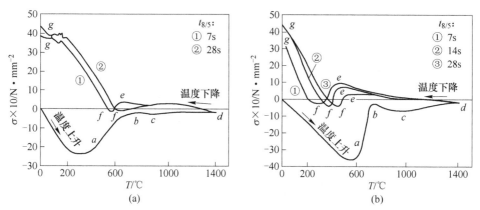

图 4-7　拘束条件下焊接热循环中应力的变化曲线[5]（峰值温度 $T_m = 1410℃$）

(a) 低碳钢；(b) HY80 钢

（3）附加应力，即结构自身拘束条件（包括结构的形式、焊缝位置、施焊的顺序）所造成的应力。结构形式不同（如对接接头、角接接头等）、焊缝位置（对称、不对称）、施焊顺序（对称、分段、跳焊、退焊）等不同，即使材料相同、板厚一样、焊接工艺一定情况下，接头应力有较大区别。为减小接头应力，应采用合理的结构、对称分布的焊缝和合理的焊接顺序。

在材料、结构、焊缝尺寸、焊缝位置一定的情况下，为了减小接头应力，应采用合理的焊接工艺和焊接顺序。首先应选择线能量集中的焊接方法，如熔化极气体保护、钨极氩弧焊等，而尽量不要采用埋弧焊、焊条电弧焊等方法；其次，应采用小线能量、焊前预热、焊后后热、锤击焊缝等工艺措施；另外，焊接顺序尽量做到对称、分段、跳焊和退焊；尽量不采用工装增加拘束（但在必须控制焊接变形或采用自动化焊接时，应该采用合适的焊接工装）；最后，在可以进行焊后消除应力处理的情况下，可进行焊后消除应力处理，进而最大程度保证残余应力在临界应力之下，避免出现延迟裂纹。

C　延迟裂纹控制措施

a　冶金措施

（1）采用低碳、微量多元化合金、控轧控冷技术等提高强度，同时具有较好的塑韧性的材料，焊后热影响区及焊缝延迟裂纹倾向更小。

（2）选用低氢焊接材料、低氢焊接方法（如 MIG/MAG 焊、TIG 焊），不过需要注意 MAG 焊会造成焊缝金属氧含量增加、焊缝金属塑性下降的问题。

（3）控制氢的来源、加强焊接材料保管和发放、烘干焊条、清理焊件和焊丝表面的油污和铁锈。

（4）通过填充材料向焊缝金属加入某些合金元素，提高焊缝金属的塑性和韧性，提高抗冷裂纹能力。

（5）采用奥氏体组织的焊条焊接某些淬硬倾向较大的低、中合金高强钢，避免冷裂纹。这是因为：奥氏体塑性好，可减缓拘束应力；同时奥氏体焊缝可以溶解更多的扩散氢，且不易向热影响区扩散，从而提高了焊接热影响区的抗裂性；奥氏体的膨胀系数大，使热影响区在相变之前承受较大的拘束应力，有提高 M_s 点的作用，使马氏体自回火得到发展，从而提高了抗裂性[7]。

b 工艺措施

（1）线能量。线能量过小，冷却速度过快，容易出现淬硬组织，同时也不利于扩散氢的逸出，对防止延迟裂纹不利；但线能量过大，热影响区高温停留时间长，过热区晶粒粗大，韧性下降，延迟裂纹倾向增加；另外线能量大，接头残余应力也会增加，对防止延迟裂纹不利。

（2）预热温度。预热可以减缓热影响区的冷却速度，防止出现淬硬组织或使淬硬组织的淬硬程度下降；合理的预热温度和措施，可以减小接头的残余应力；预热可以减缓熔池结晶速度，对扩散氢的逸出有利。以上作用均对防止延迟裂纹有利。但预热温度过高会恶化劳动条件；局部预热条件下，加热方式不正确会产生附加应力，反而促进产生冷裂纹。

针对具体材料和结构，合理的预热温度可以通过理论计算、斜 Y 坡口试验和焊接实验进行确定，并通过长期的实际生产加以验证。另外，还可以根据国家相关标准或规范，查找不同材料、结构、厚度和要求条件下的预热温度和预热措施等。

（3）焊接材料。采用低匹配的焊缝，对防止冷裂纹有效。例如，用 HT80 钢制造厚壁承压水管时，经试验及工程上的应用，认为焊缝强度为母材强度的 0.82，可以近似达到等强度的水平[8]。这是由于焊缝金属强度低、塑性好，在应力作用下容易产生塑性变形释放应力且保持了结构的完整，减小了接头冷裂纹倾向[9]。

（4）焊后后热。后热可以使扩散氢逸出，一定程度上降低残余应力，也可以改善组织，降低淬硬性，这些均可以有效防止或延缓延迟裂纹的产生。特别是焊后消除应力热处理前结构可能会产生延迟裂纹情况下，必须在焊后及时后热。

具体的后热温度根据材料不同可以理论计算，也可以采用实验得到。通常情况下，可以采用 200~400℃/2~4h 的规范，但应避开材料的热应变时效脆化温度区间。

（5）多层焊的影响。相同板厚、坡口角度情况下，焊缝层数和道数越多，表示焊接线能量就越小，因此焊后接头应力更小；同时，多层焊时后层对前层有消氢和改善热影响区组织的作用，因此，多层焊对防止延迟裂纹有利。多层焊的预热温度可比单层焊适当降低，但多层焊应严格控制道间温度和后热温度，以便使扩散氢逸出，否则，扩散氢含量会发生逐层积累，可能会增加焊道下裂纹倾向。

总之，针对具体的材料和结构制定合理的焊接工艺，采取合适的焊接顺序，加强焊接过程中的监控和指导，最后采取相应的热处理手段，实现组织韧化、扩散氢含量少和接头应力低的目标，进而保证接头在整个使用寿命周期内不出现延迟裂纹，保证结构的安全可靠。

4.4.1.2 热裂纹

A 结晶裂纹

a 结晶裂纹产生的位置

结晶裂纹大部分都沿焊缝树枝状结晶的交界处发生和发展的，常见沿焊缝中心长度方向开裂即纵向裂纹，有时发生在焊缝内部两个树枝状晶体之间。对于低碳钢、奥氏体不锈钢、铝合金、结晶裂纹主要发生在焊缝上，结晶裂纹主要出现的位置和走向如图 4-8 所示。

在焊缝金属凝固结晶的后期，低熔点共晶物被排挤在晶界，形成一种所谓的"液态薄膜"，在焊接拉应力作用下，就可能在这薄弱地带开裂，产生结晶裂纹[10]。

产生结晶裂纹主要原因为液态薄膜、拉伸应力。其中由低熔共晶形成的液态薄膜是根本原因，也是内因；由于结构刚性和外加拘束造成接头承受的拉伸应力是必要条件，是外因。

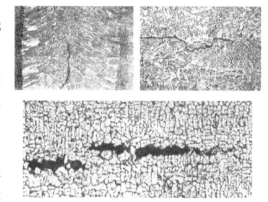

图 4-8 结晶裂纹出现的位置和走向

b 常见低熔共晶成分和温度

碳钢和低合金高强钢中的 P、Si、Ni 和不锈钢中的 S、P、B、Zr 都能形成低熔点共晶，它们的共晶温度参见表 4-4。

表 4-4 常见的铁二元和镍二元共晶成分和共晶温度

	合金系	共 晶 成 分	共晶温度/℃
铁二元共晶	Fe-S	Fe, FeS	988
	Fe-P	Fe, Fe_3P	1050
		Fe_3P, FeP	1260
	Fe-Si	Fe_3Si, FeSi	1200
	Fe-Sn	Fe, FeSn（Fe_2Sn_2，FeSn）	1120
	Fe-Ti	Fe, $TiFe_2$	1340
镍二元共晶	Ni-S	Ni, Ni_3Si_2	645
	Ni-P	Ni, Ni_3P	880
		Ni_3P, Ni_2P	1100
	Ni-B	Ni, Ni_2B	1140
		Ni_3B_2, NiB	990
	Ni-Al	Ni, Ni_3Al	1385
	Ni-Zr	Zr, Zr_2Ni	961
	Ni-Mg	Ni, Ni_2Mg	1095

c 结晶裂纹产生的敏感温度区间

在熔池结晶的后期固液阶段，即凝固温度 T_s 附近温度是结晶裂纹的敏感温度区间。在熔池刚开始结晶或固相不多的时候，在应力作用下拉开的间隙可以被流动的液体金属填充，不会产生裂纹；在完全凝固阶段以后，焊缝具有较好的强度和塑性，在拉伸应力作用下产生变形而不被破坏；只有在结晶后期，固体晶粒之间存在液态薄膜，在拉伸应力下会发生相对移动，而此时未结晶的液态金属少，填充不了因晶粒移动而产生的间隙，结晶完成后形成缝隙，即为裂纹。

d　结晶裂纹的影响因素

结晶裂纹产生所需要的临界应力非常小，在焊接生产中刚性很小的结构都可能会产生裂纹，因此，应力不是产生结晶裂纹的主要原因，在控制上也不是采取的主要措施。当然，降低拉头应力的工艺措施也可以降低结晶裂纹倾向，但焊后消除应力处理对于防止结晶裂纹是没有作用的。

低熔共晶的量、共晶温度、形态和分布是影响结晶裂纹倾向的主要原因，也是控制的主要方向。

（1）化学成分。

1）S、P。在碳钢、低合金钢以及奥氏体不锈钢焊缝中，S、P是造成结晶裂纹最主要的元素。为防止结晶裂纹，减少和控制母材和填充材料熔敷金属中S、P含量也是最主要的措施之一。S、P能促进结晶裂纹的原因主要有以下三点：

①S、P增加结晶温度区间，脆性温度区间 T_B 增大、裂纹增加。

②S、P产生低温共晶，使结晶过程中极易形成液态薄膜，因而显著增大裂纹倾向。

③S、P引起成分偏析，S、P偏析系数 K 越大，偏析的程度越严重。偏析可能在钢的局部地方形成低熔点共晶产生裂纹。钢中各元素偏析系数 K 见表4-5。

表4-5　钢中各元素偏析系数 K[11]

元素	S	P	W	V	Si	Mo	Cr	Mn	Ni
K	200	150	60	55	40	40	20	15	5

2）C。根据 Fe-C 相图包晶反应区（图4-9），由于碳含量增加，初生相可由 δ 相转变为 γ 相，而 S、P 在 γ 相中的溶解度比在 δ 相低很多（见表4-6）。如果初生相或结晶终了前是 γ 相，被析出的 S、P 就会富集在晶界，从而增加结晶裂纹倾向；即使初生相是 δ 相，随着碳含量增加，但 δ 相的量会随碳含量减少，溶解 S、P 的能力下降，结晶裂纹倾向也会增加。

①当 $w(C)<0.1\%$ 时，由液体析出的初生相仅是 δ 相。

②当 $0.1\%<w(C)<0.16\%$ 时，首先析出 δ 相，随着 δ 相的继续凝固，当达到1493℃时，残存液相与初生相 δ 相发生包晶反应形成 γ 相，即 δ+L→γ，全部结晶完了时是双相组织 δ+γ。

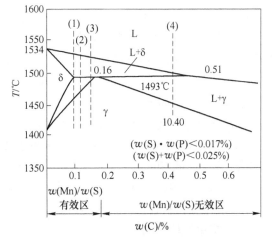

图4-9　Fe-C 相图包晶反应区示意图

③当 $0.16\%<w(C)<0.51\%$ 时，包晶反应完了的相组织全部为 γ 相。

④当 $w(C)>0.51\%$ 时，初生相为 γ 相，凝固后仍为 γ 相。

当含碳量超过包晶点时（即 $w(C)=0.16\%$），其包晶反应完了的相组织全部为 γ

相，因磷在 δ 和 γ 相中的溶解度相差较大，则液态金属中磷的含量较高，这时磷对产生结晶裂纹的作用就超过了硫，这时再增加 Mn/S 比也是无意义的，所以必须控制磷在焊缝中的含量。例如 $w(C) = 0.4\%$ 的中碳钢，硫磷都应小于 0.017%，并且硫磷总和要小于 0.025%。

表 4-6　S、P 在 δ、γ 相中的溶解度

元素	最大溶解度/%	
	在 δ 相	在 γ 相
S	0.18	0.05
P	2.8	0.25

3）Cr、Ni。碳影响低碳钢、低合金钢先析出相及量，而对于铬镍奥氏体不锈钢，Cr、Ni 含量是影响先析出相和凝固模式的主要元素。图 4-10 是 70%Fe-Cr-Ni 伪二元相图，从中可以看出不同 Cr、Ni 含量凝固模式的变化以及先析出相的不同。

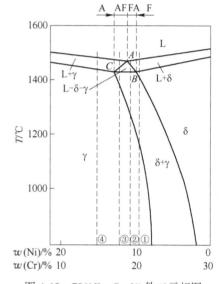

图 4-10　70%Fe-Cr-Ni 伪二元相图

①虚线合金，从凝固开始到凝固结束都是生成 δ 相组织，在继续冷却时，由于发生 δ→γ 相变，δ 相数量越来越少，在平衡状态下，直至为零，其室温组织为单相奥氏体。由于冷却过程是在不平衡状态进行，室温时的组织有可能含有 5% ~ 10% 的 δ 相。这种凝固模式用 F 表示。

②虚线合金初生相为 δ 相，但随着温度降低，越过 AB 面后又依次发生包晶反应和共晶反应，即 L+δ→L+δ+γ→δ+γ，这种凝固模式用 FA 表示。

③虚线合金初生相为 γ 相，越过 AC 面后依次发生包晶反应和共晶反应，即 L+γ→L+γ+δ→γ+δ。这种凝固模式用 AF 表示。

④虚线合金初生相为 γ 相，直到凝固结束也不发生变化，这种凝固模式用 A 表示。

AF 与 FA 凝固模式的分界线具有重要意义，由图 4-10 可知，这个分界线应通过 A 点。根据舍夫勒（schaeffler）图 Cr_{eq}、Ni_{eq} 的计算，这个分界线大体上为 $Cr_{eq}/Ni_{eq} \approx 1.5$。

如将这一分界线标在 schaeffler 图上，则可将防止热裂纹所需室温 δ 相数量与凝固模式 AF/FA 界线联系起来，见图 4-11。

可变拘束试验表明：

①在 S 含量相同情况下，Cr_{eq}/Ni_{eq} 增加，裂纹总长度减少，焊缝从 AF 模式转变为 FA 模式，裂纹总长度发生突变，并随着 Cr_{eq}/Ni_{eq} 增加而减少。

②在 Cr_{eq}/Ni_{eq} 相同情况下，焊缝中 S 含量增加，裂纹总长度增加。

4）Mn。焊缝金属中 Mn 可以发生以下反应：Mn + FeS→MnS + Fe。FeS 共晶温度 988℃，呈片状分布于晶界，严重割裂了晶粒之间的联系，因此，在应力作用下易发生开裂；而 Mn 脱硫后的产物 MnS 共晶温度 1613℃，呈块状分布，一方面温度高不是低熔共

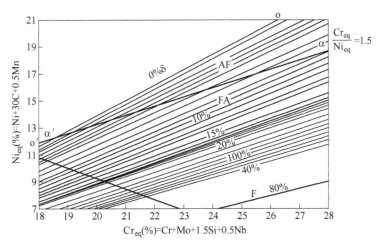

图 4-11 标有 AF/FA 分界的舍夫勒图

晶，另一方面块状分布与片状分布相比对晶粒的割裂作用不强。

焊缝金属中含碳量不同，则防止结晶裂纹所需的 Mn 含量不同：

$w(C) \leqslant 0.1\%$ 时，$w(Mn)/w(S) \geqslant 22$；

$w(C) = 0.11\% \sim 0.125\%$ 时，$w(Mn)/w(S) \geqslant 30$；

$w(C) = 0.126\% \sim 0.155\%$ 时，$w(Mn)/w(S) \geqslant 59$。

5）Si。硅是 δ 相形成元素，利于消除结晶裂纹，这是由于 δ 相对 S、P 溶解度更大的缘故。$w(Si) > 0.4\%$，易形成低熔点的硅酸盐夹杂使结晶裂纹倾向增加。

6）Ti、Zr 和稀土元素 Re。Ti、Zr 和稀土元素 Re 对硫的亲和力大，形成高熔点的硫化物而不再是低熔共晶；同时硫化物以弥散、球状分布，因此对防止结晶裂纹有良好的作用。一方面，弥散、球状分布对晶粒割裂作用小；另一方面，在低碳钢和低合金钢中，它促进生成针状铁素体（AF），组织塑韧性提高。

例题 4-1：在强度为 600MPa 焊条研究中，加入稀土元素的影响。

答：有两个方案焊条的熔敷金属成分如表 4-7 所示，它们的拉伸试样断口 SEM 扫描图见图 4-12，焊缝组织见图 4-13。从图 4-12 可以看出，当焊缝金属中含有稀土元素时，断口为塑性断口，而不含稀土时为脆性断口；含有稀土元素时，硫化物弥散分布，而不含稀土时，硫化物偏析度较大。

表 4-7　600MPa 焊条熔敷金属成分　　　　　　　　　　（%）

焊缝成分	C	S	P	Mn	Si	Cr	Ni	Re
A0	0.10	0.037	0.017	0.94	0.54	0.20	0.87	—
A1	0.09	0.015	0.014	1.25	0.44	0.19	0.83	1.0

7）Ni。Ni 在低合金钢中易于与 S、P 形成低熔共晶（Ni+Ni$_3$S$_2$ 熔点为 645℃、Ni+Ni$_3$P 熔点为 880℃），由于熔点低所以 Ni 会大大增加结晶裂纹倾向。

8）O。焊缝金属中 O 或 FeO 可以降低 S 的有害作用，氧、硫、铁能形成 Fe-FeS-FeO 三元共晶，使 FeS 由薄膜状变成球状，因此减小了对晶粒的割裂作用，对防止结晶裂纹有利。

（2）凝固结晶组织形态。焊缝在结晶后，晶粒的大小、形态和方向，以及析出的初

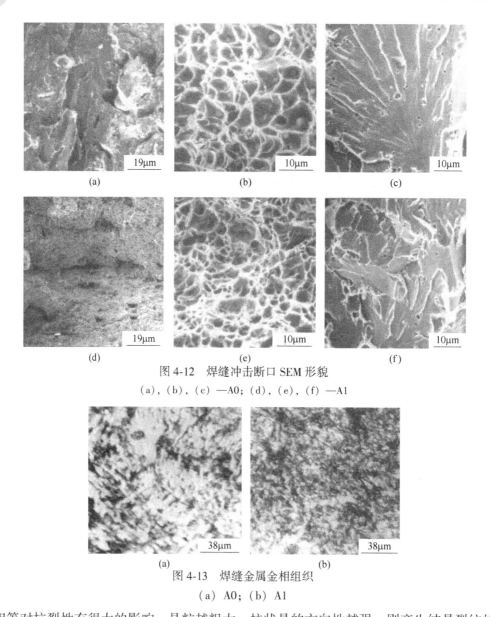

图4-12　焊缝冲击断口 SEM 形貌

（a）、（b）、（c）—A0；（d）、（e）、（f）—A1

图4-13　焊缝金属金相组织

（a）A0；（b）A1

生相等对抗裂性有很大的影响。晶粒越粗大，柱状晶的方向性越强，则产生结晶裂纹的倾向就越大。为此，常在焊缝及母材中加入一些细化晶粒的元素（如钛、钼、铌、钒、铝和稀土等），一方面可以破坏液态薄膜的连续性，另一方面也可以打乱柱状晶的方向。对于 18-8 型奥氏体不锈钢，希望得到 δ+γ 双相组织，因焊缝中有少量 δ 相可以细化晶粒，打乱奥氏粗大体柱状晶方向性；同时，δ 还具有比 γ 相溶解更多 S、P 的有利作用，因此可以提高焊缝的抗裂能力，如图 4-14 所示。

焊接生产实例中，A312（E309Mo-

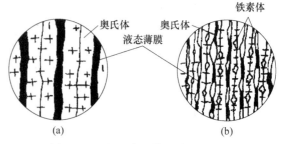

图4-14　δ 相以奥氏体基体上的分布

（a）单相奥氏体；（b）δ+γ

16）焊条与 A302（E309-16）、A307（E309-15）焊条相比，前者熔敷金属含有 2%～3% 的 Mo，因此，该焊条具有 A302 优良工艺性能的同时，且还具有比 A307 更好的抗裂性能。原因就是 Mo 是 δ 化元素，会促进生成 δ 相，而 δ 相可以打乱奥氏体柱状晶方向且溶解 S、P 的能力更强；同时，Mo 是细化晶粒的元素，晶粒细化有利于提高晶粒的强度和塑韧性，且由于晶粒细化后晶界总面积增加，单位面积上的低熔共晶就更少。A312 焊条比 A307 和 A302 具有更优良的抗裂性，这在实际生产中得到广泛验证。

e 控制措施

（1）控制低熔共晶的量、熔点和形态。主要是控制 S、P 等杂质元素的含量来控制低熔共晶的量；另外，采用小线能量降低熔池体积也是减少焊缝最后结晶时焊缝中心的低熔共晶量的方法之一。采用 Mn、Ca、Ti、Zr、Re 等脱硫，它们的脱硫产物与 FeS 相比熔点会更高，且分布形态为块状、球状并弥散分布，比 FeS 片状分布在晶界更有利于防止结晶裂纹。

（2）控制先析出相及结晶终了相。对于低碳钢、低合金钢而言，主要控制碳含量。一般情况下应将焊缝金属的含碳量控制在 0.16% 以下，且根据不同的含碳量，控制锰含量，保证 Mn/S 比，是防止结晶裂纹很重要的手段。

对于铬镍奥氏体不锈钢，则主要控制 Cr_{eq}/Ni_{eq} 之比。一般情况下将控制 $Cr_{eq}/Ni_{eq} \geqslant$ 1.5，凝固模式为 FA 模式，保证焊缝金属中有 5%～10% δ 相，有利于防止焊缝金属出现结晶裂纹。δ 相过少，防止结晶裂纹的作用不明显；而 δ 相过多，则可能引起电化学腐蚀和在高温下从 δ 相中析出 σ 相（FeCr 金属间化合物），从而造成脆化。

（3）焊接工艺。

1）采用小线能量。线能量增加，接头残余应力增加，结晶裂纹倾向增大；线能量增加，熔池体积增大，即使 S、P 等杂质元素含量较低，但最终在焊缝中心的低熔共晶量也会较大，结晶裂纹倾向增大；线能量增加，单道焊焊缝宽度与焊缝计算厚度之比即焊缝成形系数较小，晶粒对中生长易将低熔共晶赶到焊缝中心相遇，结晶裂纹倾向增大。这些因素说明，线能量增加，会大大增加结晶裂纹倾向，因此，采用小线能量对防止结晶裂纹有利。

2）预热。适当预热可以减缓冷却速度，降低应变率，对防止结晶裂纹有利。对于低碳钢和低合金钢，当室温低于 -20℃ 时应当预热 80℃ 以上；而对于奥氏体不锈钢，则可以预热到 15℃ 以上[12]。预热温度不宜过高，过高的预热温度会增大熔池，会造成焊缝中心最后结晶的低熔共晶量增加，增大结晶裂纹倾向，这个也需引起注意和重视。

3）道间温度。道间温度高，同样线能量情况下熔池体积会增加，也会增大结晶裂纹倾向。对于低碳钢和低合金钢，道间温度控制在 300℃ 以下；而对于奥氏体不锈钢，道间温度应该控制在 100℃ 以下[12]，严格时可控制在 60℃ 以下。

4）熔合比。当母材中 C、S、P 等杂质元素含量较高时，应该控制较小的熔合比，减少母材中杂质元素向焊缝金属过渡；相反，当填充材料熔敷金属中 C、S、P 等杂质元素含量较高而母材含量较低时，可以采用较大的熔合比。母材和填充材料 C、S、P 等杂质元素含量过高时，最好更换母材或填充材料，首选更换填充材料，因为一般情况下，更换焊接材料比更换母材更容易和方便。控制熔合比的主要方法是改变坡口形式或坡口角度、线能量等等，在其他章节有讲述。

5）焊缝成形系数 ϕ。焊缝成形系数即单道焊焊缝宽度 B 与焊缝计算厚度 H 之比（$\phi = B/H$）。焊缝成形越小，焊缝晶粒越对中生长，低熔共晶越能被赶到焊缝中心，促进生成结晶裂纹（如图 4-17（c）所示）。增加焊缝成形系数的主要方法是采用小电流、高电压，或坡口焊时单道焊改为多道焊，减小每一道焊缝厚度从而增加焊缝成形系数。

6）焊接速度。焊接速度快，熔池结晶时会从偏向晶转变为方向晶，如图 4-15 所示。当晶粒主轴垂直于焊缝中心时，易形成脆弱的结合面，因此，采用过大的焊速时，常在焊缝中心出现纵向裂纹，即结晶裂纹，如图 4-16 所示。

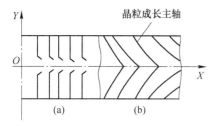

图 4-15 焊接速度对晶粒生长方向的影响

(a) 焊速快；(b) 焊速慢

图 4-16 大焊速时焊缝的纵向裂纹

7）接头形式。如图 4-17 所示，表面堆焊和熔深较浅的对接焊缝抗裂性较高（图 4-17（a）、（b）），熔深较大的对接和各种角接（包括搭接、T 形接头和外角接焊缝等）抗裂性较差（图 4-17（c）、（d）、（e）、（f））。因为这些焊缝所承受的应力正好作用在与焊缝的结晶面上，而这个面是晶粒之间联系较差、杂质聚集的地方，故易于引起裂纹。

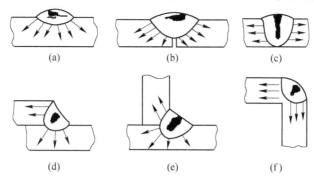

图 4-17 接头形式对裂纹倾向的影响

8）焊接顺序。虽然引起结晶裂纹的临界应力较小，应力不是影响结晶裂纹的主要因素，但合理的焊接顺序有利于降低接头应力，仍然可以降低结晶裂纹倾向。采用交替、对称、分段、跳焊和退焊等焊接顺序方法，可以降低应力，防止裂纹。

9）锤击焊缝。采用奥氏体不锈钢焊条、镍基焊条焊接时，焊后可趁焊道处于红热状态采用小尖锤锤击焊道来防止结晶裂纹。这是由于锤击可以使焊缝发生塑性延展，从而降低焊缝承受的拉伸应力，进而减少结晶裂纹倾向。

结晶裂纹产生的两大原因就是拉应力和低熔共晶，由于结晶裂纹产生的临界应力很小，所以控制和防止结晶裂纹主要从减小低熔共晶、凝固模式控制先析出相为 δ 相、控制焊缝成形系数等方面入手。主要在接头设计上尽量不要采用深坡口；工艺措施上，尽量采用小线能量、适当预热和适中速度、控制焊缝成形系数、采用合理焊接顺序以降低应力。

另外，在焊材选择上，严格控制 C、S、P 的含量，低碳钢和低合金钢适当提高 Mn 含量，奥氏体不锈钢则控制 Cr_{eq}/Ni_{eq} 之比，另外可以加入少量 Mo 元素。

B　液化裂纹

a　产生的机理

由于焊接时近缝区金属或焊缝层间金属，在高温下使这些区域的奥氏体晶界上的低熔点共晶重新熔化，在拉伸应力的作用下沿奥氏体晶界开裂而形成液化裂纹。另外，在不平衡加热或冷却条件下，由于金属间化合物分解和元素的扩散，造成了局部地区共晶成分偏高而发生局部晶间液化，同样会产生液化裂纹。液化裂纹产生的原因与结晶裂纹类似，即在近缝区晶界上有低熔共晶（在热循环作用下发生液化而基体没有熔化），这是根本原因，也是内因；焊接接头承受的拉伸应力，是必要条件，也是外因。

b　产生的位置

当母材含有较多的低熔共晶时，液化裂纹通常产生在母材的热影响区的粗晶区；当焊缝金属中含有较多的低熔共晶时（母材或填充金属杂质含量高造成），产生在多层焊缝的焊层之间（即前道焊道处于后道焊道的热影响区粗晶区），见图 4-18。

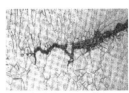

液化裂纹属于晶间开裂性质，裂纹断口呈典型的晶间开裂特征。

c　影响因素

（1）化学成分。与结晶裂纹相同，液化裂纹均是由低熔共晶和拉伸应力共同作

图 4-18　液化裂纹出现的位置

用下产生的。但液化裂纹主要出现在合金元素较多的高强钢、不锈钢和耐热合金钢中，所以 B、Ni、Cr 等合金元素的影响较大。

裂纹起源部位：熔合线或结晶裂纹；粗晶区。

（2）工艺因素。

1）线能量。线能量越大，接头残余应力越大，液化裂纹倾向越严重；线能量越大，HAZ 过热区过热越严重、过热区越大，则晶粒长大越厉害，最后晶界被液化的低熔共晶更多且晶界总面积更小，造成单位面积上的低熔共晶增加，在应力作用下液化裂纹倾向越严重。

2）焊缝形状。当焊接规范不合理时，焊缝出现指状熔深或倒草帽形熔深（如图 4-19 所示），则在凹陷处过热，此处晶粒粗大，最后晶界被液化的低熔共晶更多且晶界总面积更小，造成单位面积上的低熔共晶增加，在应力作用下液化裂纹倾向越严重。

图 4-19　熔合线凹陷处液化裂纹示意图

d　防止措施

（1）控制母材及焊接材料中 S、P 等杂质含量。母材中 S、P 等杂质含量高是造成热影响区液化裂纹的根本原因和主要原因，而焊缝中前面焊道处于后续焊道热影响区而产生的液化裂纹则主要是由于焊接材料中 S、P 等杂质含量高引起。因此，控制母材及焊接材

料中 S、P 等杂质含量是防止液化裂纹的主要措施。

焊接前采用 S、P 等杂质含量低的材料，焊接过程中发现材料中 S、P 等杂质含量较高而不能采用工艺措施防止的时候，需采用 S、P 等杂质含量低的材料代替。

（2）焊接工艺。采用线能量集中的焊接方法，如氩弧焊或熔化极气体保护焊，减小过热区宽度和过热程度；线能量集中的焊接方法焊后接头残余应力也更小，对防止裂纹有利；采用小线能量，避免近缝区晶粒粗化；采用合理的焊接工艺规范，避免出现指状熔深或倒草帽形熔深。其他工艺措施如预热、焊缝坡口、后热和焊后热处理等对防止液化裂纹基本无作用。焊接材料对防止母材热影响区液化裂纹无作用，但采用熔敷金属 S、P 低的焊接材料对防止焊缝中的液化裂纹是有帮助的。

C 多边化裂纹

a 形成机理

焊缝金属中存在很多高密度的位错，在高温和应力的共同作用下，位错极易运动，在不同平面上运动的刃型位错遇到障碍时可能发生攀移，由原来的水平组合变成后来的垂直组合，即形成"位错壁"，就是多边化现象。由于多边化现象造成焊缝金属在高温下表现出塑性较差，易在应力下发生开裂，所以多边化裂纹也称为高温低塑性裂纹。

b 发生的位置和特征

多边化裂纹主要发生在焊缝中，常见于单相奥氏钢或纯金属的焊缝金属，以任意方向贯穿树枝状结晶；常常伴随有再结晶晶粒出现在裂纹附近，多边化裂纹总是迟于再结晶；裂纹多发生在重复受热金属中（多层焊）及热影响区，并不靠近熔合区；断口呈现出高温低塑性断裂。

c 影响因素

多边化裂纹形成过程中多边化进程与激活能（主要取决于合金元素）、温度、接头应力有关。合金元素含量少、晶粒粗大、温度高和接头应力大，均可以加快多边化进程，产生多边化裂纹倾向越严重。

（1）合金元素。当焊缝金属中含有较多合金元素（如 Mo、W、Ti、Ta）时，可有效阻止多边化过程；另高温 δ 相的存在，也能增大抗多边化的能力。

（2）应力状态的影响。焊接接头残余应力越大，多边化过程越快，多边化裂纹倾向越严重。

（3）温度的影响。焊缝金属温度越高，则多边化过程越短，多边化裂纹倾向越严重。

d 防止措施

对于单相奥氏体钢或纯金属焊接，一般不能向焊缝金属过渡合金元素，应主要从工艺措施入手：用合理的焊接工艺规范、坡口设计和焊接顺序等，减小焊接接头应力；采用小线能量、低的预热温度或不预热、控制道间温度防止焊缝金属过热。对于其他材料，在保证焊缝金属性能（包括抗腐蚀、抗氧化、高温性能和常温塑韧性等）等前提下，可以通过填充材料向焊缝金属过渡少量的 Mo、W、Ti、Ta 等合金元素。

总之，凡是能减小接头应力、防止焊缝金属过热、增加多边化的激活能的措施均有利于延缓多边化进程，对防止多边化裂纹有作用。

4.4.1.3 再热裂纹

A 再热裂纹的特征

（1）再热裂纹产生部位。起裂于近缝区的粗晶区，止裂于细晶区，沿晶间开裂，裂纹大部分晶间断裂，沿熔合线方向在奥氏体粗晶粒边界发展，见图4-20。

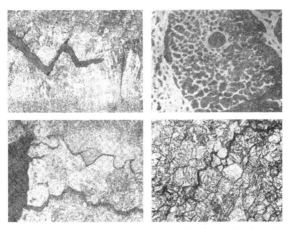

图4-20 再热裂纹产生的位置和断裂形式（沿晶开裂）

（2）有大量的内应力存在，以及应力集中。在大拘束度的厚件或应力集中部位易产生再热裂纹。应力集中系数越大，产生再热裂纹所需要的临界应力 σ_{cr} 越小，如图4-21所示。

（3）敏感的温度范围。沉淀强化钢一般在 500~700℃，低于500℃或高于700℃，再加热不易出现再热裂纹；奥氏体不锈钢和一些高温合金约在 700~900℃。

（4）含有沉淀强化元素的金属材料才具有产生再热裂纹的敏感性。碳素钢和固溶强化的金属材料，一般不产生再热裂纹。

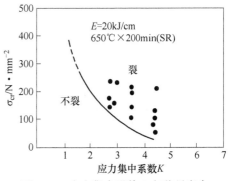

图4-21 应力集中系数 K 与临界应力 σ_{cr} 的关系（0.5Mo钢）

B 再热裂的形成机理

a 晶界杂质析集弱化作用

（1）晶界析集 P、S、Sb、Sn、As。

（2）硼化物沿晶析集。

如果产生再热裂纹的临界塑性变形量为 e_c，e_c 越小，再热裂纹的敏感性越大。当 P、S、Sb、Sn、As 等杂质析集在晶界处时，晶界塑性和强度均会下降，即 e_c 减小。杂质元素对临界塑性变形量的影响如图4-22、图4-23所示，从图可以看出，随着杂质元素含量增加，e_c 和临界 COD 值都是下降的，说明材料抗裂性减弱，再热裂纹的敏感性增加。

b 晶内二次沉淀强化理论

（1）具有沉淀强化的元素（如 Cr、Mo、V、Ti、Nb、W 等元素）。

（2）在一次焊接热循环作用下因受热而固溶（高于1100℃）。

（3）焊后冷却速度快，合金元素以过饱和形式溶入铁素体、珠光体等组织中，一般出现在位错、空位、缺陷等处。

（4）焊后再次加热时（500~700℃），由晶内析出这些碳、氮化合物及沉淀相，从而晶内强化，此时应力松弛产生变形就集中于晶界，当晶界塑性不足时，就会产生再热裂纹。

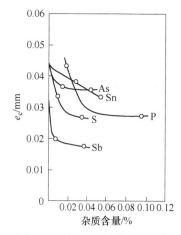

图4-22　杂质元素对e_c的影响

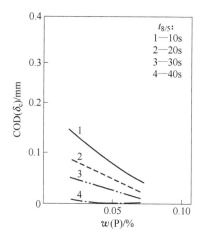

图4-23　P对临界COD值的影响（HT80 600℃）

为定量评价某些低合金钢再热裂纹倾向，经大量试验，建立了以下几个经验公式：

$$\Delta G = Cr + 3.3Mo + 8.1V - 2 \qquad 当 \Delta G > 0 时，易裂$$

$$\Delta G_1 = Cr + 3.3Mo + 8.1V + 10C - 2 \qquad 当 \Delta G_1 > 2 时，易裂；$$

$$\Delta G_1 < 1.5 时，不易裂$$

$$P_{SR} = Cr+Cu+2Mo+5Ti+7Nb+10V-2 \qquad 当 P_{SR} > 0 时，易裂$$

c　高温蠕变理论

（1）蠕变开裂的基本特征：

1）材料内的应力小于材料的屈服应力；

2）与温度T有关的蠕变速度；

3）温度升高持久强度下降；

4）高温下，晶界强度低于晶内强度。

（2）楔形开裂，如图4-24所示。

（3）空位聚集而产生的"空位开裂"，如图4-25所示。

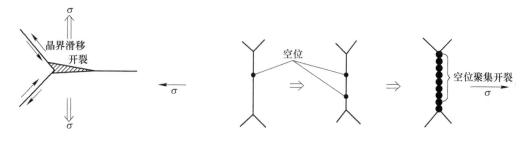

图4-24　楔形开裂模型　　　　　　　　　　图4-25　空位聚集开裂模型

再热裂纹开裂的条件均是在再热（焊后热处理或高温服役环境）过程中，由于应力释放而产生塑性变形，当塑性变形量超过晶界临界变形时，就会形成再热裂纹。晶界杂质析集弱化主要是因为杂质析集在晶界，使晶界临界变形率降低（但晶内性能并没有发生变化），则由于应力释放产生的塑性变形超过晶界临界变形可能性增大，再热裂纹倾向增加；而晶内二次沉淀强化阐述了晶内沉淀强化元素的碳化物、氮化物在再热过程中从晶内二次析出，提高了晶内强度，由于应力释放产生塑性变形更多的由晶界承担（晶界性能包括塑性并没有减弱，但强度相对晶内弱化），则塑性变形超过晶界临界变形可能性增大，再热裂纹倾向增加；楔形开裂则主要是指垂直于受力方向的晶界，在应力、温度、时间三者作用下沿另一个晶粒的晶界发生滑移（蠕变），从而在晶界出现原子间断裂，即再热裂纹；而空位聚集开裂则指空位在力和温度作用下，向晶界聚集，最后割裂了晶界的联系，使两个晶粒发生断开现象，即裂纹。

C　影响因素

a　化学成分

Cr、Mo、V、Ti、Nb、W 等沉淀强化元素，P、S、Sb、Sn、As 等杂质元素均对再热裂纹倾向有较大影响。P、S、Sb、Sn、As 等杂质元素含量增加，再热裂纹倾向增大；Cr、Mo、V、Ti、Nb、W 等沉淀强化元素影响则复杂一些，含量在一定范围内才会增大再热裂纹倾向，如图 4-26、图 4-27 所示。

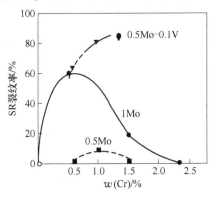

图 4-26　钢中 Cr、Mo 对再热裂纹的影响
（620℃，2h）

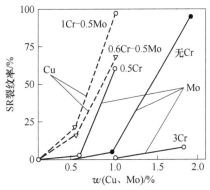

图 4-27　钢中 Mo、Cu 对再热裂纹的影响
（620℃，2h，炉冷）

b　晶粒度对再热裂纹的影响

晶粒度越大，组织的强度和塑韧性均越小，晶界临界变形 e_c 同样也越小，则再热过程中应力释放造成的变形超过 e_c 的可能性就越大，也就越容易产生再热裂纹。

c　其他缺陷的影响

焊趾处存在咬边、根部存在未焊透等会引起应力集中的缺陷，会促进产生再热裂纹。

d　接头应力

再热裂纹是焊接接头在高温使用环境或焊后消除应力处理过程中，由于应力释放而产生的变形超过了过热粗晶区晶界的临界变形而引起的。因此，焊后接头中应力水平对接头再热裂纹倾向影响非常大。

D　控制措施

针对具体的材料和结构，母材中合金元素成分已定，结构带来的拘束情况也无法改变，为防止延迟裂纹和应力腐蚀裂纹，焊后需要进行消除应力处理也必须执行。此时，为防止热影响区出现再热裂纹，主要从焊接工艺（目的主要是防止过热区过热造成晶粒粗大和降低接头应力）和焊后消除焊趾咬边、根部未焊透等缺陷入手。

a 焊接方法

采用线能量集中的焊接方法（如 MAG/MIG、TIG 焊），减小接头焊接残余应力、热影响区过热区晶粒粗大范围和程度，均有利于防止再热裂纹。

b 线能量

线能量过大，则接头残余应力更大，再热过程中应力释放造成的变形量就更大，裂纹倾向增加；线能量过大，热影响区粗晶区范围和粗大程度更大，晶粒塑性下降，应力释放产生变形超过晶界允许的临界变形可能性增加，再热裂纹倾向增加。因此，为防止再热裂纹，应采用小线能量。

c 预热及后热

如前所述，为防止再热裂纹需采用小线能量。但再热裂纹倾向严重的钢含有沉淀强化元素，则碳当量较大，线能量降低冷却速度增大，热影响区淬硬程度增大，不利于防止冷裂纹，也不利于防止再热裂纹。因此，工艺措施上在降低线能量的同时采取焊前预热，预热温度 200~450℃。预热温度过高会造成过热区晶粒粗大，会促进裂纹产生，所以还应配合焊后后热措施。某些压力容器用钢防止再热裂纹的预热温度见表 4-8。

表 4-8 某些压力容器用钢防止再热裂纹的预热温度

试验钢种	板厚/mm	防止冷裂纹的 预热温度/℃	防止 SR 裂纹的 预热温度/℃	防止 SR 裂纹的 后热参数
14MnMoNbB	50	200	300	270℃、5h
14MnMoNbB	28	180	300	250℃、2h
18MnMoNb	32	180	220	180℃、2h
18MnMoNbNi	50	180	220	180℃、2h
2.25Cr-1Mo	50	180	220	—

d 低强焊缝应用

采用低匹配、高塑韧性焊条，通过焊缝塑性变形降低接头残余应力，有利于降低再热裂纹产生倾向。如某厂在焊接电站锅炉汽包下降管角焊缝时，由于焊趾处有应力集中，位置是过热区，所以角焊缝焊趾处是产生再热裂纹可能性最大的地方。通过采用 J427 焊条代替 J607Ni 焊条焊接表面 1~2 层，其目的是通过表面 J27 焊条焊缝金属较好的塑性，在应力作用下产生塑性变形以减小焊趾处应力水平，从而达到防止焊趾位置产生再热裂纹的目的。

e 降低残余应力和避免应力集中

再热裂纹是由于接头在再热过程中应力释放而产生的，再热过程前应力越大，再热裂纹倾向越大。因此，为防止再热裂纹，应尽可能减小接头应力。

结构设计上，避免焊缝集中、减少焊缝数量和角焊缝高度；焊缝布置尽量采用对称形式；焊缝坡口尽可能采用双面坡口、填充量少的坡口、保证根部焊透的坡口形式。

焊接工艺上采用线能量集中的焊接方法、小线能量+预热+后热、合理的焊接顺序

（对称、分段、跳焊、退焊）等降低接头应力；保证根部焊透、焊后打磨焊趾圆滑过渡和避免咬边等缺陷，减小应力集中。

对于结构刚性特别大的厚大结构，可增加中间消除应力处理，以减小每次消除应力处理时应力释放的水平，从而减小每次由于应力释放产生的塑性变形量，达到减小或防止再热裂纹的目的。

4.4.1.4　层状撕裂

A　产生的部位和形状

层状撕裂在外观上具有阶梯状的形式，由基本上平行于轧制方向表面的平台与大体上垂直于平台的剪切壁所组成。扫描电镜观察低倍下断口表面呈典型的木纹状，是每层平台在不同高度分布的结果。层状撕裂主要出现在母材或热影响区，有时在远离焊缝区域出现。

B　产生的结构

层状撕裂产生在厚板结构中，主要产生于十字接头、T形接头和角接头，如图4-28所示。一般对接接头很少出现，但在焊趾和焊根处由于冷裂纹的诱发也会出现层状撕裂。

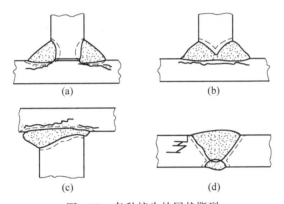

图4-28　各种接头的层状撕裂

（a）T形接头；（b）T形接头（焊透）；（c）角接头；（d）对接接头

C　层状撕裂的种类

（1）焊接热影响区沿焊趾或焊根开裂，由冷裂纹诱发而形成层状撕裂；

（2）热影响区沿夹杂开裂；

（3）远离热影响区母材中沿夹杂开裂，由于母材中MnS片状夹杂较多引起。

D　产生机理

厚板结构焊接时刚性拘束条件下，产生较大的Z向应力和应变，当应变达到或超过材料的形变能力之后，夹杂物与金属基体之间弱结合面发生脱离，形成显微裂纹，裂纹尖端的缺口效应造成应力、应变的集中，迫使裂纹沿自身所处的平面扩展，把同一平面而相邻的一群夹杂物连成一片，形成所谓的"平面"。

与此同时，相邻近的两个平台之间的裂纹尖端处，在应力应变影响下在剪切应力作用下发生剪切断裂，形成"剪切壁"，这些平台和剪切壁在一起，构成层状撕裂所特有的阶梯形状。

E　影响因素

a　非金属夹杂物的种类、数量和分布形态

铝酸盐的分布形态呈球状，而硫化物和硅酸盐都是呈不规则的条状分布。因此，在相同比例情况下铝酸盐的危害较硫化物和硅酸盐都要小。

夹杂物在钢中分布及含量可用两个物理量来确定：夹杂物的体积比，夹杂物的累积长度。

层状撕裂的本质是接头应力作用下产生的形变超过了 Z 向材料的塑性变形能力而开裂，而当钢中夹杂质含量较高时，材料塑性变形能力变弱，层状撕裂的倾向性增加。因此，为防止层状撕裂，应控制钢中夹杂质的种类、含量，保证 Z 向塑性。

b　焊接 Z 向应力

由于厚壁结构在焊接过程中承受不同程度的 Z 向拘束应力，同时还有焊后残余应力及负载，它们是造成层状撕裂的力学条件。当应力超过 Z 向临界拘束应力 $(\sigma_Z)_{cr}$ 时，就会产生层状撕裂。

c　氢的作用

在焊接热影响区附近，由于焊趾咬边或不圆滑过渡造成的应力集中、组织粗大或淬硬带来的脆化、扩散氢等因素导致的冷裂纹，是诱发产生层状撕裂的重要影响因素。因此，降低接头扩散氢含量以及防止热影响区脆化，对于防止由于冷裂纹诱发产生层状撕裂非常有利。

F　控制措施

a　接头设计

（1）应尽量避免单侧焊缝，采用双侧焊缝，如图 4-29（a）所示；

（2）在强度允许的条件下，尽量采用焊接量少的对称角焊缝来代替焊接量大的全焊透角焊缝，如图 4-29（b）所示；

（3）在承受 Z 向应力的一侧开坡口，如图 4-29（c）所示；

（4）对于 T 形接头，可以横板上预先堆焊一层低强的熔敷金属，如图 4-29（d）所示。

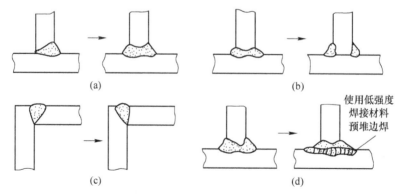

图 4-29　改变接头形式防止层状撕裂

b　材料

选择具有抗层状撕裂的钢材，即 Z 向钢。通过精炼，降低钢中杂质元素含量；加 Ti、

Zr、Ca 或稀土元素等脱硫，改变夹杂物的分布形态使其球化，减弱其危害作用。通过冶金措施，使钢材具有优良的 Z 向延伸率，当 $\psi \geqslant 25\%$ 时可以有效防止层状撕裂。

c 焊接工艺

采用低氢型焊接方法和低氢型焊接材料，降低接头扩散氢含量；焊前预热和焊后后热，可以有效防止出现淬硬组织和降低扩散氢，提高接头韧性；采用小线能量，减少接头应力；对称、分段、跳焊等焊接顺序，有利于降低接头应力；焊后消除应力处理，降低应力、消除扩散氢、改善组织和性能，均有利于防止层状撕裂。层状撕裂的类型、产生原因及防止措施见表 4-9。

表 4-9 层状撕裂的类型、产生原因及防止措施

类　型	产生的原因及因素	防　止　措　施
第一类： 焊根或焊趾处冷裂引起的层状撕裂	(1) 由于冷裂而引起（淬硬、氢及拘束应力）； (2) 轧制成条，片形的 MnS 夹杂； (3) 角弯形引起的弯曲拘束应力或由缺口引起的应力、应变集中； (4) 氢脆	(1) 降低钢材焊接冷裂纹敏感性； (2) 降低钢材含硫量，选用精炼的抗层状撕裂用钢； (3) 防止角变形，改善接头形式及坡口形状，从而防止产生应变集中； (4) 降低焊缝中的含氢量
第二类： 以夹杂物为裂纹源并沿热影响区扩展的层状撕裂	(1) MnS、SiO_2、Al_2O_3 等夹杂物； (2) 存在 Z 向拉伸拘束应力； (3) 氢脆	(1) 降低钢中硫、氧、硅、铝等含量，并在钢中加入稀土元素； (2) 改善钢材的轧制条件和热处理； (3) 缓和外部的 Z 向拘束； (4) 提高焊接金属塑性并降低氢量
第三类： 远离热影响区，在板厚中央部位的层状撕裂	(1) MnS、SiO_2、Al_2O_3 等夹杂物； (2) 弯曲拘束产生的残余应力； (3) 应变时效引起	(1) 选用耐层状撕裂用钢； (2) 轧制钢板端面机加工有仔细装配； (3) 改善接头形式和坡口形状； (4) 预堆焊层

4.4.1.5 应力腐蚀裂纹

金属材料在某些特定介质和拉应力共同作用下所产生的延迟破裂现象称应力腐蚀裂纹（SCC）。

A 开裂机理

a 电化学应力腐蚀开裂机理

(1) 阴极氢脆开裂（hydrogen embrittlement cracking，简称 HEC）；

(2) 阳极溶解腐蚀开裂（active path corrosion，简称 APC）。由图 4-30 可以看出，在应力作用下，阳极发生 M^+ 的溶解，即金属以离子状态溶入介质：

$$M \longrightarrow M^+ + e$$

这便是生成 APC 型的 SCC 过程。与此同时，电子 e 在金属内部直接从阳极流向阴极（即金属表面）。如果金属表面与含有 H^+ 的介质接触时，那么电子 e 与 H^+（质子）便结合成氢原子 H，即：

$$H^+ + e \longrightarrow H$$

这种原子将向金属中扩散，造成脆化，即所谓的 HEC 型 SCC。

　　b　机械破坏应力腐蚀开裂机理

　　焊接构件在应力作用下（包括残余应力、载荷、冷作加工等）将会产生不同程度的塑性变形，当塑性变形大到一定程度，就会产生"滑移台阶"，见图 4-31。当滑移台阶的高度大于氧化膜的厚度时，就会使氧化膜破裂，从而使金属露于表面。在腐蚀介质作用下，金属就会被快速溶解，从而发生应力腐蚀裂纹（SCC）。显然，这种腐蚀开裂是以 APC 为主，并且与滑移台阶的大小有关，粗晶区的滑移，可出现大的台阶，使保护膜易于破裂。

　　焊接接头由于各个部位的组织和晶粒大小不同，故对 SCC 的敏感性不同，其中热影响区的粗晶部位对 SCC 最为敏感。

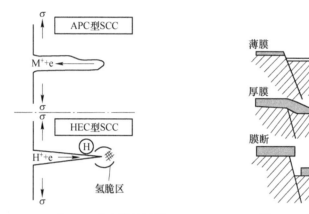

图 4-30　APC 和 HEC 应力腐蚀过程　　　　　图 4-31　塑性变形引起的滑移台阶

　　B　影响因素

　　引起应力腐蚀裂纹的三大因素是：材料，腐蚀介质，拉伸应力。一般情况下，腐蚀介质首先是确定的，因此，材料和拉伸应力就是影响应力腐蚀裂纹的主要原因。

　　a　结构设计

　　（1）合理选择母材。选材必须有足够的实验数据，不能只看材料牌号，不能单纯考虑强度级别，因同一强度等级，合金系统不同，抗应力腐蚀开裂的区别很大。

　　（2）避免高应力区。避免形状突变的结构，避免焊缝密集和交叉，减小应力。

　　b　工艺措施

　　（1）组装。强制组装会对接头施加附加的剪切应力，从而促进应力腐蚀裂纹的产生，因此，必须严格控制组装质量。施工时应保证下料的精度，当存在错边时应采用整形的办法，不能采用千斤顶、葫芦、拉筋等强制组装。

　　（2）焊接材料的选择。了解产品结构的工作条件，熟悉介质的腐蚀特性及合金元素的特性，确定焊缝成分从而确定焊接材料。因此必须根据具体腐蚀介质，调整焊缝的合金系统，以便提高耐应力腐蚀开裂的能力。

　　一般而言，根据腐蚀介质的不同，焊缝的化学成分和组织尽可能与母材一致。表 4-10 是母材为 00Cr18Ni5Mo3Si2 超低碳双相不锈钢，采用三种不同焊条焊成的焊缝，抗 SCC 性能的比较[13]。

由表 4-10 的试验结果分析，与母材成分相当的 3RS61 和 P5 焊条（含 Mo）具有较好的抗 SCC 性能，而不含 Mo 的 A302（E309-16）焊条抗 SCC 较差。

表 4-10　三种焊条的 SCC 敏感性（NaCl（25%）-K$_2$Cr$_3$O$_7$（1%）中试验）

焊　条	熔敷金属成分/%				SCC 情况
	C	Cr	Ni	Mo	
3RS61	0.033	21.21	10.09	2.77	200h 无裂
P5	0.035	22.23	14.70	1.90	200h 无裂
E309-16（A302）	0.050	22.70	10.90	—	77h 熔合线开裂

　　c　焊接线能量

焊接线能量选择的基本点是不产生淬硬组织（或淬硬程度低）、不发生晶粒严重粗化现象。接头硬度增高，SCC 倾向增大（见图 4-32）。粗晶区的应力腐蚀裂纹的扩展敏感性最大，主要是由于晶粒粗大，以致裂纹尖端集中的位错数量增大，并可形成大的滑移阶梯，从而利于应力腐蚀裂纹的形成和扩展。

对于奥氏体不锈钢主要是防止晶粒长大；而对于低合金钢主要是防止淬硬。

　　d　焊后消除应力处理

焊后消除应力处理可以降低焊接接头残余应力和改善焊接接头组织，它不仅可以降低冷裂纹倾向，且可以防止 SCC，因此，一些重要的焊接结构（包括在腐蚀介质下工作的）都要进行消除应力处理。

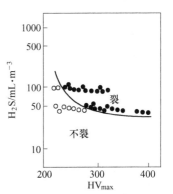

图 4-32　H$_2$S 浓度与高强钢 HAZ 最高硬度对 SCC 的影响

例题 4-2：氢化脱硫装置的硫化物应力腐蚀开裂试验，钢板弯曲成形加工后的热处理温度和裂纹情况见表 4-11。

表 4-11　热处理时间与应力腐蚀裂纹关系

材　料	350℃	400℃	450℃	500℃	550℃	650℃	850℃
1Cr18Ni8	裂	裂	裂	裂	裂	不裂	不裂
1Cr18Ni9Ti	裂	裂	不裂	不裂	不裂	不裂	不裂

由表 4-11 可见，焊后消除应力处理对防止 1Cr18Ni8 和 1Cr18Ni9Ti 接头出现应力腐蚀裂纹是有作用的。

消除应力的程度，主要决定于材质的成分、组织、加热温度和保温时间等。低碳钢及部分低合金钢焊接构件的加热温度和保温时间与消除应力效果如图 4-33 所示。由图可以看出，加热 650℃、保温 20~40h 基本上可以消除全部应力。

消除应力的程度可用下式估算：

$$P = T(\lg t + 20) \times 10^{-3}$$

式中　P——消除应力效果参数；

T——热力学温度，K；

t——保温时间，h。

消除应力效果参数 P 越大，残余应力消除的程度也越大。一般当 $P = 20$ 时，几乎可以消除全部残余应力。

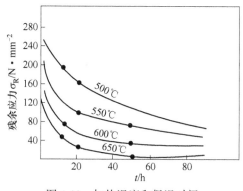

图 4-33 加热温度和保温时间与消除应力的关系

4.4.2 气孔和夹杂产生的原因和防止措施

4.4.2.1 气孔

气孔是指焊接时，熔池中的气体未在金属凝固前逸出，残存于焊缝之中所形成的空穴。其气体可能是熔池从外界吸收的，也可能是焊接冶金过程中反应生成的。

A 气孔的危害

气孔减少了焊缝的有效截面积，使焊缝疏松，从而降低了接头的强度，降低塑性，还会引起泄漏。气孔也是引起应力集中的因素，氢气孔还可能促成冷裂纹。

B 气孔的形成机理

常温固态金属中气体的溶解度只有高温液态金属中气体溶解度的几十分之一至几百分之一，熔池金属在凝固过程中有大量的气体要从金属中逸出来，当焊缝结晶时，气体没有完全逸出残存在焊缝中时就形成气孔。电站锅炉膜式水冷壁角焊缝 MAG 焊时由于保护不良表面形成的蜂窝状气孔，如图 4-34 所示。

常见的气孔按形成原因主要有析出类气孔和反应类气孔。析出类气孔主要有氢气孔和氮气孔，氢气孔主要来自于含氢物质，如有机物、水分等的分解产生，而氮气孔主要来自于空气。氢气和氮气在电弧气氛中通过熔池表面进入熔池，熔池结晶过程中由于液固两相的溶解度差异而产生过饱和，当气孔体来不及逸出熔池就会形成气孔。而反应类气孔主要是一氧化碳气孔，它是由于熔池金属中的氧和碳发生反应（$C+O \rightarrow CO$）生成，也是熔池结晶过程中由于液固两相的溶解度差异而产生过饱和，当气孔体来不及逸出熔池就会形成气孔。

对于析出类气孔，当熔池溶入气体量大而逸出量少时会增加气孔产生的可能性；当气泡逸出速度低于熔池结晶速度时气孔可能性增加；当气泡逸出熔池表面的时间长于熔池结晶时间时气孔产生的可能性增加。因此，减少熔池气体的溶解量、增大气体的逸出量则可以降低气孔产生的可能性。

对于反应类气孔，主要是要降低焊缝中含氧量。当焊缝中含氧量较高时，易在焊缝中形成一氧化碳气孔；但当焊缝中含氧量过低时，易在焊缝中形成氢气孔。

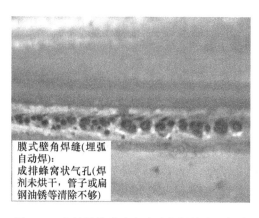

膜式壁角焊缝(埋弧自动焊)：成排蜂窝状气孔(焊剂未烘干，管子或扁钢油锈等清除不够)

图 4-34 电站锅炉膜式水冷壁角焊缝表面气孔

C　产生气孔的主要原因

a　氢气孔

母材或填充金属表面有锈、油污等，焊条及焊剂未烘干，焊材保管不严，空气湿度高等都会增加气孔倾向。因为锈、油污及焊条药皮、焊剂中的水分在高温下分解为氢气，增加了熔池中氢气的含量；当焊接线能量过小、材料导热率大、环境温度低而未预热时熔池冷却速度快，不利于气体逸出；熔池铁水密度小、熔渣或铁水黏度过大，气体逸出速度慢及困难，也会增加气孔的倾向。

b　氮气孔

氮气主要来源于空气，因此，氮气孔产生主要原因是保护效果不好，使熔池溶入了大量的氮气；当焊接线能量过小、材料导热率大、环境温度低而未预热时熔池冷却速度快，不利于气体逸出；熔池铁水密度小、熔渣或铁水黏度过大，气体逸出速度慢及困难，也会增加气孔的倾向。

c　CO 气孔

熔渣中含氧量过高、气体保护焊采用活性气体（CO_2、O_2）等造成焊缝金属含氧量的增高，焊缝金属中脱氧元素（Mn、Si、Al、Ti、Zr、Re 等）含量不足会造成熔池 CO 气体含量增高，增大气孔倾向。当焊接线能量过小、材料导热率大、环境温度低而未预热时熔池冷却速度快，气体逸出困难；熔池铁水密度小、熔渣或铁水黏度过大，气体逸出速度慢及困难；参数不合理，熔深太深造成气体逸出行程增加，熔池结晶前气体来不及逸出，均会增加气孔的倾向。

D　防止气孔的措施

（1）清除焊丝、工件坡口及其附近表面的油污、铁锈、水分和杂物；

（2）采用碱性焊条、焊剂，焊前彻底烘干，控制焊接材料烘干后暴露在空气中的时间；

（3）采用直流反接并用短弧施焊；

（4）焊前采用合理的温度预热，减缓冷却速度；

（5）用偏强的规范施焊；

（6）采用合理的焊接规范，避免出现指状或杯状熔深；

（7）采用气体保护焊时，保证保护气体纯度（杂质必须控制在标准之内）、控制干伸长不要太长、保护气体流量要合适（应与喷嘴直径、焊接速度、焊接规范匹配）；

（8）对于热导率高的材料，应适当增大电流，密度轻的材料，则需保证熔深更浅；

（9）操作中采用摆弧焊，增加对熔池的搅拌，有利于气体的逸出；

（10）在风速过大、雨雪天气情况下应采取措施，否则不准施焊。

例题 4-3：CO_2 气体保护焊过程中，容易产生哪些气孔，产生原因是什么？

答：CO_2 电弧焊时，由于熔池表面没有熔渣盖覆，CO_2 气流又有较强的冷却作用，因而熔池金属凝固比较快，其中气体来不及逸出时，就容易在焊缝中产生气孔。

可能产生的气孔主要有 3 种：一氧化碳气孔，氢气孔和氮气孔。

（1）一氧化碳气孔。产生 CO 气孔的原因主要是熔池中的 FeO 和 C 发生如下的还原反应：FeO+C ═Fe+CO，该反应在熔池处于结晶温度时，进行得比较剧烈，由于这时熔池已开始凝固，CO 气体不易逸出，于是在焊缝中形成 CO 气孔。

如果焊丝中含有足够的脱氧元素 Si 和 Mn，以及限制焊丝中的含碳量，就可以抑制上述的还原反应，有效地防止 CO 气孔的产生。所以 CO_2 电弧焊中，只要焊丝选择适当，产生 CO 气孔的可能性是很小的。

（2）氢气孔。如果熔池在高温时溶入了大量氢气，在结晶过程中又不能充分排出，则留在焊缝金属中形成气孔。

电弧区的氢主要来自焊丝、工件表面的油污及铁锈，以及 CO_2 气体中所含的水分。油污为碳氢化合物，铁锈中含有结晶水，它们在电弧高温下都能分解出氢气。减少熔池中氢的溶解量，不仅可防止氢气孔，而且可提高焊缝金属的塑性。所以，一方面焊前要适当清除工件和焊丝表面的油污及铁锈，另一方面应尽可能使用含水分低的 CO_2 气体。CO_2 气体中的水分及醇、醛类杂质常常是引起氢气孔的主要原因。

另外，氢是以离子形态溶解于熔池的。直流反极性时，熔池为负极，它发射大量电子，使熔池表面的氢离子又复合为原子，因而减少了进入熔池的氢离子的数量。所以直流反极性时，焊缝中含氢量为正极性时的 $1/3 \sim 1/5$，产生氢气孔的倾向也比正极性时小。

（3）氮气孔。氮气的来源：一是空气侵入焊接区；二是 CO_2 气体不纯。试验表明：在短路过渡时 CO_2 气体中加入 $\phi(N_2) = 3\%$ 的氮气、射流过渡时 CO_2 气体中加入 $\phi(N_2) = 4\%$ 的氮气，仍不会产生氮气孔。而正常气体中含氮气很少，$\phi(N_2) \leqslant 1\%$。由上述可推断，由于 CO_2 气体不纯引起氮气孔的可能性不大，焊缝中产生氮气孔的主要原因是保护气层遭到破坏，大量空气侵入焊接区。

造成保护气层失效的因素有：过小的 CO_2 气体流量，喷嘴被飞溅物部分堵塞，喷嘴与工件的距离过大，以及焊接场地有侧向风等。

因此，适当增加 CO_2 保护气体流量，保证气路畅通和气层的稳定、可靠，是防止焊缝中氮气孔的关键。

另外，工艺因素对气孔的产生也有影响。电弧电压越高，空气侵入的可能性越大，就越可能产生气孔。焊接速度主要影响熔池的结晶速度，焊接速度慢，熔池结晶也慢，气体容易逸出；焊接速度快，熔池结晶快，则气体不易排出，易产生气孔。

4.4.2.2 夹杂

A 夹杂的种类

a 非金属夹杂

非金属夹杂主要成分有硫化物、铝酸盐和硅酸盐夹杂三种。焊缝金属非金属夹杂主要是由于熔渣来不及上浮到表面而残留在焊缝中，所以一般称为夹渣。夹渣在焊缝中的示意图如图 4-35 所示，而在射线探伤 RT 底片上夹渣如图 4-36 所示。

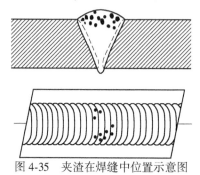

图 4-35 夹渣在焊缝中位置示意图

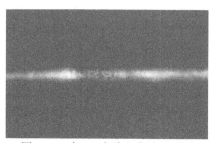

图 4-36 在 RT 底片上夹渣显示图

　　b　金属夹杂

金属夹杂主要有夹铜和夹钨。对于钨极氩弧焊，当钨极端部太尖锐、非接触引弧、电流太大时易出现夹钨。

　　B　夹杂的危害

点状夹渣的危害与气孔相似，但比气孔危害性更强。因为夹渣形状更复杂，一般会产生尖端应力集中，会在尖端发展为裂纹源。

　　C　形成原因、影响因素和防止措施

　　(1) 坡口尺寸不合理。如坡口角度过小，在同等规范情况下，焊缝厚度增大，则渣上浮行程增加，在逸出过程中熔池完全凝固的可能性增大，夹渣的可能性增加。

　　(2) 坡口有污物、铁锈。坡口附近有锈、油污、气割后的熔渣或氧化皮，在电弧作用下会分解造成熔池中渣的含量增加，增大夹渣的可能性。

　　(3) 多层焊时层间清渣不彻底。未清理干净的渣若下道焊缝焊接时未在电弧作用下熔化，则被下道焊道金属掩埋形成夹渣；即使被电弧熔化，也增大了下道焊缝熔池中渣的含量，夹渣的可能性增加；钨极惰性气体保护焊时，电源极性不当、电流密度大，钨极熔化脱落于熔池中，形成夹钨。

　　(4) 焊接线能量小。焊接线能小则熔池结晶速度快，在焊缝完成凝固后渣还未来得及完全浮出焊缝表面则形成夹渣。

　　(5) 焊缝散热太快、液态金属凝固过快。线能量小、环境温度低未预热、材料热导率高等会造成接头冷却速度快，熔池结晶速度快，造成熔渣在焊缝凝固时还未浮出焊缝表面而留在焊缝中形成夹渣。

　　(6) 焊条药皮、焊剂化学成分不合理。药皮和焊剂成分不好会使熔渣熔点过高、比重太重、表面张力过小无法聚集成团等造成渣与铁水不易分离和上浮，易形成夹渣。

　　(7) TIG焊极性不合理和引弧不正确。TIG焊应采用直流正接，焊铝时可采用交流方波，若采用直流反接则夹钨倾向会大大增加；TIG焊引弧应采用非接触式引弧，避免接触式引弧。

　　(8) 手工焊时，焊条摆动不良，不利于熔渣上浮。

防止夹杂的措施可以根据以上原因分别采取对应措施进行。

4.4.3　未熔合和未焊透

4.4.3.1　未熔合

未熔合是指熔焊时，固体金属与填充金属之间（焊道与母材之间）或者填充金属之间（多道焊时的焊道之间或焊层之间）局部未完全熔化结合，或者在点焊（电阻焊）时母材与母材之间未完全熔合在一起，有时也常伴有夹渣存在。

产生原因：规范过小造成热量不足，母材未能熔化；摆动焊时，摆动宽度不足，电弧未到达两侧造成母材未能熔化。

防治措施：适当加大电流，摆动电弧使电弧达到母材。

4.4.3.2　未焊透

　　A　未焊透的危害

未焊透指焊接时接头根部未完全熔透的现象，对对接焊缝也指焊缝深度未达到设计要求的现象。

母体金属接头处中间（X 坡口）或根部（V、U 坡口）的钝边未完全熔合在一起而留下的局部未熔合，未焊透降低了焊接接头的机械强度，在未焊透的缺口和端部会形成应力集中点，在焊接件承受载荷时容易导致开裂。未焊透在焊缝中的示意图如图 4-37 所示，而在射线探伤 RT 底片上未焊透显示如图 4-38 所示。

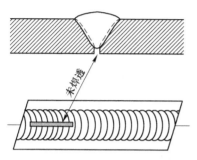

图 4-37　未焊透在焊缝中位置示意图

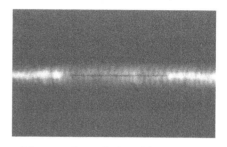

图 4-38　在 RT 底片上未焊透显示图

B　产生原因

a　焊接线能量

焊接线能量过小，特别是电流小、焊接速度快，造成根部未完全熔化而形成未焊透。

b　焊缝坡口

坡口角度小造成电弧达不到根部，钝边大和间隙小则造成热量不能完全将根部熔透从而形成未焊透。

c　焊接操作

双面焊焊的时候未清根或清根未将正面焊缝金属露出，则增加了未焊透的倾向；操作时电弧或焊丝未能对准坡口间隙，减小了熔深，增加了未焊透的倾向。

C　控制措施

控制未焊透的措施有：加大焊接电流，减小焊接速度；减小钝边和加大间隙、坡口角度，需保证电弧达到根部；反面清根时应将未焊透部分全部清除；焊接时应对准坡口间隙。

4.4.4　形状缺陷

4.4.4.1　咬边

咬边是由于焊接参数选择不当，或操作方法不正确，沿焊趾的母材部位产生的沟槽或凹陷。它是由于电弧将焊缝边缘的母材熔化后没有得到熔敷金属的充分补充所留下的缺口。咬边在焊缝中的示意图如图 4-39 所示，而在射线探伤 RT 底片上咬边显示如图 4-40 所示。

A　产生原因

咬边是电弧热量太高，即电流太大，运条速度太小所造成的。焊条与工件间角度不正确，摆动不合理，电弧过长，焊接次序不合理等都会造成咬边。直流焊时电弧的磁偏吹也是产生咬边的一个原因。某些焊接位置（立、横、仰）会加剧咬边。

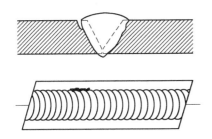

图 4-39 咬边在焊缝中位置示意图

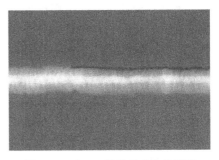

图 4-40 在 RT 底片上咬边显示图

B 咬边的危害

咬边减小了母材的有效截面积，降低结构的承载能力，同时还会造成应力集中，容易发展为裂纹源。咬边本是形状缺陷的一种，且主要在外表面出现，所以它的危害在很多时候被忽视。实际情况下它的危害非常严重，特别是构件承受循环载荷的时候，容易在咬边处发展成为疲劳裂纹。

C 防治措施

矫正操作姿势、选用合理的规范、采用良好的运条方式都会有利于消除咬边。焊角焊缝时，用交流焊代替直流焊也能有效地防止咬边。当咬边深度不深（一般情况下 $h \leqslant 0.5\text{mm}$）时，可用砂轮打磨圆滑过渡即可；但当咬边深度较深（咬边深度 $>0.5\text{mm}$）时，应先补焊再打磨圆滑过渡。

4.4.4.2 缩沟

对接接头根部焊缝金属因填充不足发生收缩而低于母材表面的现象，类似一条沟，所以称为缩沟。

A 产生原因

a 不填丝焊

坡口焊对接时不填丝进行焊接，或第一层不填丝焊接，此时由于熔池体积小、重力小，在表面张力作用下凝固时发生向内收缩，形成低于母材表面的沟。

b 规范不合理

规范过小，电弧吹边不足，无法将熔化的铁水突出根部母材表面，凝固后形成缩沟。

c 背面无保护或保护不好

小口径管 TIG+MIG 焊时，TIG 不填丝，当背面没有保护气体或保护不良好时，容易出现缩沟；另外小口径管 TIG 焊填丝焊，若背面保护气体流量太大，压力太高（特别是在打底层最后一段焊缝焊接时）也易形成缩沟。

B 防治措施

采用填丝焊，调整规范，背面采用气体保护或改善保护条件。

4.4.4.3 余高

焊缝金属高于母材连线的最大高度称为余高。余高过高在焊趾处应力集中程度越大，越易在焊趾处产生裂纹，特别是在循环载荷的情况下影响更严重。

产生原因：主要是由于工人操作不当和选用的焊接电流过大、速度太慢。

防治措施：根据坡口情况选择合适的焊接电流、电压、焊接速度和摆动；焊后若余高超过允许高度，应采用砂轮将其磨平或符合标准规定。

4.4.4.4　凸度或凹度过大

A　危害

角焊缝焊趾连线与焊缝表面最大距离，大于零是凸度，小于零是凹度。凸度会在焊趾处形成更大的应当力集中，易产生裂纹；凹度则会降低焊缝厚度，从而减小受力截面积，降低接头承受载荷的能力。

B　产生原因

（1）焊接线能量。单道焊时，凸度超高主要与电流大小和焊接速度有关，电流大和焊接速度慢凸度会增加。

（2）焊接方法。CO_2 气体保护焊焊缝成形的凸度就比埋弧焊、焊条电弧焊高；保护气体氧化性强（CO_2、O_2 含量高）的凸度小于纯惰性气体保护。

（3）药皮类型。焊条电弧焊中，碱性焊条焊缝凸度也较酸性更高；药皮中萤石含量和二氧化硅等稀渣含量高时，有利于减小凸度。

（4）焊工操作。多层焊或多道焊时，凸度和凹度主要由于焊工操作过程中分道掌握不好造成。

（5）焊接位置。平角、横焊和仰焊等位置，由于铁水在重力作用下会使焊缝凸度增加；水平位置即船形焊则有利于防止凸度过大。

（6）一般情况下单道焊时凹度不容易超过标准要求。

C　防治措施

调整电流或焊接速度，使两者达到一种平衡保证焊缝成形优良；采用埋弧焊或焊条电弧焊，尽可能采用酸性焊条；提高焊工技能，多层焊时分道合理；最好采用水平位置焊接。

4.4.4.5　下塌

单面焊时由于输入热量过大，熔化金属过多而使液态金属向焊缝背面塌落，成形后焊缝背面突起，正面下塌。

产生原因：焊接规范过大，焊接速度过慢，坡口间隙过大，坡口钝边过小。

解决措施：调整焊接规范，特别是要减少焊接电流；采用适当的焊接速度，与焊接电流相匹配；提高装配和坡口加工质量，保证合适的坡口间隙和钝边。

4.4.4.6　焊瘤

焊缝中的液态金属流到加热不足未熔化的母材上或从焊缝根部溢出，冷却后形成的未与母材熔合的金属瘤即为焊瘤。

产生原因：焊接规范过强、焊条熔化过快、焊条质量欠佳（如偏芯）、焊接电源特性不稳定及操作姿势不当等都容易带来焊瘤。在横、立、仰位置更易形成焊瘤。

焊瘤常伴有未熔合、夹渣缺陷，易导致裂纹。同时，焊瘤改变了焊缝的实际尺寸，会带来应力集中。输送流体的管道内部焊瘤减小了它的内径，增加了对流体的阻力，可能造成堵塞，这些最终影响了管道的输送能力。对于电站锅炉受热面管子则因管内蒸汽流量不足造成壁温超高，出现胀粗爆管，最后影响锅炉的正常使用。

防治措施：使焊缝处于平焊位置，焊接规范合理，焊缝坡口加工和组装要符合工艺要求，选用无偏芯焊条，焊工技能优良。外部焊瘤可以打磨去除，内部能打磨时也可以打磨，不能打磨时只能返修。

4.4.4.7　成形不良

成形不良指焊缝的外观几何尺寸不符合要求，表面不光滑，焊缝过宽或宽窄不一，焊缝直线度差，焊缝向母材过渡不圆滑等。

产生原因：主要是焊工操作技能差和焊接规范匹配不合理。

解决措施：提高焊工技能和责任心；调整规范；焊后可打磨焊缝表面或焊趾处，使焊缝成形美观、与母材圆滑过渡。

4.4.4.8　错边

错边指两个工件在厚度方向上错开一定位置，它既可视作焊缝表面缺陷，又可视作装配成形缺陷。

产生原因：主要是加工和装配造成。

解决措施：按图 4-41 削薄，削薄比例为 $(L_1、L_2)：(\delta_1-\delta_2) \leqslant 1：3$ 或 $1：4$（有些要求严格的是 $1：4$）；组装采用定位工装辅助，保证装配质量，当因加工误差造成错边时可修磨。

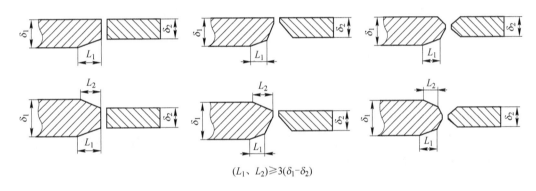

$$(L_1、L_2) \geqslant 3(\delta_1-\delta_2)$$

图 4-41　板厚不等时削薄方式

4.4.4.9　角度偏差

产生原因：装配质量差，没有采用反变形或反变形量控制不好，对于薄板结构没有采用焊接工装或拘束不够等。

防治措施：提高装配质量；焊前采用反变形法，变形量根据结构和焊接规范决定；薄板结构增加定位工装防止焊接过程中的变形；焊后机械校正或火焰校正。

4.4.4.10　烧穿

A　危害

烧穿是指焊接过程中，熔深超过工件厚度，熔化金属自焊缝背面流出，形成穿孔性缺欠。烧穿破坏了结构的密封性，会造成介质的泄漏而带来严重的后果；烧穿会降低受力截面积、引起应力集中等诱发裂纹，最后导致构件的失效。烧穿是锅炉压力容器产品上不允许存在的缺陷，它完全破坏了焊缝的完整性和密封性，使接头丧失其连接及承载能力。

B　产生原因

（1）焊接线能量。焊接电流大、速度慢，会造成烧穿。

（2）焊缝坡口间隙大、钝边小，也容易出现烧穿。

C　防治措施

根据坡口情况选用合理的焊接线能量；坡口间隙过大和钝边过小应在装配时修正；在焊缝背面加设垫板或焊剂垫；使用脉冲电流代替直流电流，保证焊透的同时又防止烧穿。

4.4.4.11　未焊满

未焊满是指由于填充金属不足，在焊缝表面形成的低于母材表面的连续或断续的沟槽。未焊满主要的危害是减少了受力截面积，最后会降低结构的负载能力。

产生原因：填充金属不足是产生未焊满的表现，其根本原因在于焊工责任心而不在于技能。具体原因主要有规范太小、焊条过细、运条不当等。

防止未焊满的措施：加大焊接电流、降低焊接速度，增加单位长度的熔敷金属重量；发现有未焊满缺陷再焊接，直到余高超过母材表面连线为止。

4.4.4.12　凹坑

凹坑指焊后在焊缝表面或焊缝背面形成的低于母材表面的局部低洼部分。

产生原因：凹坑多是由于收弧时焊条（焊丝）未作短时间停留造成的（此时的凹坑称为弧坑）；仰、立、横焊时，由于重力作用常在焊缝背面根部产生内凹。

防止措施：选用有电流衰减功能的焊机；选用合适的焊接规范；尽量选用平焊位置；收弧时让焊条或焊丝在收弧处做短时间停留或环形摆动，填满弧坑。

4.4.5　其他缺陷

4.4.5.1　电弧擦伤

电弧擦伤是由于焊钳或电缆与工件之间生产电弧而使工件表面损伤的现象。它会破坏工件表面，一般会形成一个小的凹坑，且由于时间短、冷却速度快会使母材发生淬硬，最后影响构件的使用。

产生原因：主要由工人操作不当或因接地不良造成工件与地线、焊极间产生电弧而造成。

防治措施：提高工作责任心，不能随意在工件表面引弧，电缆线中间不允许接头等。

4.4.5.2　表面撕裂

产生原因：强制拆除焊接附件或定位件（如将组装时定位门形铁用锤子直接锤击掉时），将母材撕伤。

防治措施：采用机械去除或用氧乙炔、等离子切割去除后，将剩余焊缝打磨光滑。

4.4.5.3　飞溅

飞溅会污染工件表面，影响表面美观和降低抗腐蚀性；飞溅会降低焊接材料的熔敷效率，增加焊接材料成本和清除成本。

A　产生原因

（1）工人操作技能差。由于工人技能差造成参数的不稳定，电弧不稳定会使飞溅增加。

（2）焊条工艺性能差，如碱性焊条飞溅大于酸性焊条。

（3）焊接规范不合理，如熔化极气体保护焊，采用短路过渡就比颗粒过渡和射流过渡的飞溅大；焊条电弧焊时，大电流飞溅就比小电流要大。

（4）保护气体纯度不够，焊条药皮烘干不良，工件表面有杂质等。

B　控制措施

（1）通过培训提高工人操作技能。

（2）尽可能采用工艺性能好的焊接材料（熔敷金属力学性能满足要求的条件下）。

（3）采用小电流、小焊速和短弧操作。熔化极气体保护焊接，薄板需采用短路过渡时可采用脉冲电流，或采用脉冲送丝等先进焊接设备；中厚板焊接时尽量采用射流过渡方式。熔化极气体保护焊中活性气体（CO_2、O_2）比例过高也会造成飞溅增大，所以可以适当减少其比例。

（4）保护气体中杂质特别是水分控制需严格，焊条需按工艺要求严格烘干，严格清理工件及焊丝表面的杂质（特别是油锈）。

（5）工件表面可喷涂防飞溅剂。因防腐要求不锈钢表面不允许存在飞溅，焊前在坡口两侧可涂上白垩，焊接过程中出现的飞溅掉到白垩上，焊后可以轻松去除。

4.4.5.4　定位焊缺欠

产生原因：定位焊时最容易出现的缺欠是裂纹和成形不好。成形不良主要是工人操作不当或技能差造成；裂纹主要是电流过小（定位焊接工件处于冷态，焊后冷却速度很大，易产生淬硬组织而易形成裂纹）、定位焊长度不够造成（拘束度大，若长度不够在拘束力的作用下会使定位焊缝撕裂）。

防治措施：提高操作技能或定位焊后修磨焊缝；定位焊缝的电流应稍大于正常焊接电流，长度需不得小于 50mm。

4.5　焊接变形

4.5.1　焊接变形

焊件变形从焊接一开始即发生，也就是说，焊接件在焊接过程中受到局部不均匀的加热，使焊缝熔化部位温度高达 1500℃以上，而远离焊缝的大部分金属不受热，处于室温状态，这样，不受热的冷金属部分便阻碍了焊缝及近缝区金属的膨胀和收缩，并一直持续到冷却至原始温度时才结束，由于焊接接头各部位金属热胀冷缩程度不同，焊件本身又是一个整体，各部位是相互联系相互制约的，不能自由伸长和缩短，在焊缝及其近缝区的母材内产生热应变和压缩塑性应变而导致焊件产生焊接残余变形，简称焊接变形。

4.5.1.1　焊接变形对结构的影响

（1）降低装配质量，影响结构尺寸的准确性。例如筒体纵缝横向收缩与封头装配时就会产生错边，这给装配带来困难。错边量大的焊件，在外力作用下将产生应力集中和附加应力，使结构安全性下降。

（2）增加制造成本，降低接头性能。焊接件一旦产生焊接变形，常需矫正后才能组装。因此，使生产率下降、成本增加，冷校会使材料发生冷作硬化，降低塑性。热校若加热温度控制不好，也会影响焊件使用性能。

（3）降低结构的承载能力。由于焊接变形产生的附加应力会使结构的实际承载能力下降，往往会引起运行事故。

了解产生焊接变形的规律性和控制焊接变形对制造焊接结构具有十分重要的现实意义，因此有必要对各种焊接变形产生的原因、影响因素、预防和消除变形的措施进行分析。

4.5.1.2　焊接变形的基本形式

焊接变形的基本形式如图 4-42 所示，主要分为下列七种变形。

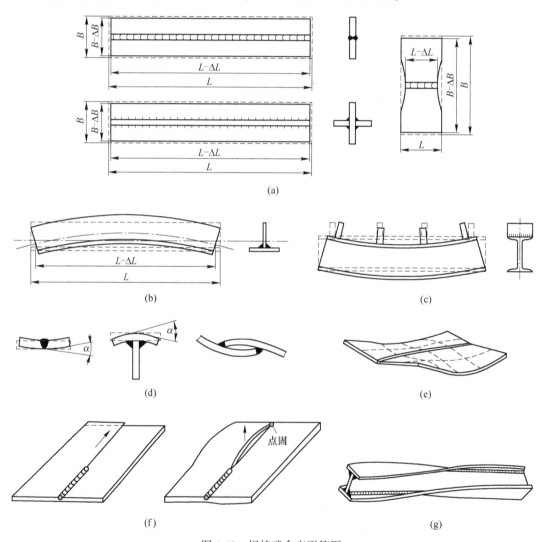

图 4-42　焊接残余变形简图

（a）纵向和横向收缩变形；（b）由纵向收缩引起的弯曲变形；（c）由横向收缩引起的弯曲变形；
（d）角变形；（e）波浪变形；（f）错边变形；（g）扭曲变形

（1）纵向收缩变形。构件焊后在焊缝方向上发生的收缩变形称为纵向收缩变形。

（2）横向收缩变形。构件焊后在垂直焊缝方向上发生的收缩变形称为横向收缩变形。

（3）弯曲变形。构件焊后朝一侧变形称为弯曲变形。焊接梁、柱、管道、集箱、锅筒时，常产生弯曲变形。

（4）角变形。焊后构件钢板两侧因横向收缩变形在厚度方向上不均匀分布，使焊缝一面变形大，另一面变形小，造成构件平面的偏转，离开原来的位置，产生角位移，向上翘起一个角度，称为角变形。

（5）波浪变形。薄板焊接时，焊后残余压应力使板材压曲产生形似波浪的变形，称为波浪变形。

（6）错边变形。在焊接过程中，两焊接件的热膨胀不一致，可能引起长度方向和厚度方向不在一个平面上而形成长度方向错边和厚度方向错边，这种变形称为错边变形。

（7）扭曲变形。焊后焊件两端绕中性轴反方向扭变一角度，称为扭曲变形。

一般来说，构件焊后有可能同时产生上述几种变形，只是变形程度各不相同，如图 4-42（b）中的丁字梁，焊后产生弯曲变形最明显，其次是角变形，此外，还发生梁总长度缩短和水平板宽度变窄的变形。

4.5.1.3 焊接变形及收缩量估算

A 钢制梁、柱等细长构件纵向收缩量

焊缝的纵向收缩量随着焊缝长度增加而增加，也随着焊缝截面积增加而增加，随着整个焊件垂直焊缝的横截面积的增加而减少。对接接头最大的纵向收缩量通常在焊缝附近。

（1）单层焊纵向收缩量。

1）按焊缝截面积估算：

$$\Delta L = \frac{k_1 \cdot F_H \cdot L}{F} \tag{4-1}$$

式中　F_H——焊缝截面积，mm^2；

　　　F——构件截面积，mm^2；

　　　L——构件长度，mm（如纵向焊缝短于构件长度，则取焊缝长度）；

　　　ΔL——纵向收缩量 mm；

　　　k_1——系数，与材料和焊接方法有关，见表 4-12。

表 4-12 　k_1 与材料及焊接方法的关系

焊接方法	焊条电弧焊		CO_2 气保焊	埋弧焊
材　料	低碳钢	奥氏体钢	低碳钢	低碳钢
k_1	0.052	0.076	0.043	0.074

2）按焊接线能量估算：

$$\Delta L = 0.86 \times 10^{-6} q_v L \tag{4-2}$$

式中　q_v——焊接线能量，J/cm，

$$q_v = \eta \cdot \frac{UI}{v}$$

　　　U——电弧电压，V；

I——焊接电流，A；

v——焊接速度，cm/s；

η——电弧热效率（焊条电弧焊为 0.7~0.8，埋弧焊为 0.8~0.9，CO_2 气保焊为 0.7）。

如果焊接参数未确定，可根据焊接线能量与已知焊脚高 K 及已知熔敷金属截面积 F_H 的近似关系来估算，焊接线能量 q_v 与 K 及 F_H 的近似关系见表4-13。

表 4-13　焊接线能量 q_v 与 K 及 F_H 的近似关系

焊接方法	已知焊脚高 K(cm)	已知熔敷金属截面积 F_H(cm²)
焊条电弧焊	$q_v = 40000K^2$（J/cm）	$q_v =$（42000~50000）F_H（J/cm）
埋弧焊	$q_v = 30000K^2$（J/cm）	$q_v =$（61000~66000）F_H（J/cm）
CO_2气保焊	$q_v = 20000K^2$（J/cm）	$q_v = 37000F_H$（J/cm）

（2）多层焊纵向收缩量。同样截面积的焊缝一次焊成引起的纵向收缩量比分成几次焊接时大，也就是说，多层焊所引起的纵向收缩量比单层焊小，分的层数（道数）越多，每层所用线能量越小，变形也越小。在多层焊时，第一层引起的收缩量最大，第二层增加的收缩量大约为第一层收缩量的 20%，第三层大约增加 5%~20%，以后各层增加更小。

1）按焊缝截面积估算：

$$\Delta L = \frac{k_1 \cdot F_H \cdot L}{F} \times \left(1 + 85\frac{\sigma_s}{E} \cdot n\right) \tag{4-3}$$

式中　F_H——一层焊缝金属的截面积，mm²；

σ_s——钢材屈服强度，MPa；

E——钢材弹性模量，GPa；

n——焊道数；

k_1，L，F 同式（4-1）。

2）按焊缝线能量估算：

$$\Delta L = 0.86 \times 10^{-6}q_v L \times \left(1 + 85\frac{\sigma_s}{E} \cdot n\right) \tag{4-4}$$

（3）对两面各有一条焊脚相同的角焊缝 T 形接头构件：

$$\Delta L = (1.15 \sim 1.40) \times \frac{k_1 \cdot F_H \cdot L}{F} \tag{4-5}$$

式中　F_H——一条角焊缝的截面积，mm²；

k_1，L，F 同式（4-1）。

（4）奥氏体钢热膨胀系数大，故焊接变形量比低碳钢和普低钢构件大，应乘以系数 1.44。

（5）同样截面的焊缝，如图 4-43 所示，钢板厚度 $\delta = 12$mm，可以一次焊成，也可以分多层焊成，由于多层焊每次所用的焊接线能量比单层焊时小得多，每层焊缝所产生的塑性变形量并不等于各层焊道引起变形量的总和。因为每层焊道所产生的塑性变形量的面积有相当大的一部分面积是相互重叠的，如图 4-43（a）所示，单层焊的塑性变形区面积为

abcd，而双层焊时，如图 4-43（b）所示，第一层所产生的塑性区为 $a_1b_1c_1d_1$，第二层所产生的塑性区 $a_2b_2c_2d_2$，它们都小于单层焊的塑性区，两个面积有相当一部分是相互重叠的。由此可见，多层焊所引起的纵向收缩量比单层焊小。分的层数越多，每层所用的线能量越小，变形量也越小。

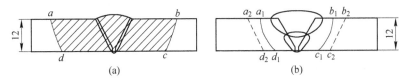

图 4-43　单层焊和双层焊焊缝塑性变形区对比

（a）单层焊塑性变形区；（b）双层焊塑性变形区

（6）焊缝纵向收缩量近似值。中厚板低碳钢采用焊条电弧焊时，每米焊缝纵向收缩量近似值见表 4-14。

表 4-14　焊缝纵向收缩量近似值 （mm/m）

对接焊缝	连续角焊缝	间断角焊缝
0.15~0.3	0.2~0.4	0~0.1

注：表中所列数据是在板宽大约为板厚 15 倍的焊缝区中的纵向收缩量。

B　焊缝横向收缩量估算

焊缝横向收缩量沿焊缝分布并不均匀，最大收缩量一般发生在板材长度方向的中部或焊缝收尾边缘。但在工程中粗略估计时可看成均匀收缩，而且是以每一条焊缝横向收缩量多少毫米来估算。影响焊缝横向收缩量因素很多，但其中主要是焊缝的熔敷金属量和结构件的刚性。

当然，多层焊时，各层焊缝引起的横向收缩量也和纵向收缩相类似，以第一层引起的收缩量为最大，以后各层逐层递减。

a　对接接头焊缝横向收缩量估算

（1）计算公式：

$$\Delta B = 0.18 \frac{F_H}{\delta} \tag{4-6}$$

式中　F_H——焊缝横截面面积，mm^2；

　　　δ——板厚，mm；

　　　ΔB——对接接头横向收缩量，mm。

（2）理论估算公式：

$$\Delta B = A \cdot \frac{\alpha \cdot q_v}{c\rho\delta} \tag{4-7}$$

式中　α——线膨胀系数，$\times 10^{-6}/^\circ C$；

　　　q_v——焊接线能量，kJ/cm；

　　　c——比热容，$J/(kg \cdot ^\circ C)$；

　　　ρ——密度，g/cm^3；

　　　δ——板厚，mm；

A——系数，对一次焊透的电弧焊接头，$A = 1 \sim 1.2$，对留有较大间隙且一次焊透的

  电渣焊 $A = 1.6$。

由于焊接接头并非处于完全自由状态，故式（4-7）计算出来的横向收缩量可能稍大于实际收缩量。

（3）对接接头横向收缩量经验公式。对于板厚为 $\delta = 5 \sim 25 mm$，经验公式如下：

V 形对接： $\Delta L_横 = 0.1\delta + 0.6$（mm）

X 形对接： $\Delta L_横 = 0.1\delta + 0.2$（mm）

常用接头形式、焊缝横向收缩量与板厚关系近似值见表 4-15。

表 4-15 焊缝横向收缩量近似值   （mm）

板厚 横向收缩量 接头形式	5	6	8	10	12	14	16	18	20	22	24	焊缝条数
V 形坡口对接接头焊缝	1.3	1.3	1.4	1.6	1.8	1.9	2.1	2.4	2.6	2.8	3.1	1
X 形坡口对接接头焊缝	1.2	1.2	1.3	1.4	1.6	1.7	1.9	2.1	2.4	2.6	2.8	1
单面坡口十字角焊缝	1.6	1.7	1.8	2.0	2.1	2.3	2.5	2.7	3.0	3.2	3.4	4
单面坡口角焊缝	0.8				0.7			0.6		0.4		1
无坡口单面角焊缝	0.9				0.8			0.7		0.5	0.4	1
无坡口双面断续角焊缝	0.4	0.3	0.25		0.2							2

由表 4-15 可以看出：

1）对接接头焊缝横向收缩量比角焊缝大。

2）V 形坡口的横向收缩量比同厚度的 X 形坡口（U 形坡口）大。

3）在同样坡口对接接头焊缝条件下，板厚越厚，横向收缩量越大。

4）单面坡口十字角焊缝的横向收缩量随板厚增厚而增加。

5）单面坡口角焊缝及无坡口双面断续角焊缝的横向收缩量均随板厚增厚而减少。

 b 角焊缝横向收缩量估算

与对接接头焊缝相比，角焊缝的横向收缩量较小，有关角焊缝的横向收缩研究也较少，现将收集到的典型角焊缝简单计算公式汇总如下：

（1）两个连续角焊缝的 T 形接头如图 4-44 所示，其收缩量为：

$$\Delta B = f \times \frac{0.7K}{t} \qquad (4-8)$$

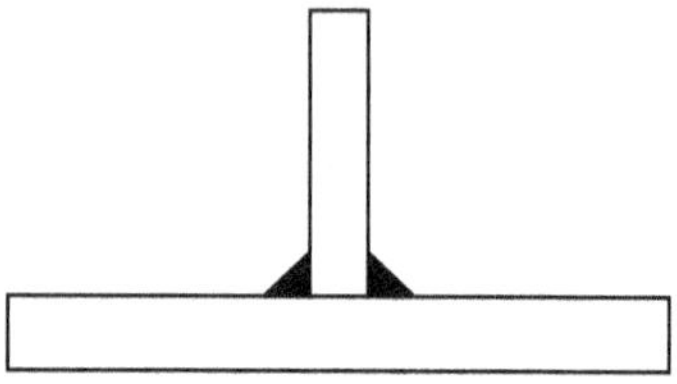

图 4-44 两条角焊缝的 T 形接头

式中 ΔB——横向收缩量，mm；

   K——角焊缝焊脚，mm；

   t——底板板厚，mm。

   f——系数，单层焊时，$f = 0.8$；多层焊时，$f = 0.6$。

（2）间断焊缝 T 形接头：

$$\Delta B = f \times \frac{0.7K}{t} \times \frac{L_1}{L} \tag{4-9}$$

式中　ΔB——横向收缩量，mm；

　　　K——角焊缝焊脚，mm；

　　　t——板厚，mm；

　　　L_1——角焊缝长度，mm；

　　　L——总长度，mm。

（3）搭接接头角焊缝（两个角焊缝）：

$$\Delta B = 1.5f \times \frac{0.7K}{t} \tag{4-10}$$

式中　ΔB——横向收缩量，mm；

　　　K——角焊缝焊脚，mm；

　　　t——板厚，mm；

　　　f——系数，$f = 0.8$。

表 4-16 中列出低碳钢 T 形接头、搭接接头横向收缩量实验值。在 T 形接头中，当立板厚度和焊脚尺寸不变时，单独增加水平板厚时，横向收缩量减小。

当底板厚度≤10mm 时，式（4-8）的计算值和实验值较接近；当底板厚度为 20mm，$K = 5$mm 时，式（4-8）的计算值比实验值略大些。

表 4-16　低碳钢 T 形接头、搭接接头横向收缩量实验值

接头横截面	焊 接 方 法	横向收缩量/mm
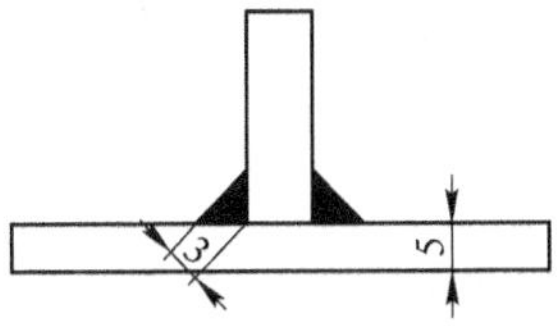	水平位置焊条电弧焊焊 1 层	0.5
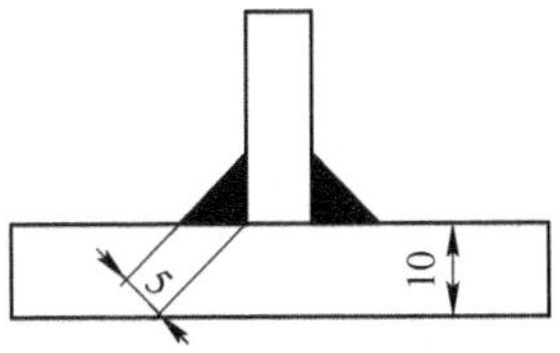	水平位置焊条电弧焊焊 2 层	0.3
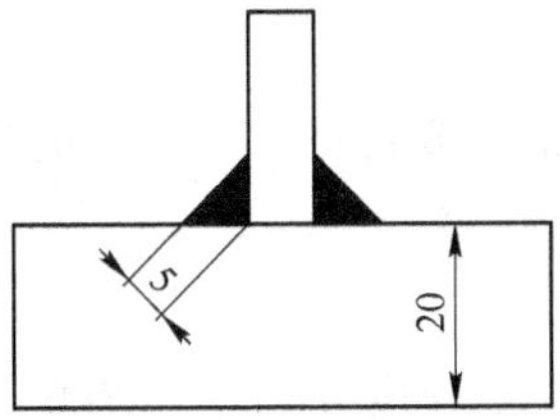	水平位置焊条电弧焊焊 2 层	0

续表4-16

接 头 横 截 面	焊 接 方 法	横向收缩量/mm
10	水平位置焊条电弧焊焊 2 层	0.5
10	水平位置焊条电弧焊焊 2 层	0.8

C 角变形

对接接头的坡口角度对角变形影响很大,坡口角度越大,焊接接头上部及下部横向收缩量差别就越大,角变形增大。焊接同样厚度工件时,自动焊的角变形比焊条电弧焊的角变形小,这是因为采用自动焊,其坡口角度比采用焊条电弧焊时小。

对于同样的板厚和坡口形式,多层焊比单层焊角变形大,焊接层数越多,角变形越大,多道焊比多层焊角变形大。在采用 X 形坡口或双 U 形坡口时,如果不采取合理的焊接顺序,仍然可能产生角变形。例如,先焊完一面再焊另一面,焊第二面时所产生的角变形不能完全抵消第一面的角变形,因为焊第二面时,第一面的焊缝已形成,接头的刚度大大增加,角变形比焊第一面时小。在焊接非对称形坡口时,应先焊焊接量小的一面,然后再焊焊接量大的一面。

必须注意的是,焊接薄板时,角变形的方向没有明确的规律,有可能向下,也有可能向上。这是因为焊接薄板时,正背两面温差较小,同时薄板的刚度小,焊接过程中受压缩时易产生失稳,使角变形方向不定。

a 对接接头角变形估算

V 形坡口对接接头角变形量可按下式估算:

$$\beta = 2\alpha \cdot \Delta T \cdot \tan\frac{\theta}{2} \tag{4-11}$$

式中 θ——坡口角度,(°);

α——线膨胀系数,$\times 10^{-6}/\text{℃}$;

ΔT——焊接温升(一般 $\Delta T \leqslant 1000\text{℃}$),℃;

β——角变形弧度,mm。

通常简化公式为:

$$\beta = 0.02 \cdot \tan\frac{\theta}{2} \tag{4-12}$$

由于此公式忽略了板厚对角变形的影响,故只适用于薄板角变形计算,V 形坡口厚板对接接头角变形比计算值大。

b T 形接头角变形

T 形接头角变形如图 4-45 所示,T 形接头角变形 $\Delta\beta$ 与焊缝厚度 a 及水平板厚度 t 的比值见表 4-17。

表 4-17 $\Delta\beta$ 与 a 及 t 的关系

a/t	$\leqslant 0.5$	0.7	>0.7
$\Delta\beta$	$\leqslant 2°$	$8° \sim 10°$	$>10°$

D   弯曲变形

a   由纵向收缩引起的弯曲变形

当钢板边缘一侧堆焊时，钢板由于纵向收缩产生弯曲变形，也就是说，只要焊缝不在焊件的重心轴上时，就会产生弯曲变形。

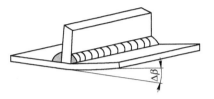

图 4-45   T 形接头角变形

（1）单道焊缝产生的挠度。在钢制构件中，当焊缝在构件中心位置不对称时，单道焊缝引起的挠度如下：

$$f = \frac{k_1 F_H e L^2}{8I} \tag{4-13}$$

式中 e——焊缝轴线到焊件中性轴之间的距离，cm；

   L——焊缝长度，cm；

   F_H——焊缝截面积，cm^2；

   I——焊件截面惯性矩，cm^4；

   k_1——系数，由表 4-12 查得。

$$f = 0.86 \times 10^{-6} \times \frac{e q_v L^2}{8I} \, (\text{cm}) \tag{4-14}$$

式中 q_v——焊接线能量，J/cm；

   e，L，I 同式（4-13）。

（2）多层焊角焊缝产生的挠度：

$$f = \left(1 + 85 \frac{\sigma_s}{E} \cdot n\right) \times \frac{k_1 F_H e L^2}{8I} \tag{4-15}$$

（3）双面角焊缝产生的挠度：

$$f = (1.2 \sim 1.3) \times \frac{k_1 F_H e L^2}{8I} \tag{4-16}$$

b   由横向收缩引起的弯曲变形

当横向焊缝在结构上分布不对称时，则横向收缩也能引起结构的挠曲变形。例如，在钢梁的上部或下部焊接了许多短筋板，筋板和盖板之间或筋板和腹板之间的焊缝可能在梁的重心的上侧或下侧，在焊缝不对称时，或焊接顺序不合理时，都会产生上挠或下挠弯曲变形。

E   波浪变形

薄板在承受压力时，当其中的压应力达到某一临界值时，薄板将出现流浪变形而丧失承载能力，产生失稳。在焊接薄板钢梁时，当腹板的高度与腹板厚度之比达到 200 以上，如不采取措施增强腹板的局部刚度，在载荷作用下腹板可能局部失稳。

对平板而言，当薄板的宽度很宽，而板厚很薄时，也很容易产生失稳，其失稳的临界应力 σ_{cr} 可用下式表示：

$$\sigma_{cr} = K \left(\frac{\delta}{B} \right)^2 \qquad (4\text{-}17)$$

式中　δ——板厚，mm；

　　　B——板宽，mm；

　　　K——与板的支承情况有关的系数。

由此式说明，板厚与板宽比值越小，临界应力越小，平板也就越容易出现失稳现象。

为了提高薄板结构的局部稳压性，常把薄钢板压成波纹状，使波纹的方向和压应力方向一致。两波纹间的平面宽度小于板厚的 60 倍。

降低波浪变形可以从降低压应力和提高临界应力两方面考虑。由于压应力的大小和拉应力的区域大小成正比，因此，减小塑性变形区就可能降低压应力数值。药芯焊丝气保焊和 CO_2 气保焊所产生的塑性变形区比焊条电弧焊小、断续焊比连续焊小、多层焊比单层焊小、小尺寸焊缝比大尺寸焊缝小，所以，采用塑性变形区小的焊接方法和措施都可以减少波浪变形。提高临界应力则可以通过增加板厚和减小板宽，即提高 δ/B 比值。对于薄板钢梁结构，应严格控制腹板高度和腹板厚度比值，或合理布置筋板以增强腹板局部稳定性。

对于薄壁圆筒结构局部失稳临界应力为：

$$\sigma_{cr} = 0.24 \frac{E\delta}{D} \qquad (4\text{-}18)$$

式中　E——钢板的弹性模量，N/mm^2；

　　　δ——壁厚，mm；

　　　D——圆筒直径，mm。

由式（4-18）看出，增加壁厚或降低圆筒直径或内部增加支撑都可以提高临界应力以增强结构稳定性。

F　错边变形

在焊接过程中，对接边的加热热量不平衡是造成焊接错边变形的主要原因之一。例如，当焊接热源偏离中心，一边热输入量大，另一边热输入量小；当异种钢焊接时，一边导热快，另一边导热慢，两边热量不平衡引起焊接温度场不对称；异种钢焊接时，一边材料线膨胀系数大，另一边小。以下这些因素使两边的热膨胀量不一致，造成焊接错边变形。当封头与筒身环焊缝焊接时，由于封头刚度较大，筒身刚度小于封头，所以环焊缝两侧会产生不对称径向位移，因筒身一侧位移量大于封头一侧，从而产生焊接错边变形。

G　扭曲变形

目前，这类变形研究得比较少，产生这种变形的原因是与焊接角焊缝所造成的角变形沿长度方向上分布不均匀性有关。在焊接工字梁四条角焊缝时，如果在定位焊后不采用适当工装夹具，按图 4-46 的焊接方向和顺序会容易引起扭曲变形，这是由于角焊缝变形沿着焊缝长度上逐渐增大，使构件扭转。如把两条相邻的焊缝同时向同一方向焊接，可以克服这种变形。

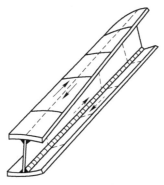

图 4-46　扭曲变形

4.5.2　影响焊接结构变形的因素

4.5.2.1　焊接位置的影响

焊缝在结构中布置对称，施焊顺序合理时，则主要产生纵向收缩和横向收缩变形。如果焊缝在结构中布置不对称时，则焊后要产生弯曲变形，弯曲的方向是朝向焊缝较多的一侧，偏离截面重心线越远，引起的变形越大。同时，还有可能产生角变形。

4.5.2.2　结构刚性的影响

结构抵抗变形的能力叫刚性。当受到同样大小的力，刚性大的结构变形小，刚性小的结构变形大。金属结构的刚性主要取决于结构的截面形状及其尺寸大小。

结构抵抗拉伸变形的刚性主要决定于结构截面积的大小。截面积越大，刚性也越大，变形就越小。

结构抵抗弯曲变形的刚性，主要看结构的截面形状和尺寸大小。

结构抵抗扭曲变形的刚性除决定于结构尺寸大小外，更为重要的是结构的截面形状。截面是封闭形状的则抗扭曲能力强，不封闭的则抗扭曲能力弱。

一般来说，对于短而粗的焊接构件，刚性较大，焊后产生变形较小，细而长的构件其抗弯刚性小，焊后容易产生弯曲变形。如果焊缝不对称地布置在结构上，则产生的弯曲变形更为显著。当焊接长、宽、高均相同的工字梁和箱形梁时，如果焊接不当，也可能产生扭曲变形。由于工字梁断面形状不封闭，它的抗扭刚性比箱形梁差，所以焊后工字梁更易于发生扭曲变形。

4.5.2.3　装配和焊接顺序对结构变形的影响

焊接结构的整体刚性是随着装配焊接过程而形成的。也就是说，焊接结构的整体刚性总是比它本身的零件或部件的刚性大，如果仅从增加刚性去减少焊接变形的角度考虑，对于结构截面对称、焊缝布置也对称的简单焊接结构，应采用先装配成整体，然后再按焊接顺序施焊，对减小弯曲变形更为有利，例如工字梁一般是先整体组装好后再焊接。但对结构截面形状和焊缝位置不对称的焊接结构采用整装后焊的顺序不一定合理。

对于大型而又复杂的焊接结构，主要是采用部件组装的方式进行制造，即把整体结构分成若干部件，先分别进行装配和焊接，然后再把这些部件总装成产品，这样不仅对控制焊接变形提高产品质量有利，而且也有利于提高生产效率。

　　有了合理的装配顺序还需要合理的焊接顺序配合。因为尽管是焊缝布置对称的焊接结构，在焊接参数相同的情况下进行焊接，但每道焊缝引起的变形并非抵消，而是先焊的焊缝产生的变形最大，最后构件的变形方向一般总是和最先焊的焊缝引起的变形方向一致。

　　例题 4-4：图 4-47 中的工字梁，当整体装配好后先焊接焊缝①和②，然后焊接③和④，焊后工字梁就会产生上拱的弯曲变形。当先焊接焊缝①、③，再焊接②、④会引起旁弯变形。如果按①、④、②、③的顺序或按①、④、③、②的顺序进行焊接，焊后弯曲变形将会减小。

　　对于焊缝布置不对称的焊接结构，可以利用调整焊接顺序来控制变形。

　　例题 4-5：对于大面积平板拼接，焊接顺序原则是：先横后纵，由里向外。这就是说，先焊接所有的横向焊缝，后焊接纵向焊缝，并且要求应从中间向两边焊接，即焊接方向指向自由端。图 4-48 中 1、2、3、4、…表示焊接顺序。

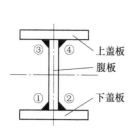

图 4-47　工字梁的焊接顺序

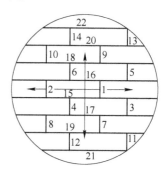

图 4-48　大面积平板拼接的焊接顺序

4.5.2.4　焊缝长度和坡口形式的影响

　　焊缝越长，焊接变形越大。坡口内空间越大，变形越大。在同样厚度和焊接条件下，V 形坡口比 U 形坡口变形大，X 形坡口比双 U 形坡口变形大，不开坡口变形最小。此外，装配间隙越大，变形越大。

4.5.2.5　焊接线能量的影响

　　焊接线能量越大，焊接变形也越大。由于埋弧自动焊的线能量比焊条电弧焊大，所以，在焊件形式、尺寸及刚性相同的条件下，埋弧自动焊产生的变形比焊条电弧焊大。同样厚度的材料，单道焊比多层多道焊产生的变形大。因单道焊焊接电流大、焊条摆动慢、摆幅大，坡口两侧停留时间长，焊接速度慢，故焊接线能量大，产生的变形就大；而多层多道焊可以采用小电流快速不摆动焊，所以焊接线能量小，焊后变形也小。

4.5.3　控制焊接变形的措施

4.5.3.1　设计措施

　　焊接变形的控制首先要从设计上考虑，正确的设计方案是控制焊接变形的根本措施。设计考虑不周，会给生产带来额外工序，增加生产周期，提高产品成本。

　　A　选用合理的焊缝尺寸

　　焊缝尺寸增加，变形也随之加大。但过小的焊缝尺寸也降低结构的承载能力，并使接头的冷却速度加快，容易产生裂纹、热影响区硬度增高等缺陷。因此，应该在满足结构承载能力和保证焊接质量的前提下，选用合理的焊缝尺寸。由于部分设计人员对焊接了解不够，存在着片面地加大焊缝尺寸的现象，这在角焊缝上表现更为突出，这不仅对控制焊接变形不利，而且会增加焊趾处的应力集中，会使角焊缝产生裂纹等缺陷。表 4-18 列出了对不同厚度的低碳钢板和 16Mn 钢板的最小角焊缝尺寸，表中的板厚是指两块被焊板中的较厚板的板厚，角焊缝的最小焊脚尺寸不得超过薄钢板的厚度。由于低合金钢对冷却速度比较敏感，所以在同样厚度下 16Mn 钢的最小焊脚尺寸比低碳钢焊脚尺寸大些。

表 4-18　低碳钢、16Mn 钢角焊缝最小焊脚尺寸

较厚板的厚度/mm	最小焊脚尺寸 K/mm	
	低碳钢	16Mn
≤6	3	4
7~16	4	6
17~22	6	8
23~32	8	10
33~55	10	12
>50	12	14

B　尽可能地减少焊缝数量

在梁、柱等结构件中，适当选择板厚，可减少筋板数量，从而减少焊缝数量和焊后变形校正量。

C　合理安排焊缝位置

为了避免焊接构件弯曲变形，在结构设计中，应力求使焊缝位置对称于构件截面的中性轴或使焊缝接近中性轴，因为焊缝对称于中性轴，有可能使中性轴两侧焊缝产生的弯曲变形完全抵消或大部分抵消。焊缝接近构件中性轴，使焊缝收缩引起的弯曲力矩减小，从而使构件弯曲变形减小。

4.5.3.2　工艺措施

A　合理地选择焊接方法

选用焊接线能量小的焊接方法，可以有效地减少焊接变形。例如采用 CO_2 药芯焊丝或实芯焊丝气保焊、MAG 焊等来代替焊条电弧焊，不但效率高，而且可以明显地减少焊接变形。

焊接薄板时，可采用钨极脉冲氩弧焊等方法，并配合合适的工装卡具，都能有效地防止产生波浪变形。

B　选择合理的装配—焊接顺序

不同的装配—焊接顺序，焊后会产生不同的焊接变形。因此，在分析装配—焊接顺序对焊接变形的影响时，可以从不同的装配焊接顺序方案比较中选择焊接变形量最小的方案。

例题 4-6：图 4-49 为加盖板的箱形梁的装配—焊接顺序，由于焊缝不对称，焊后往往会产生下挠弯曲变形。解决这种下挠弯曲变形的方法是两名焊工对称地先焊接只有两条焊缝的一侧（先焊接焊缝 1、2），焊后就造成了箱形梁上拱变形，由于这两条焊缝焊后增加了刚

性，当焊接另一侧焊缝时（先焊接焊缝 3、4，再焊接焊缝
5、6），此时所引起的变形方向与对侧焊缝 1、2 引起的变形
方向相反，从而基本上防止了箱形梁的下挠变形。

C　焊接顺序的选择原则

（1）当结构具有对称布置的焊缝时，应尽量采用对称
焊接，但应该注意，对称焊接并不能全部消除变形，因为
先焊接的焊缝，结构的刚性还较小，引起的变形最大，随
着焊缝的增加，结构的刚性越来越大，所以后焊的焊缝引
起的变形比先焊的焊缝来得小，虽然两者方向相反，但并

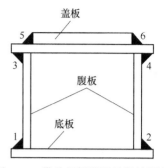

图 4-49　带盖板箱形梁的焊接顺序

不能完全抵消，仍保留先焊焊缝的变形方向。要"完全"
消除这种焊接变形，还需要采取其他一些有效措施。

（2）当结构具有不对称布置的焊缝时，应先焊焊缝熔敷金属量少的一侧，因为先焊
焊缝变形大，故焊缝少的一侧先焊时，使它产生较大的变形，然后再用另一侧的焊缝引起
的变形来加以抵消，这就可以减少整个结构的变形。

D　选择合理焊接方向

对焊件上的长焊缝，采用图 4-50（a）所示的直道焊焊接变形最大；如图 4-50（b）
所示，从中间向两端施焊，变形有所减少；采用逐段跳焊法也可以减少变形，见图 4-50
（c）；从中间向两端逐步退焊法变形最小，见图 4-50（d）；对于工字梁等焊接结构，具有互
相平行的长焊缝，施焊时，应采用同方向焊接，可以有效地控制扭曲变形，见图 4-50（e）。

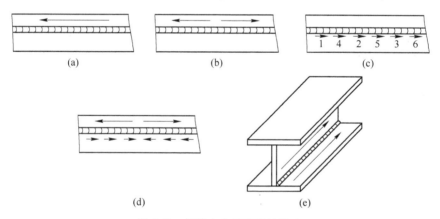

图 4-50　焊接方向对变形的影响

（a）直道焊；（b）从中间向两端施焊；（c）逐段跳焊法；（d）从中间向两端逐步退焊法；（e）工字梁角焊缝焊接方向

E　预留收缩余量

焊件焊后的纵向收缩和横向收缩变形，可通过焊缝收缩量的估算来预留收缩余量。如
一根 5m 长集箱筒体，由于上面管座、拼接环缝焊后会收缩 3mm，则筒体下料长度应为
5003mm，多出来的 3mm 即为预留的收缩余量。

F　反变形法

为了抵消焊接变形，焊前先将焊件向与焊接变形相反的方向进行人为的变形，这种方
法称为反变形法。

　　为了防止对接接头产生的角变形，如图 4-51（a）所示，可以预先将对接处垫高，形成反角变形；为了防止工字梁的翼板焊后产生角变形，可以将翼板预先反向压弯，见图 4-51（b）；或者在焊接时加外力使之向反方向变形，见图 4-51（c），但需要注意的是这种方法在加力处消除变形的效果较好，远离加力处则较差，易使翼板边缘呈波浪变形。

　　在薄板结构上，有时需在壳体上焊接支承座之类的零件，焊后壳体往往会产生塌陷，见图 4-51（d）。为防止这种塌陷，可以在焊前将支承座周围的壳壁向外顶出，然后再进行焊接，见图 4-51（e）。

　　采用反变形法控制焊接变形，焊前必须较精确地掌握焊接变形量，才能获得较好的效果。

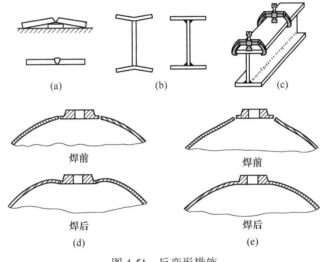

图 4-51　反变形措施

G　刚性固定法

　　焊前对焊件采用外加刚性拘束，强制焊件在焊接时不能自由变形，这种防止焊接变形的方法称为刚性固定法。

　　在高压加热器管板堆焊时，可以将两块管板固定在一起，两面对称堆焊，大大减少焊后管板弯曲变形；法兰与接管角焊缝焊接前，将两块法兰采用螺栓连接成一整体，则结构刚性增强、焊缝由不对称改为对称，则焊后法兰角变形会大大减小，保证了法兰平面度，保证了法兰的密封性。

　　在焊接薄板时，在焊缝两侧用夹具紧压固定，可以防止波浪变形。固定的位置应该尽量接近焊缝，压力必须均匀。总压力可按下式估算：

$$P = 2\delta L\sigma_s \tag{4-19}$$

式中　P——总压力，N；

　　　　δ——板厚，mm；

　　　　L——板长，mm；

　　　　σ_s——钢板的屈服极限，MPa。

　　这种固定，不仅可以防止工件的移动，又可以使夹具均匀可靠地导热，限制工件的高温区宽度，从而降低焊后变形。

当薄板面积较大时，可以采用压铁，分别布置在焊缝两侧。

应注意的是，刚性固定法不能完全消除焊接变形，因为当外力除去后，焊件上仍会残留部分变形。此外，刚性固定法将使焊接接头中产生较大的焊接应力，因此对于易裂材料应该慎用。

例题 4-7：控制 300MW、600MW 锅筒焊接变形的措施。

答：由于某公司 300MW、600MW 锅筒一般由 5～7 节 4000mm 长的筒节及封头组成，材料为 BHW35，壁厚为 145mm，筒体上焊有多只厚壁下降管及一两百只管接头，严格控制变形是保证锅筒内径椭圆度、内径偏差和筒体挠度的重要措施。

（1）筒节纵缝收缩量控制。

1）采用反变形法控制瓦片尺寸。一个筒节由两个半圆形瓦片组成，每个筒节有两条纵缝。筒节纵缝坡口通常采用图 4-52 坡口形式，图 4-52（a）适用于内侧焊条电弧焊，外侧埋弧自动焊；图 4-52（b）适用于内侧焊条电弧焊，外侧窄间隙埋弧自动焊。

锅筒技术条件规定，每个筒节的椭圆度不超过筒节内径的 0.5%，即 $D_{n1} - D_{n2} \leqslant 9mm$，内径偏差 $\Delta D_n \leqslant \pm 6mm$。而当选用图 4-52（a）A 型坡口采用常规埋弧自动焊时，焊完两条纵缝后内径的收缩量经多次测试约为 10～11mm，而与此垂直的另一直径则伸长约为 4～5mm。当选用图 4-52（b）B 型坡口采用窄间隙埋弧自动焊时，焊完两纵缝后内径收缩量约为 5～6mm，与此垂直的另一直径则伸长约 2～3mm。由此看出，使用窄间隙埋弧自动焊更有利于控制筒节的焊接变形，同时，也说明焊接变形严重影响筒节内径尺寸。要满足筒节内径技术要求，首先要控制瓦片成形尺寸，根据筒节变形特点，使用反变形法，使瓦片尺寸满足下列条件，即瓦片配对时，要求内外径错边量 $\leqslant 3mm$，对常规埋弧自动焊，如图 4-53 所示，推荐经验公式如下：

$$\phi - D_n = 6 \sim 14 (mm) \tag{4-20}$$

$$\frac{\phi_1 + \phi_2}{2} - (h_1 + h_2) = 12 \sim 16 (mm) \tag{4-21}$$

式中　ϕ——瓦片开口内径，如图 4-53 中 ϕ_1 和 ϕ_2，mm；

　　　D_n——设计规定的筒节内径，mm；

h_1，h_2——瓦片内径高度，mm。

当采用窄间隙埋弧自动焊时，推荐经验公式为

$$\phi - D_n = 4 \sim 10 (mm) \tag{4-22}$$

$$\frac{\phi_1 + \phi_2}{2} - (h_1 + h_2) = 8 \sim 12 (mm) \tag{4-23}$$

在实际生产中受室温和冷却速度影响较大，一般情况下冬天压制的瓦片尺寸比夏季小。同样的室温下，由于冷却速度不同，通常，瓦片在长度方向上，中部尺寸偏大，特别是中部的 $(\phi_1 + \phi_2) \times 1/2 - (h_1 + h_2)$ 之差偏小，有时较严重，这样焊接后，会使内径之差和椭圆度超差，应引起工艺、焊接人员的重视。

2）控制纵缝焊接顺序。从窄间隙埋弧自动焊外纵缝焊接收缩量测量数据来看，当焊至筒节 1/2 壁厚时，焊接收缩量约为 3mm，焊满后收缩量约为 3.5～4mm，由此看出，先焊焊缝变形量大，后焊焊缝变形量小。

在焊接内侧纵缝时，采用多层多道焊，最好第一条纵缝先焊接两层约 6mm，筒节转

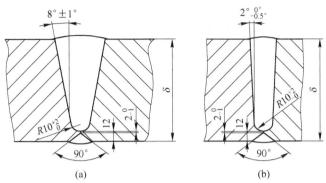

图 4-52 锅筒筒节纵缝坡口形式

（a）A 型坡口；（b）B 型坡口

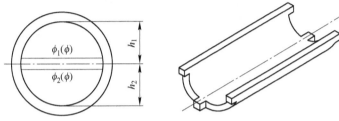

图 4-53 瓦片配对尺寸示意图

180°焊接第二条纵缝直至内侧焊缝焊满，再转动 180°将第一条内侧纵缝焊满。

焊接外纵缝时，采用分道焊，对于常规埋弧自动焊，打底层为单道，以后每层由 2~4 条焊道组成，盖面层为 6 条焊道。对于窄间隙埋弧自动焊，打底层为单道，以后每层为 2 道，盖面层为 3~4 道。第一条焊缝先焊至约 40mm 厚，筒节转动 180°，焊接第 2 条焊缝至约 70mm 厚，再转动筒节 180°，焊满第 1 条纵缝，再焊完第 2 条纵缝。纵缝焊接顺序示意图见图 4-54。

如果不严格控制焊接顺序，往往筒节产生角变形、弯曲变形较大，不仅使筒节内径收缩量增大，而且使筒节弯曲变形较明显，一般单筒节挠度达 1~3mm。

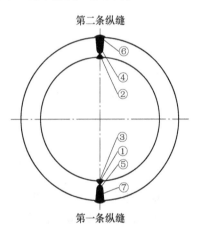

图 4-54 纵缝焊接示意图

3）减小坡口角度。从焊接变形考虑，纵缝应采用双 U 形坡口更合理，角变形和弯曲变形均很小，内径收缩量也大为减少，但缺点是在预热 150~200℃ 条件下，在筒体内部操作工作量很大，焊工劳动条件很差，鉴于这一点，不易采用。因此，采用常规埋弧自动焊时，坡口尺寸如图 4-52（a）所示。由于外侧坡口角度为 8°，并且填充金属量很大，故坡口角变形也较大，如将坡口角度由 8°减至 6°，可使填充金属量减少 12.5%，这有利于减少角变形，减少内径收缩量。

4）采用窄间隙埋弧自动焊。采用窄间隙埋弧自动焊，坡口尺寸如图 4-52（b）所示，坡口角度为 2°。熔敷金属填充量为常规埋弧自动焊的 64%，大大减少角变形和内径收缩量，而且焊接线能量约为常规埋弧自动焊的80%，更有利于减少焊接变形量。

（2）锅筒挠度控制。由于每只筒节纵缝焊完后，都存在着由焊接变形引起的挠度，特别是未严格控制焊接顺序时，其挠度更大些，筒节一般挠度值约为1~3mm。锅筒上焊接有100多只至200多只管接头，而下部焊有4~6只下降管管座，由于管接头分布面广，有一部分都分布在锅筒下侧，仅从熔敷金属填充量来讲，上部管接头远小于下部管接头及下降管的金属填充量，造成锅筒产生向上挠度。

1）利用反变形法控制锅筒挠度。由上面分析可知，由下降管焊接使锅筒会产生较大的向上挠度，如不很好控制，其挠度值就会超过锅筒技术条件中规定的20mm，一旦产生此情况，锅筒无法采用矫正措施。

当锅筒纵、环缝焊好后，装焊下降管和管接头之前，先测量锅筒挠度，应将下降管位置布置在锅筒上挠度位置，以起反变形作用。

2）控制焊接顺序。根据焊接顺序的选择原则，当结构具有不对称布置的焊缝时，应先焊焊缝熔敷金属量少的一侧。锅筒上虽有100~200个管接头，但分布区域广，大部分都在锅筒上部，也有一部分在下部，从焊缝熔敷金属量来看，上部管接头填充金属量比下降管少得多。因此，从控制焊接变形的角度考虑，应先焊上部管接头，尽量做到分散、对称焊接。

目前，四角切圆燃烧锅炉和W形火焰锅炉的下降管数量一般为4~6只，如图4-55所示，每次应隔1只焊1只。采用焊条电弧焊时，如图4-56所示，每个下降管均由2名焊工同时施焊，并采用分段退焊，减少焊接变形。

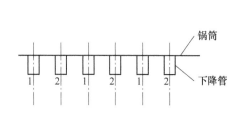

图4-55　下降管交错施焊示意图

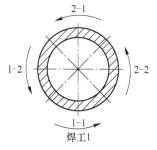

图4-56　单个下降管焊接次序

应特别注意的是，当采用马鞍形埋弧自动焊时，由于下降管根部间隙由采用焊条电弧焊时的10mm增加到14mm，而且埋弧自动焊是连续操作，都会增加焊接变形量，这不仅使锅筒挠度增加，而且也会使下降管局部塌陷变形严重。但由于焊条电弧焊时，焊脚高度为$K=45mm$，而埋弧自动焊时，现已降至$K=15mm$，使填充金属量有所减少，总的来说，焊接变形会略有增加。

4.5.4　焊接变形的矫正方法

4.5.4.1　机械矫正法

利用外力使构件产生与焊接变形方向相反的塑性变形，使两者互相抵消。对于薄板波浪变形，通常采用锤击来延展焊缝及其周围压缩塑性变形区域的金属，达到消除焊接变形的目的。应注意的是，锤击部位不能是突起的地方，这样结果只能使其朝反方向突出，反而要增加变形，而且锤击时，对于低碳钢应避免焊件在 200~300℃ 之间进行，因为此时金属正处于蓝脆性阶段，易造成焊件断裂。正确的方法是锤击突起部分四周的金属，使之产生塑性伸长才能矫平。最好是沿半径方向由里向外锤击或者沿着突起部分四周逐渐向里锤击。这种方法的缺点是劳动强度较大，表面质量不佳，而且锤击程度难以掌握，技术难度高。手工锤击矫正薄板波浪变形示意图如图 4-57 所示。

利用压力机可以矫正工字梁的弯曲变形或角变形。

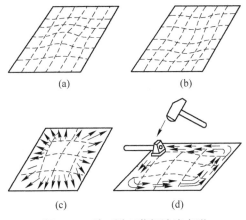

图 4-57　手工矫正薄板波浪变形

4.5.4.2　火焰加热矫正法

这种矫正方法是在焊接件选定位置处按一定方向进行火焰加热，使该部位的金属产生压缩塑性变形，利用金属局部受火焰加热后的收缩所引起的新的变形去矫正各种已经产生的焊接变形。掌握火焰局部加热引起变形的规律是火焰矫正的关键。

火焰矫正法的工艺要点如下：

（1）加热方式。加热方式有点状加热、线状加热和三角形加热三种。

点状加热可根据结构特点和变形情况可加热一点或多点，点的直径至少 15mm，厚板加热点的直径要大些。变形量大的常采用梅花式或多点加热，点与点之间的距离应小些，一般在 50~100mm 之间，图 4-58（a）为梅花式点状加热法。点状加热主要是用于矫正刚性小的薄件。例如，当薄板产生波浪变形时，常采用点状加热矫正，加热点部位在钢板凸鼓部位，使伸长的金属缩短，达到矫平目的。对于小口径细长钢管产生弯曲变形时，通常在凸面部位进行快速点状加热，见图 4-58（b）。

线状加热是火焰沿直线方向移动的同时，作横向摆动，形成带状加热。图 4-59 为线状加热法。加热线的横向收缩一般大于纵向收缩。横向收缩随着加热线的宽度增加而增

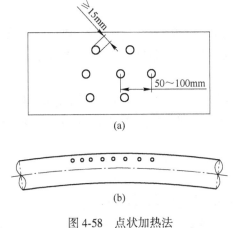

图 4-58　点状加热法

（a）梅花式点状加热法；（b）钢管弯曲矫正

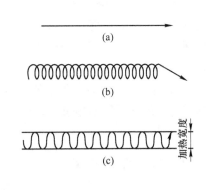

图 4-59　线状加热法

（a）直通加热法；（b）链状加热；（c）带状加热

加，加热线宽度一般为钢板厚度的 0.5~2 倍。

线状加热主要是用于矫正中等刚性的焊件，有时也可用于薄件，通常是用来矫正钢板角变形或板与筋板焊后角变形。图 4-60（a）为钢板对接接头角变形矫正，（b）为 T 形接头角变形矫正。

三角形加热的面积较大，因而收缩量也较大，常用于矫正厚度较大、刚性较强焊件的弯曲变形。三角形的底边在被矫正的焊件边缘，顶点朝内。图 4-61 为 T 形梁弯曲变形的矫正。

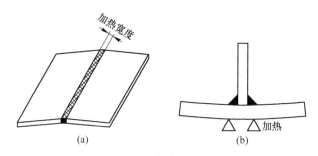

图 4-60　角变形矫正
（a）对接接头角变形矫正；（b）T 形接头角变形矫正

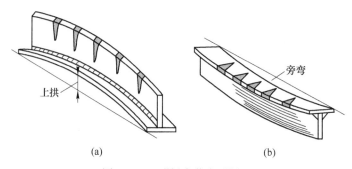

图 4-61　T 形梁弯曲变形矫正
（a）上拱变形矫正；（b）旁弯变形矫正

（2）加热温度和速度及加热火焰。加热温度一般在 500~800℃ 之间，低于 500℃ 效果不大，高于 800℃ 会影响金属组织。

加热火焰、加热速度与变形量有关，正常情况下，用微氧化焰。当矫正变形量大或要求加热深度大于 5mm 时，一般用中性焰大火慢烤；矫正变形量小或要求加热深度小于 5mm 时，一般用氧化焰，小火快烤。

（3）加热范围。加热位置应该是焊件变形突出部位，不能是凹陷部位，否则变形将越矫越严重。加热长度不超过焊件全长的 70%，宽度一般为板厚的 0.5~2 倍，深度为板厚的 30%~50%。

4.5.5　焊接变形的理论计算

焊接变形收缩始终是一个比较复杂的问题，对接焊缝的收缩变形与对接焊缝的坡口形式、对接间隙、焊接线的能量、钢板的厚度和焊缝的横截面积等因素有关，坡口大、对接间隙大，焊缝截面积大，焊接能量也大，则变形也大。

（1）单 V 对接焊缝横向收缩近似值及公式，如图 4-62 所示：

$$y = 1.01 \times e^{0.0464x} \tag{4-24}$$

式中　y——收缩近似值，mm；

　　　e——2.718282；

　　　x——板厚，mm。

（2）双 V 对接焊缝横向收缩近似值及公式，见图 4-63：

$$y = 0.908 \times e^{0.0467x} \tag{4-25}$$

（3）单面坡口角焊缝横向收缩近似值及公式，见图 4-64：

$$y = -0.00005x^2 - 0.0085x + 0.9053 \tag{4-26}$$

（4）无坡口单面角焊缝横向收缩近似值及公式，见图 4-65：

$$y = -0.0017x^2 + 0.023x + 0.8433 \tag{4-27}$$

（5）双面间断角焊缝横向收缩近似值及公式，见图 4-66：

$$y = 0.001x^2 - 0.0359x + 0.5077 \tag{4-28}$$

（6）单面坡口十字角焊缝横向收缩近似值及公式，见图 4-67：

$$y = 1.2864 \times e^{0.0418x} \tag{4-29}$$

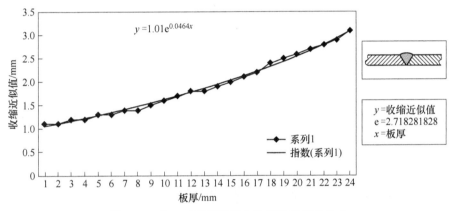

图 4-62　单 V 对接焊缝横向收缩近似值及公式

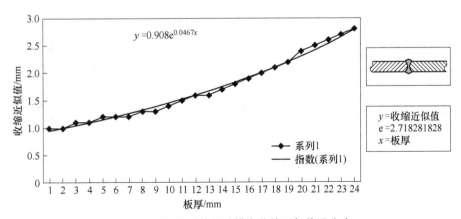

图 4-63　双 V 对接焊缝横向收缩近似值及公式

page 138, 4 焊接缺陷

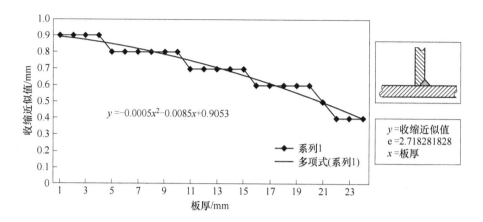

图 4-64 单面坡口角焊缝横向收缩近似值及公式

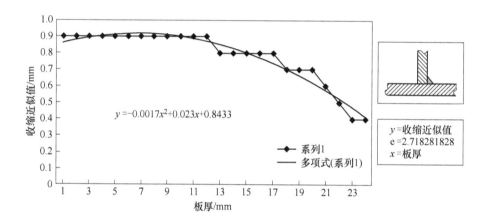

图 4-65 无坡口单面角焊缝横向收缩近似值及公式

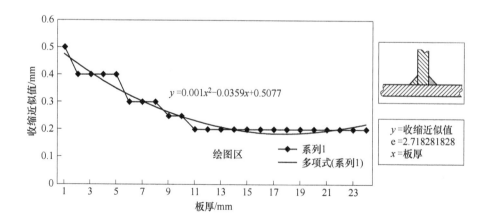

图 4-66 双面间断角焊缝横向收缩近似值及公式

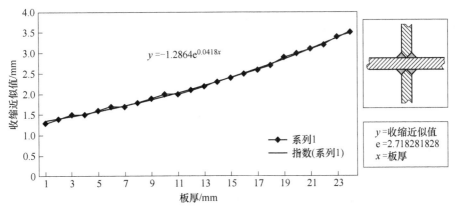

图 4-67　单面坡口十字角焊缝横向收缩近似值及公式

4.6　焊接残余应力

工件焊接时产生瞬时内应力，焊接后产生残余应力并同时产生残余变形，这是不可避免的现象。

4.6.1　焊接残余应力对焊接结构的影响

4.6.1.1　对结构强度的影响

如果材料处于脆性状态，如三向拉应力状态，材料不能发生塑性变形，当外力与内应力叠加达到材料的抗拉强度 R_m 时，则可能发生局部断裂而导致结构破坏。

实际上，对于脆性大、淬硬倾向大或刚度较大的焊接构件，焊接过程中或焊后常会发生焊接裂纹，焊接残余应力是产生焊接裂纹的重要原因之一。

4.6.1.2　对结构加工尺寸精度的影响

对于未经消除残余应力的焊接构件进行机加工时，由于切削去了一部分材料，破坏了构件内应力的平衡，应力的重新分布使得构件产生变形、加工精度受到影响。因此，对于加工精度要求高的构件，一定要先进行消除应力处理，然后再进行机械加工。

4.6.1.3　对压杆稳定性影响

在承受纵向压缩的杆件中，焊接残余应力与外加压应力叠加，应力的叠加导致压应力区先期到达材料的屈服点，使得该区丧失承载能力，这相当于减小了截面的有效面积，使得失稳临界应力的数值降低。

4.6.1.4　对应力腐蚀的影响

应力腐蚀是拉应力与腐蚀介质共同作用下产生裂纹的一种现象。由于焊接结构在没有外加载荷的情况下应存在残余应力，因而在腐蚀介质的作用下，结构虽无外力，也会发生应力腐蚀。

4.6.2　控制措施

减小焊接残余应力和改善残余应力的分布可以从设计和工艺两方面来解决问题，如果设计时考虑得周到，往往比单方面从工艺上解决问题要方便得多。如果设计不合理，单从工艺措施方面是难以解决问题的。因此，在设计焊接结构时要尽量采用能减小和改善焊接残余应力分布的设计方案，并采取一些必要的工艺措施，以使焊接残余应力对结构使用性能的不良影响降低到最小。

4.6.2.1 设计方面[14]

（1）减小焊缝尺寸。焊接内应力由局部加热循环而引起，焊缝尺寸越大焊接热输入越多，则应力越大。因此，在保证强度的前提下应尽量减少焊缝尺寸和填充金属量，要转变焊缝越大越安全的观念。

（2）减小焊接拘束度和刚度，使焊缝能自由地收缩。拘束度和刚度越大，焊缝自由度越小，则焊后焊接残余应力越大。首先应尽量使焊缝在较小拘束度下焊接，尽可能不用刚性固定的方法控制变形，以免增大焊接拘束度。

（3）将焊缝尽量布置在最大工作应力区之外，防止焊接残余应力与外加载荷产生应力相叠加，影响结构的承载能力。

（4）尽量防止焊缝密集、交叉。

（5）采用合理的接头形式，尽量避免采用搭接接头，搭接接头应力集中较严重，与残余应力一起会造成不良影响。

4.6.2.2 工艺措施

（1）采取合理的装配、焊接顺序。结构的装配焊接顺序对残余应力的影响较大，结构在装配焊接过程中的刚度会逐渐增加，因此应尽量使焊缝在较小的情况下焊接，使其有较大的收缩余地，装配焊接为若干部件，然后再将其总装。在安排装焊顺序时，应尽量先焊收缩量大的焊缝，后焊收缩量小的焊缝。

根据构件的受力情况，先焊工作时受力大的焊缝，如工作应力为拉应力，则在安排装配焊接顺序时设法使后焊焊缝对先焊焊缝造成预先压缩作用，这样有利于提高焊缝的承载能力。

（2）局部加热法减小应力。在焊接某些结构时，采用局部加热的方法使焊接处在焊前产生一个与焊后收缩方向相反的变形，这样在焊缝区冷却收缩时，加热区也同时冷却收缩，使得焊缝的收缩方向与其一致，这样焊缝收缩的阻力变小，从而获得降低焊接残余应力的效果。

（3）锤击法减小焊接残余应力。锤击可以使焊缝产生塑性延伸变形，并抵消焊缝冷却后承受的局部拉应力。锤击可以在500℃以上的热态下进行，也可以在300℃以下的冷态进行，以避免钢材的蓝脆。在每层焊道焊完后立即用圆头敲渣小锤或电动锤击工具均匀敲击焊缝金属，但施力应适度，以防止因用力过大而造成的裂纹。

（4）采用反变形法减小残余应力。

（5）采用抛丸机除锈，通过钢丸均匀敲打来抵消构件的焊接应力。

4.6.2.3 焊后消除焊接残余应力的方法

A 整体热处理

整体热处理一般是将构件整体加热到回火温度，保温一定时间后再冷却。这样高温回火消除应力的机理是金属材料在高温下发生蠕变现象，并且屈服点降低，使应力松弛，如果构件整体都加热到屈服点为零的温度，残余应力将完全消除。随着加热温度的提高和保温时间的延长，金属材料的蠕变更加充分。由于这种蠕变是在残余应力诱导下进行的，所以构件中的蠕变变形量总是可以等于热处理前构件中残余应力区内所存在的弹性变形，这些弹性变形在蠕变过程中完全消失，构件中的残余应力应不复存在了。另外，热处理还改善了焊缝金属和焊接接头的组织和性能，如电渣焊焊接接头通常要进行的正火+回火处理，可以细化晶粒；对某些有延迟裂纹倾向的结构钢，热处理有消氢的作用。

　　B　整体分段热处理

将容器或锅炉分段装入炉内加热，加热各段重叠部分长度至少为 1500mm。炉外部分的容器或锅炉采用保温措施，防止产生有害的温度梯度。

　　C　局部热处理

局部焊后热处理的加热范围内的均温带应覆盖焊缝、热影响区及其相邻母材。均温带的最小宽度为焊缝最大宽度两侧各加 δ_{PWHT} 或 50mm，取两者较小值。均温带外面应再覆盖保温带。保温带的范围为每侧超过均温带每侧 50mm 及以上。

4.6.2.4　减少应力的方法

　　A　锤打和锻冶——机械法

当焊修较长的裂缝和堆焊层，需要以一端连续焊到另一端时，在焊修进行中，趁着焊缝和堆焊层在炽热的状态下，用手锤敲打，这样可以减少焊缝的收缩和减少内应力。敲打时，焊修金属温度 800℃ 时效果最好。若温度下降，敲打力也随之减小。温度过低，在 300℃ 左右就不允许敲打了，以免发生裂纹。锻冶方法的道理与上述基本一致，不同的是要把焊件全部加热后再敲打。

　　B　预热和缓冷——热力法

此种方法就是焊修前将需焊的工件放在炉内，加热到一定的温度（100~600℃），在焊接过程中要防止加热后的工件急剧冷却。这样处理的目的是降低焊修部分温度和基体金属温度的差值，从而减少内应力。缓冷的方法是将焊接后的工件加热到 600℃，放到退火炉中慢慢地冷却。

　　C　"先破后立"法

铸铁件用普通碳素钢焊条焊接时，很容易产生裂纹，用铸铁焊条又不经济。现介绍一种"先破后立"用碳素钢焊条焊接的方法：先沿焊缝用小电流切割，注意只开槽而不切透，然后趁热焊接。由于切割时消除了裂纹周围局部应力，不会产生新裂纹，焊接效果很好。

4.7　焊接缺欠的防止

4.7.1　从缺欠主要成因考虑对策

《影响钢熔化焊接头质量的技术因素》（GB/T 6416—1986）已经概括了 6 个方面的因素：

（1）材料（母材金属和填充金属）；

（2）焊接方法和工艺；

（3）应力（设计因素与施工因素）；

（4）接头几何形状；

（5）环境（介质因素、温度因素）；

（6）焊后处理。

仔细分析上述各因素的影响，有助于查明缺欠的成因，从而"对症下药"采用防治措施。

再以钢结构（桥梁、建筑）制造中焊接裂纹的主要成因为例，如表4-19所示。显然，设计因素和工艺因素有明显影响。表4-20所示最易出现的是"工艺缺欠"[15]，焊条电弧焊时最易出现的缺欠依次递减排列是裂纹（可达79%）和工艺缺欠；但自动焊或机械焊时裂纹出现的概率最多只到30%。这说明，焊条电弧焊时裂纹的生成，也应与操作工艺因素联系起来，不能完全归因于材料冶金因素。因此，必须重视焊接工艺条件的控制。

表4-19　钢结构制造中焊接裂纹的主要成因[16]

主 要 原 因	比率/%	实　　例
结构和接头设计	47	（1）贯穿板的焊接； （2）镶嵌焊接； （3）隔板开孔部刚性环的焊接； （4）圆截面桥脚与圆管的焊接； （5）圆截面桥脚的隔板与圆管的焊接
制造工艺	31	（1）工艺设计不当（焊接顺序不正确）； （2）构件端面装配间隙不合适； （3）管理不善（如预热不严、操作中断）
材料材质	17	（1）钢板层状夹杂物或杂质多； （2）碳当量大
其　他	5	

表4-20　缺欠出现率（按递减顺序排列）

焊接方法 探伤方法	焊条电弧焊		自动焊或机械焊	
	缺欠	比率/%	缺欠	比率/%
射线探伤	夹渣	38～80	未熔合、未焊透	30～60
	气孔	10～20	裂纹	19～25
	未熔合、未焊透	8～20	夹渣	5～25
	裂纹	1～10	气孔	5～15
超声探伤	夹渣	50～60	未熔合、未焊透	50～60
	未熔合、未焊透	20～30	夹渣	20～35
	气孔	5～30	气孔	5～20
目测检验	咬边	15～80	—	—
	表面气孔	5～20	—	—
	夹渣	13（平均）	—	—
	成形不良	2～15	—	—
	未熔合、未焊透	7（平均）	—	—
	弧坑裂纹	1～10		

根据表4-19可以看出，焊条电弧焊条件下，最易出现的焊接缺欠是夹渣、咬边和气孔，其次是未熔合、未焊透。就夹渣而言，不可能是冶金反应产物，而是原已覆盖在前一层焊道表面的熔渣，在后一焊道焊接时未能清除干净又未能来得及浮出所造成，显然这是操作工艺不当所致。至于咬边、未熔合、未焊透，则完全是工艺不合适所造成，都是与焊工操作技术水平或操作质量有关。为了防止焊接缺欠，首先应重视操作人员的素质以及正确工艺的制定。

裂纹和气孔是与冶金因素最有关联的焊接缺欠，而这就首先与材料的正确选定有关，也会涉及设计因素和工艺因素。焊接变形与应力既与工艺有关，也与结构因素有联系。性能缺欠的产生则与焊接工艺参数影响所产生的物理冶金变化有联系。

总而言之，可联系三方面主要因素即结构因素、工艺因素和材料因素来分析焊接缺欠。

4.7.2 工艺缺欠的对策

始终重视施工工艺的合理性，是防止焊接工艺缺欠的前提（见表4-21），切实抓好焊工培训和加强工艺管理，是避免出现工艺缺欠的保证。

表 4-21 缺陷与焊接工艺的关系

施焊工艺	夹渣	未熔合	未焊透	咬边	变形	气孔	冷裂	热裂
坡口形状	○	○	○	△	△	△	△	△
坡口清理情况						○	○	○
中间焊道形状	○	○						
除渣情况	○							
预热	◇	◇	◇			△	○	
焊接电流			△	○		△		△
弧长				△		○		
焊条运条角度	△	△	△	○				
运条方式						◇		
焊层熔敷方式	◇	◇	◇	◇				
施焊位置	△	△	△	△	△			
风						△	△	

注：○—有很大关系；△—有一定关系；◇—关系较小。

可以看出，裂纹与操作工艺关系并不十分明显，气孔则与施焊工艺有相当关系，工艺缺欠确实受工艺条件的影响。

焊接速度是咬边易于形成的重要因素。焊接速度高易于促使产生未熔合和未焊透，焊接速度进一步提高就会引起咬边；另外，焊接电流过大，电弧弧长过大以及运条角度不正确，都会造成咬边。所以，注意操作工艺要正确。

4.7.3 返修与修补的问题

焊接接头中的缺欠，如不能符合 QB 水平要求（合用验收标准），即为缺陷，就要考虑返修。

母材中存在缺欠，或板材本身的夹层，或下料切割时在切割面留下的孔洞、坡口角度位移以及机械损伤或电弧擦伤之类缺欠，常需要考虑修补。

焊接缺欠返修工作中，缺欠性质的确定以及定位是首要问题。消除缺欠应彻底，另外便于焊补，而且尽可能降低填充金属消耗量，以便提高效率和降低成本。

对于高强钢，为防止再次发生开裂，须预热，且较之正常焊接时的预热温度提高50℃。即使短裂纹，局部预热范围也不应小于 50mm（长度方向），必要时，也可先行用低强焊条堆焊隔离层，有利于防止冷裂纹。

返修次数应符合相关标准规定。对于锅炉、压力容器而言，返修次数不能超过 3 次。

还须强调指出，一定要从焊缝使用性能角度来考虑焊缝返修，否则，仅仅根据射线探伤底片，按探伤标准决定是否需要返修是不够的，有时会出现错误。例如，探伤判为不合格的缺欠，由于符合具体产品的安全使用要求，则不必返修，如采返修则是一种浪费。

思 考 题

4-1 简述延迟裂纹的开裂机理，影响因素和控制措施。

4-2 简述结晶裂纹的开裂机理，影响因素和控制措施。

4-3 简述再热裂纹的开裂机理，影响因素和控制措施。

4-4 简述层状撕裂的开裂机理，影响因素和控制措施。

4-5 简述应力腐蚀裂纹的开裂机理，影响因素和控制措施。

4-6 简述气孔的类型，影响因素和控制措施。

4-7 简述焊接变形的类型和控制措施。

4-8 焊接应力如何防止和控制？

4-9 Q345 20mm 200mm×5000mm 纵向收缩变形如何控制？

4-10 容器筒体 ϕ1000mm×10mm 与端板 ϕ1500mm、20mm 的 T 型接头角焊缝，焊接顺序如何控制？

4-11 石油储罐筒体立板 ϕ50m、20mm 与底板 30mm 的 T 型接头角焊缝，焊接顺序如何控制？

参 考 文 献

[1] 陈伯蠡. 焊接工程缺欠分析与对策 [M]. 北京：机械工业出版社，2006.

[2] 哈尔滨焊接研究所. GB/T 6417. 1—2005 金属熔化焊接头缺欠分类及说明 [S]. 北京：中国标准出版社，2009.

[3] 张文钺. 焊接冶金学-基本原理 [M]. 北京：机械工业出版社，2016.

[4] 铃森春羲. 钢材的焊接裂纹（低温裂纹）[M]. 清华大学焊接教研组译. 北京：机械工业出版社，1979.

[5] 佐腾邦彦. 溶接工学 [M]. 理工学社，1979.

[6] Matsuda F. Evaluation of transformation expansion its beneficial effect on cold crack susceptibility using y-slit crack test instrument with strain gauge [J]. Transaction of TWRI. 1984, 13 (1).

[7] 张炳范，等. 焊缝金属对高强钢 HAZ 抗裂性的影响 [J]. 焊接学报，1991, 12 (1).

[8] 佐腾邦彦. 焊接 HT80 钢厚壁承压水管用的低匹配焊条 [J]. 国外焊接，1981, 6.

[9] Zhang W. Y. proceeding of the international Conferelce "Welding-90", Hamburg (F. R. Germany), 1990 [J]. Editor CKSS, 1991.

[10] 渡边正纪，等. 不锈钢的焊接 [M]. 陶永顺，译. 北京：机械工业出版社，1975.

［11］陈伯蠡. 金属焊接基础［M］. 北京：机械工业出版社，1982.

［12］国家能源局. NB/T 47015—2011 压力容器焊接规程［S］. 北京：中国标准出版社，2011.

［13］彭日辉. 00Cr18Ni5Mo3Si2 双相不锈钢焊接性能研究［J］.《全国第三届焊接年会论文》，H-IXb-009-79.

［14］贾安东. 焊接结构与生产［M］. 北京：机械工业出版社，2016.

［15］（美）美国金属学会. 金属手册：第6卷焊接、硬钎焊、软钎焊［M］. 陈伯蠡，等译. 9版. 北京：机械工业出版社，1994.

［16］（日）佐藤邦彦，等. 焊接接头的强度与设计［M］. 张伟昌，等译. 北京：机械工业出版社，1983.

5 锅炉压力容器焊接缺陷处理案例

数字资源 5

5.1 缺陷分析的步骤和方法

根据前面章节的叙述，缺陷主要有性能缺陷、接合缺陷和形状缺陷。当制造或安装过程中，焊接接头出现缺陷时，除报废处理和降级使用外，对焊接缺陷均应进行返修处理，保证接头质量满足标准要求。

5.1.1 缺陷处理的步骤和流程

5.1.1.1 缺陷类型的判断

缺陷类型判断正确与否是缺陷处理最关键的环节，因为一旦类型判断错误，后面原因分析就会错误，当然处理措施就不合理。如接头出现的裂纹是延迟裂纹，其原因可能是预热温度不足造成；若将其错误判断为结晶裂纹，则在处理和防止措施上会将预热温度及道间温度控制在 100℃ 以下或更低，则实际处理效果是裂纹概率会大大增加。

5.1.1.2 缺陷原因分析

造成缺陷的原因很多，有工艺、设备、操作、环境等方面，为处理和防止缺陷，则必须找到其形成原因，有的放矢地提出相应措施。

5.1.1.3 缺陷处理和控制措施

对于焊接制造和安装过程中出现焊接缺陷，经过返修处理保证接头质量满足要求是我们目的之一，但最终目的是防止以后的制造和安装过程中避免缺陷的再次产生。因此，对于缺陷，我们最终应提出相应的处理措施和控制措施。

5.1.2 缺陷类型的分类

5.1.2.1 性能缺陷

性能缺陷主要有脆化、软化、硬化、高温蠕变性能和持久强度下降、耐蚀性能和耐磨性能差等。脆化、软化、硬化可以通过检测工具进行量化，然后很容易进行判断；而高温蠕变性能和持久强度、耐蚀性能和耐磨性能也可以通过实验进行量化，但耗时较长、实验费用高等，所以在工程上很少进行相应检测和实验，一般根据产品（包括焊接接头）在使用过程中的表现（如使用寿命变短）进行判断。

5.1.2.2 接合缺陷

接合缺陷也称为冶金缺陷，主要是在冶金反应过程中产生的缺陷，一般表现为原子或分子接合的断开，如裂纹、夹渣、气孔、未熔合。其中夹渣、未熔合可以通过 RT 检测很容易检测并判断；气孔也很容易检测到，但判断是氮气孔、氢气孔还是一氧化碳气孔较难；裂纹可以通过 RT、UT、MT、PT 或宏观金相等手段检测，但判断是冷裂纹、热裂纹、再热裂纹、层状撕裂和应力腐蚀裂纹则特别困难。在工程实践中，裂纹类型的判断是重点也是难点，应该特别引起重视。

A　气孔

焊缝中常见的气孔主要有一氧化碳气孔、氢气孔、氮气孔。通过无损检测或表面目检判断是气孔缺陷后，还要判断是哪种气孔，便于分析气孔产生原因进而提出有效防止和处理措施。

氮气主要来自于空气，因此，它主要是由于保护不良、空气与熔滴和熔池发生接触溶入，所以，氮气孔主要产生在焊缝表面，呈蜂窝状。

一氧化碳气孔主要是焊缝中的碳与氧发生 $FeO+C \rightarrow Fe+CO$ 或 $O+C \rightarrow CO$ 反应产生了大量的 CO，在结晶过程中来不及逸出而残留在焊缝内部形成气孔。气孔沿结晶方向分布，有些像条虫状卧在焊缝内部。

氢气孔主要是由于焊条或焊剂烘干不好、被焊材料表面有油锈等杂质、空气湿度大等，造成焊缝中的含氢量过高，因而在结晶时来不及上浮而残存在焊缝内部。氢气孔大多数情况下出现在焊缝表面，气孔的断面形状如同螺钉状，在焊缝的表面上看呈喇叭口状，而气孔的四周有光滑的内壁。

区别不同类型气孔主要从焊接方法、气孔出现的位置和形状、焊接条件等方面进行判断。如埋弧焊一般不会出现氮气孔，钨极氩弧焊不易出现一氧化碳气孔和氢气孔，而 CO_2 气体保护焊一氧化碳气孔倾向较大。

B　夹杂

夹杂主要有金属夹杂和非金属夹杂。金属夹杂主要是夹铜和夹钨，根据 RT 底片图像（小亮点），然后结合被焊母材、焊接方法和焊接材料就基本能判断金属夹杂的类别；非金属夹渣，在 RT 底片图像（小黑点，与气孔相比不规则）就可以判断是非金属夹杂，但具体是硫化物、铝酸盐还是硅酸盐，则只有检测微观成分才能确定。

C　裂纹[1]

a　冷裂纹

冷裂纹与热裂纹相比，出现的温度相对较低，一般在 $M_s \sim -100℃$ 之间；主要出现在碳钢、合金钢等淬硬倾向较大的材料，或母材本身塑韧性较差的钢种接头中；裂纹出现的位置一般在热影响区，合金含量较高时可能出现在焊缝上；冷裂纹尖端开口较小，在应力作用下延展速度较快；裂纹断口呈脆断方式，有金属光泽。

（1）淬硬脆化裂纹。主要是由于淬硬组织，在焊接应力作用下产生的裂纹；产生的材料为含碳的 Ni-Cr-Mo 钢、马氏体不锈钢、工具钢；产生的温度区间为 M_s 附近；裂纹出现的位置一般在热影响区，少量在焊缝；裂纹方式一般为沿晶或穿晶；裂纹产生时间一般在焊后立即或很快出现。

（2）低塑性裂纹。在较低温度下，由于被焊材料的收缩应变，超过了材料本身的塑性储备而产生的裂纹；产生的材料为铸铁、堆焊硬质合金；产生的温度区间在 400℃ 以下；裂纹出现的位置一般在热影响区和焊缝；裂纹方式一般为沿晶或穿晶；裂纹产生时间一般在焊后立即出现。

（3）延迟裂纹。冷裂纹主要是指延迟裂纹，它是在淬硬组织、氢和拘束应力的共同作用下而产生的具有延迟特征的裂纹；产生的材料为中、高碳钢，低、中合金钢，钛合金等；产生的温度区间为 M_s 以下；裂纹出现的位置一般在热影响区，少量在焊缝；裂纹方式一般为沿晶或穿晶；裂纹产生时间一般不在焊后立即出现，而是隔一段时间出现。

三种冷裂纹之间的区别，淬硬脆化裂纹主要出现在硬质合金、耐磨合金等合金含量特别高，组织淬硬度大的材料接头中；而低塑性裂纹主要出现在塑韧性较差的材料接头中，如铸铁；而延迟裂纹主要是由于扩散氢引起，焊后不立即出现，具有延迟现象。

b　热裂纹

热裂纹与冷裂纹相比，出现的温度相对较高，一般在 T_s~500℃之间，且裂纹产生的临界应力远低于冷裂纹的临界应力，所以在一些拘束度很小的结构也有可能产生热裂纹；主要出现在碳钢、合金钢、奥氏体等材料中；裂纹出现的位置一般在焊缝上，少量出现在热影响区；热裂纹尖端开口较圆钝，所以在应力作用下延展性差，即微观裂纹不易扩展成宏观裂纹；裂纹断口呈韧窝断裂，有氧化色彩，若对断口进行微观成分分析，则存在硫化物、氧化物等夹杂物。

（1）结晶裂纹。热裂纹主要指结晶裂纹，它主要是由于在结晶后期，由于低熔共晶形成的液态薄膜削弱了晶粒间的联结，在拉伸应力作用下发生开裂；产生的材料为杂质较多的碳钢、低中合金钢、奥氏体钢、镍基合金及铝及铝合金；产生的温度区间为 T_s 附近；裂纹出现的位置一般在焊缝上；裂纹方式一般为沿晶；裂纹产生时间一般在焊后立即出现。

（2）液化裂纹。液化裂纹指在焊接热循环峰值温度的作用下，在热影响区和多层焊的层间发生重熔，在应力作用下产生的裂纹；产生的材料为含 S、P、C 较多的镍铬高强钢、奥氏体钢、镍基合金；产生的温度区间在固相线温度以下稍低温度；裂纹出现的位置一般在热影响区过热区及多层焊的层间（前道焊缝处于后道焊缝的热影响区过热区位置）；裂纹方式一般为沿晶；裂纹产生时间一般在焊后立即出现。

（3）多边化裂纹（高温低塑性裂纹）。已凝固的结晶前沿，在高温和应力的作用下，晶格缺陷发生移动和聚集，形成二次边界，它在高温处于低塑性状态，在应力作用下产生裂纹；产生的材料为纯金属及单相奥氏体合金；产生的温度区间为 $T_{再}$；裂纹出现的位置一般在焊缝上，少量在热影响区；裂纹方式一般为沿晶；裂纹产生时间一般在焊后立即出现。

三种热裂纹之间的区别：结晶裂纹和液化裂纹主要是由于 S、P 等杂质元素形成的低熔共晶造成；结晶裂纹多出现在焊缝中，而液化裂纹主要出现在热影响区过热区或多道焊时前道焊缝处于后道焊缝的热影响区过热区位置；多边化裂纹则是由于位错在热驱动下滑移形成多边化，造成塑性下降而引起，主要出现在单相组织或纯金属焊缝中。结晶裂纹和液化裂纹断口具有氧化色彩，而多边化裂纹则没有。

c　再热裂纹

再热裂纹主要出现在具有沉淀强化元素（如 Cr、Mo、V、Ti、Nb）的材料中；裂纹出现的位置为热影响区过热粗晶区；焊后不会出现而需要经历600~700℃回火处理等高温过程（包括高温服役环境）后产生；裂纹常出现在厚大等拘束度较大、焊后存在较大残余应力的结构中；裂纹方式一般为沿晶开裂。

判断是否是再热裂纹，沉淀强化元素、再热过程、裂纹出现的位置等是关键因素。

d 层状撕裂

层状撕裂主要由于钢板的内部存在有分层的夹杂物（硫化物、铝酸盐和硅酸盐）沿轧制方向分布，在焊接时产生垂直于轧制方向的应力，致使在热影响区或稍远的地方，产生"台阶"式层状开裂。裂纹出现的位置为热影响区或母材上；裂纹敏感温度区间约400℃以下；裂纹常出现在厚大结构、T字形接头中；裂纹方式一般为沿晶或穿晶开裂。

层状撕裂主要是由于母材中存在夹杂物、厚大和T字形接头结构造成在Z向上的应力而引起；有少量是由于扩散氢在焊趾处产生的延迟裂纹诱发引起，但前面两个条件仍然需要具备才能产生层状撕裂。裂纹呈台阶状是它的典型特征，还可能产生于远离热影响区的母材上，微观成分分析时断口会存在硫化物、氧化物等夹杂，这对判断层状撕裂非常关键。

e 应力腐蚀裂纹

应力腐蚀裂纹是在腐蚀介质和应力的共同作用下产生的延迟开裂；裂纹可以出现在任意温度下；裂纹可以在碳钢、低合金钢、不锈钢、铝合金等材料接头中产生；裂纹在热影响区和焊缝上均可以出现；裂纹方式一般为沿晶或穿晶开裂。

应力腐蚀裂纹最典型的特征是腐蚀介质和应力，而焊接接头中存在残余应力，所以腐蚀介质则是产生应力腐蚀裂纹的必要条件。另外，应力腐蚀裂纹具有很大的深宽比，表面呈现龟裂形式。所以，判断应力腐蚀裂纹比较简单。

裂纹的判断首先根据材料焊接性，即材料接头中出现裂纹的可能性上分析，如针对奥氏体不锈钢，其接头无冷裂纹倾向，则接头出现的裂纹首先排除冷裂纹；其次根据裂纹出现的时间、位置、温度区间、裂纹走向和开裂方式等方面进行分析；再次对使用工况、接头经历的过程等判断（如接头不与腐蚀介质接触，则排除应力腐蚀裂纹。接头没有经历再热过程，则可排除再热裂纹）；最后可对裂纹断面进行扫描、组织观察和微观成分分析。

5.1.2.3 形状缺陷

形状缺陷主要有咬边、焊瘤、烧穿、下塌、余高过高、成形不良、错边、飞溅、变形等，它们可以通过目视检查或简单的测量就可以准确判断。形状缺陷产生原因大部分是由于焊工操作原因，少量则是由于规范不合理、装配不良、结构刚性小等原因。

5.1.3 缺陷产生原因分析及控制措施

5.1.3.1 性能缺陷

A 脆化

a 原因分析

脆化主要出现在热影响区，脆化的形式主要有组织脆化、粗晶脆化、热应变时效脆化、石墨化脆化、氢脆等。

组织脆化主要是脆硬组织引起。在设计已确定材料、结构和板厚等情况下，引起脆化的主要因素是焊接工艺因素，如预热温度过低（包括环境温度低而未预热）、线能量过小。

粗晶脆化主要是热影响区过热区晶粒粗大引起，如存在魏氏组织（粗大铁素体）。产生的原因主要是线能量过大、道间温度过高造成。

热应变时效脆化主要是母材 C、N 元素含量较高，在坡口边缘因坡口加工造成塑性变形，在热循环作用下产生的韧性下降现象。

石墨化脆化主要是珠光体耐热钢在高温、长时间工作条件下，发生的珠光体球化、析出石墨而引起的韧性下降。主要原因是使用温度超过设计温度（如管子堵塞引起超温）、热处理温度较高和热处理时间较长引起。

氢脆主要是热影响区扩散氢含量高引起韧性下降，氢脆主要会造成延迟裂纹，所以氢脆问题会放在裂纹里讲解。

　　b　控制措施

防止组织脆化主要是防止产生淬硬组织和降低淬硬程度，应从减缓接头冷却速度入手；而粗晶脆化主要是从防止 HAZ 过热区过热和高温停留时间过长入手。这两者相互存在矛盾，因此，在工艺上既要考虑防止出现淬硬组织又要防止过热区晶粒粗大，则冷却速度不能太快也不能太慢。因此，工艺上应该采用适当的预热温度、控制线能量和道间温度，焊后采用后热和焊后热处理韧化。

氢脆则主要是采用低氢型焊接方法、低氢型焊接材料、焊前预热、焊后后热和焊后热处理来降低接头扩散氢含量，避免氢脆和裂纹。

热应变时效脆化主要是采用 C、N 含量低的母材，另外焊接接头位置避开塑性变形区，避免在脆化温度区间加热和塑性变形。

石墨化脆化和珠光体球化则主要避免高温加热，或减短在高温停留时间。

　　B　软化

调质钢（或正火+回火钢）热影响区热循环峰值温度处于 $T_回 \sim Ac_1$ 之间区域存在强度低于母材的现象，由于软化区较窄且由于两侧强度较高区域的拘束作用，其软化造成的影响可以忽略不计。而由于焊后热处理温度超过 $T_回$ 引起的软化则需要注意，因为整体热处理会造成整个母材的软化，造成整个结构强度不满足要求。

防止软化和减弱软化程度主要是从线能量入手，过大线能量、过高预热温度和道间温度，则会使接头处于 $T_回 \sim Ac_1$ 之间区域增大，则软化区增大且软化程度增加；另外必须避免在 $T_回 \sim Ac_1$ 之间进行热处理。

　　C　硬化

热影响区硬化主要是冷却速度过快产生淬硬组织引起，原因主要是线能量过小、预热温度不足等因素造成。

防止热影响区硬化则应采取适当预热温度和道间温度、线能量，焊后后热缓冷，这些均有利于防止硬度过高。

　　D　高温蠕变性能和持久强度下降

焊缝高温蠕变性能和持久强度下降主要是焊缝中合金元素含量低造成，而对于热影响区主要是塑韧性下降引起。对于某些高合金钢，焊缝金属强度较高也是引起接头高温蠕变性能和持久强度下降的原因。

防止高温蠕变性能和持久强度下降的措施主要是选择相应焊接材料，控制熔合比保证焊缝金属成分、组织与母材相当；采用合适的工艺参数，保证接头塑韧性。

E 耐蚀性能和耐磨性能

耐蚀性能和耐磨性能变差主要是焊缝合金元素含量低造成，另外，焊缝余高过大、接头存在焊接残余应力也会引起耐蚀性能下降。

防止耐蚀性能和耐磨性能变差的措施主要是选择相应焊接材料、控制熔合比保证焊缝金属成分、组织与母材相当；修磨余高与母材齐平及消除其他造成应力集中的缺陷（如咬边、未焊透等）；焊后进行消除应力处理消除接头残余应力等。

F 抗疲劳性能

接头在周期性载荷作用下发生的过早破坏称为疲劳破坏，产生的原因主要是接头存在应力集中的缺陷，如余高过高、咬边、未焊透、未熔合等缺陷。

防止接头疲劳损坏，主要是防止接头中存在造成应力集中的缺陷，若出现了则需采取措施去除（如咬边深度较浅时打磨圆滑，较深时先施焊再打磨）。

5.1.3.2 接合缺陷

A 夹渣

焊条或焊剂工艺性能差（主要是焊缝成形和脱渣性差）会引起夹渣；被焊材料表面存在铁锈、气割留下的熔渣等也会促进产生夹渣；多道焊时，前道焊缝脱渣不干净也可能引起夹渣。

防止夹渣的措施主要是采用脱渣性好的焊接材料；焊前清理被焊材料表面油锈，切割表面渗碳层和熔渣；多道焊时，前道焊道上的熔渣必须清理干净后施焊下一道焊缝；焊接时，采用摆动焊，增加熔池的搅拌作用，有利于熔渣的上浮。

B 气孔

氮气孔主要是保护不良引起，如保护气体流量不足、有侧风、焊接速度与流量不匹配、喷嘴堵塞、电弧长度过大等。一氧化碳气孔则主要是焊缝含氧量过高引起，而焊缝中脱氧元素不足、被焊材料和焊丝表面有铁锈、熔渣氧化性过强会造成焊缝含氧量增加。氢气孔则主要是焊条或焊剂烘干不足，使用过程中暴露在空气中时间过长吸潮，被焊材料表面有水分、油污和铁锈等，保护气体不纯（如气体中水分、有机物含量过高），空气湿度过大等原因造成熔池中溶解的氢气较多，是引起氢气孔的主要原因。

另外，焊接工艺参数造成熔池结晶速度过快，溶入溶池的气体来不及逸出焊缝是造成气孔的工艺因素；而熔池表面熔渣黏度过大、表面张力过大是焊接材料因素；被焊材料密度过小，结晶过程中气泡上浮力太小而逸出速度过慢是材料因素；坡口加工后未及时进行焊接，生成氧化膜吸附结晶水是引起气孔的主要因素。

防止气孔的措施主要有：严格烘干焊条焊剂；使用过程中将焊条放入保温筒，随用随取；清理被焊母材表面油锈、水分、渗碳层和熔渣；焊前预热；保证保护气体纯度、采用合适流量、防止侧风等；经常清理喷嘴飞溅，避免飞溅堵塞喷嘴。

C 未熔合

未熔合形式主要有焊缝与母材之间、焊道之间未熔合。产生未熔合的主要原因是热输入不足、电弧未作用于母材和母材热导率较大等。

防止未熔合的措施主要有：采用合适的线能量；焊接过程中摆动电弧，保证电弧到达施焊面；焊条电弧焊时，采用小直径焊条，保证电弧的可达性；对于热导率大的材料，应采用线能量集中的焊接方法。

D 未焊透

未焊透主要有根部未焊透和中间未焊透。单面焊时，未焊透主要出现在根部；双面焊（如 X 型坡口、双 U 型坡口）时可能出现中间未焊透。产生未焊透的主要原因是坡口尺寸不当（钝边过大而间隙过小，或坡口角度小），焊接规范过小，电弧偏离坡口间隙位置，双面焊反面清根措施不彻底等。

防止未焊透，则需焊接规范与坡口尺寸相匹配；焊接过程中保证电弧指向坡口间隙；反面清根时应露出正面焊缝金属。

E 裂纹

a 冷裂纹

（1）淬硬脆化裂纹。母材淬硬倾向过大是材料原因；焊前预热温度不够、焊后未及时后热或焊后热处理是工艺原因。

防止淬硬脆化裂纹主要是从工艺措施入手，如焊前采用较高的预热温度，焊后及时后热或焊后消除应力处理。

（2）低塑性裂纹。母材自身塑性过低是材料原因；焊前预热温度不够、焊接材料选择不当、操作不当（如未进行锤击）等是工艺原因。

防止低塑性裂纹也主要是采用工艺措施，如采用镍基焊材、铜基焊材，较高的预热温度（热焊法），短道焊，焊后锤击焊道等措施。

（3）延迟裂纹。

1）产生原因。延迟裂纹产生的原因非常复杂，主要从引起延迟裂纹的三个因素方面阐述。

①淬硬组织。工艺因素包括：焊前预热温度不够、线能量过低造成冷却速度过快，接头中产生淬硬组织或淬硬程度增加；焊后未进行热处理或热处理规范不当，淬硬组织未韧化造成脆性增加；焊接热输入过高、道间温度过高引起焊接热影响区晶粒粗大引起韧性下降。

材料因素主要指被焊母材的碳含量和合金含量，即碳当量或冷裂纹敏感指数两个指标衡量。若碳当量或冷裂纹敏感指数高，在相同结构、工艺和环境下，焊接接头中易出现淬硬组织，或淬硬程度增加，则在应力作用下易出现延迟裂纹。

结构因素则主要指设计结构的拘束度在焊接过程中产生的应力，以及不同结构下的冷却速度。拘束度大，则焊后残余应力大；结构中母材厚度增加，拘束度大且冷却速度快，易出现淬硬组织和较大应力。如结构设计，在相同板厚下角接形式接头比对接接头拘束度更大、冷却速度更快，因此，角接接头比对接接头在焊前预热温度应更高、线能量可稍大。

环境因素主要指空气温度。空气中温度低，冷却速度快，在相同情况下易出现淬硬组织。某些标准规定，在环境温度低于 0℃ 时，焊前应预热到 ≥15℃[2]。

②扩散氢。焊接材料因素主要指焊条药皮中含水量、焊剂中的含水量，还有就是焊丝表面的氧化物所包含的结晶水、锈和油污。焊前焊条和焊剂应严格烘干，使用过程中放入保温筒防止吸潮；焊前清理焊丝表面的锈和油污，保管时控制焊丝吸附空气中的水分。

母材表面状态主要指被焊母材焊接区域的锈和油污等杂质。锈在电弧作用下分解 O、H；油是碳氢化合物，电弧作用下也会使焊接接头增氢。锈和油污会增加焊缝气孔和夹渣的可能性，同时也会促进产生延迟裂纹。

环境因素主要指空气湿度。当空气湿度增加，易使焊接材料吸潮，母材表面氧化物结晶水含量增加，空气进入焊接电弧区域。这些因素均增加使焊接接头中氢含量增加，促进产生延迟裂纹。

③应力。结构因素：设计结构不同，拘束度不同，则应力不同；设计时焊缝布置的位置不同、焊缝数量和焊缝尺寸均引起焊后残余应力的不同。焊缝布置尽量采用对称布置、数量尽可能少、焊缝尺寸在满足使用下尽可能小、母材厚度尽量小和少采用桁架结构等，均有利于降低应力。

工艺因素：焊接应力是局部受热膨胀和局部冷却过程中受到未受热的冷态金属的拘束下产生，所以，受热金属范围越小，则焊后残余应力越小。因此，采用小线能量、采用线能量集中的焊接方法均能有效降低焊接残余应力；焊前预热、焊后后热均能有效降低焊接应力，但最有效的工艺措施则是焊后对焊接接头进行焊后消除应力处理。

焊接顺序：采用对称、分段、跳焊和退焊法的焊接顺序；先焊焊缝数量和填充量少侧，后焊焊缝数量和填充量大侧，均可以降低焊接残余应力。另外需注意，同一个结构随着焊接过程的进行，先焊部分焊接接头拘束度小而应力小，后焊部分焊接接头拘束度大而应力大，所以常常出现先焊的接头未出现裂纹而后焊接头中产生了延迟裂纹的情况。

2）防止措施。防止延迟裂纹就主要从以下三方面入手。

合理的预热温度+线能量，控制冷却速度不能太快也不能太慢，既要防止出现淬硬组织又要防止过热区晶粒过分粗大；焊接过程中控制道间温度；焊后可采用后热和焊后消除应力处理韧化组织。

焊前严格烘干焊接材料，焊接过程中使用保温筒随用随取，控制焊材暴露在空气中的时间；焊前严格清理工件和焊丝表面油锈、水分；焊前预热、焊后后热和焊后消除应力处理等，这些措施均可有效降低接头扩散氢。

焊前预热，采用线能量集中的焊接方法和小线能量，合理的焊接顺序，焊后消除应力处理等措施，可以降低或消除接头中的残余应力。

b 热裂纹

（1）产生原因。热裂纹主要有结晶裂纹、液化裂纹和多边化裂纹，焊接中最常见的是结晶裂纹。液化裂纹主要出现在母材中杂质含量较高的材料中，而多边化裂纹主要出现在纯金属和奥氏体不锈钢焊缝中，这两种裂纹出现的概率不高。液化裂纹主要控制材料，采用 S、P 含量低的材料，而多边化裂纹则主要控制焊接线能量。

结晶裂纹产生因素主要有两个：低熔共晶和应力。

结晶裂纹由于是在结晶过程末期，未结晶液态金属少且未完全结晶时产生，此时，只需要极低应力就可以使已结晶晶粒发生相对移动，而因移动产生的间隙没有足够的液体金属填充，待结晶完全形成裂纹。这点，在工程实践中可以得到验证，如板厚很薄、工件尺寸很小，但焊后在焊缝中仍会出现结晶裂纹。因此，应力虽然是造成结晶裂纹的因素之一，但控制应力不是防止结晶裂纹主要方向。

低熔共晶因素主要指低熔共晶的熔点、数量、分布形态。熔点越低，低熔共晶量越大，呈片状分布在晶粒之间，则会促进产生结晶裂纹。

FeS 熔点 988℃、Ni_3S_2 熔点 645℃，是两种最主要的低熔共晶产物，且两者呈片状。MnS 熔点 1613℃、呈块状分布，稀土元素、锆与 S 形成的化合物熔点很高且主要呈球状弥散分布，因此，在焊后中加入 Mn、Zr 和 Re，均可有效降低结晶裂纹倾向。

低熔共晶量除与 S、P、Ni 等含量有关外，还与熔池即焊缝大小有关。S、P、Ni 含量增加低熔共晶增加，线能量大造成焊缝截面增加，则最后在焊缝中心的低熔共晶也会增加。

1）组织因素：低碳钢和低合金钢，应控制焊缝金属中碳含量、锰含量（脱硫），而对于奥氏体不锈钢则应控制焊缝金属铬镍当量之比。对于低碳钢和低合金钢，碳含量增加，则先析出相由 δ 相→γ 相，或即使先析出相仍为 δ 相，但 δ 相含量降低，这时由于溶解 S 的能力下降造成了 FeS 含量增加，易促进产生结晶裂纹。对于奥氏体不锈钢，控制铬镍当量比，希望凝固模式为 F、FA 而不是 AF、A 模式，焊缝含有少量 δ 相的双相组织，避免出现结晶裂纹。另外，对于奥氏体不锈钢焊缝，δ 相不仅溶解 S 多，且还可以打乱柱状晶生长方向，细化晶粒且避免了裂纹延展，从而防止了微观裂纹发展为宏观裂纹。

2）工艺因素主要是线能量。线能量较大，特别是焊接电流较大时，易形成窄而深的焊缝截面，焊缝成形系数小，易使低熔共晶在焊缝中心相遇而应力垂直作用于结晶合面而形成裂纹。另外，需要注意，在相同线能量下过大的焊接速度则焊缝金属结晶方向更垂直于焊缝中心，易使低熔共晶在焊缝中心相遇形成裂纹。

3）材料因素主要指材料成分和线膨胀系数及热导率。成分主要指 S、P、Ni 等促进形成结晶裂纹的元素。材料导热率低，热量集中于焊缝，易造成焊缝截面较大；线膨胀系数大则应力更大，这些因素均促进结晶裂纹形成。

（2）防止措施。从以上分析可以看出，防止结晶裂纹主要是以控制低熔共晶入手，减少接头应力不是主要方向。

控制母材和焊接材料熔敷金属 C、S、P 等有害元素，以及 Mn、Ni、Re 有影响元素的含量；当被焊材料中 C、S、P 含量偏高而不能更换时，应通过控制工艺因素减小熔合比；而焊接材料熔敷金属 C、S、P 等有害元素偏高，建议更换焊材批号。奥氏体不锈钢应控制铬镍当量比，保证凝固模式为 F 或 FA 模式；而对低碳钢、低合金钢，控制碳含量（最好低于 0.12%）和 Mn/S 比。

采用小线能量、不摆动焊，控制熔池大小（尽量采用小熔池）；焊接速度不能太快，否则焊缝结晶时结晶方向垂直于焊缝中心，易将低熔共晶赶向焊缝中心；焊前不预热，但当环境温度过低（小于 0℃）可适当预热到 15℃ 左右；道间温度不宜过高；采用小电流高电压，增大焊缝成形系数。

c　再热裂纹

（1）原因分析。再热裂纹的主要原因是材料含有沉淀强化元素（Cr、Mo、V、Ti、Nb）、焊接接头焊后残余应力和再热过程（高温服役或焊后热处理）、过热区晶粒粗大，这四方面因素是造成再热裂纹的原因。

（2）防止措施。根据再热裂纹形成机理，再热裂纹主要是由于高温再热过程或焊后消除应力过程中，由于应力释放产生的变形超过晶界的变形而产生。材料由设计时确定，焊后高温再热过程由使用工况决定，无法改变；为避免出现延迟裂纹焊后消除应力处理也需要进行，且热处理温度按相关标准要求也恰恰处于敏感温度区间。因此，控制再热过程和焊后消除应力处理前接头应力水平、防止过热区晶粒粗大两方面才是防止和控制再热裂纹的方向。

1）应力。结构（材料厚度、接头形式、焊缝布置和数量等）对应力影响较大，具体影响在其他章节已阐述。从工艺方面来讲，主要是焊前预热、后热、焊接线能量、焊接材料、中间热处理、焊接顺序等可以改善接头应力状态。特别需要注意的是焊接材料选择和中间消除应力处理的使用。由于再热裂纹最易由于焊趾处应力集中诱发和引起，因此，采用塑性更好、强度更低的焊接材料焊接表面一层或两层焊缝，通过塑性变形降低应力。当结构拘束大时，焊后残余应力大，则焊后消除应力处理时释放的应力就大，由于应力释放产生的变形就大，则变形量超过晶界允许的变形量的可能性就大，再热裂纹倾向就大。在采用其他工艺措施无法防止再热裂纹时，则可以增加一次或两次（视情况而定）中间消除应力处理。

2）过热区晶粒粗大。防止过热区过热、降低过热区晶粒粗大程度，是防止过热区晶界塑性降低程度过高而引起再热裂纹的另一措施。采用线能量集中的焊接方法、小线能量、较低道间温度是主要工艺措施。而焊前预热虽然可能使过热区晶粒粗大，但它能降低应力和防止淬硬，因此，防止再热裂纹需提高预热温度，同时降低线能量。

d 层状撕裂

（1）产生原因。产生层状撕裂的因素主要是 Z 向承受的应力和材料中 Z 向纤维组织之间的夹杂物，另外由于扩散氢引起的延迟裂纹诱发层状撕裂也应引起注意。

（2）控制措施。

1）应力。T 型接头、厚大结构是产生 Z 向应力的条件。当结构一定情况下，合理的焊缝坡口型式可以降低接头应力；工艺上采用小线能量、线能量集中的焊接方法和合理的焊接顺序也可以降低接头应力；当然，焊前预热、焊后后热及焊后消除应力处理等措施是更有效降低应力的措施。

2）材料因素。控制母材中硫化物、氧化物（铝酸盐和硅酸盐）等夹杂物（如选用 Z 向钢），提高材料 Z 向断面收缩率是防止层状撕裂的措施之一。当材料断面收缩率 $\psi_Z \geq$ 15%时可有效防止层状撕裂；当材料断面收缩率 $\psi_Z \geq 25\%$ 时，层状撕裂基本不再产生。

3）延迟裂纹。焊前预热、采用低氢型焊接材料和工艺，降低接头中延迟裂纹倾向，是防止由于焊趾处扩散氢引起的延迟裂纹诱发层状撕裂的另一个措施。

e 应力腐蚀裂纹

材料、腐蚀介质、拉应力是引起应力腐蚀裂纹的三大因素。

材料和腐蚀介质是由设计者已确定，且母材对腐蚀介质的抗腐蚀性能是没有问题的，因此，引起应力腐蚀裂纹主要是由于拉应力引起。因此降低接头应力则是防止应力腐蚀裂纹的主要方向。

采用线能量集中的焊接方法、小线能量和合理的装焊顺序，以及防止引起应力集中的焊接缺陷（如咬边、未焊透），防止焊缝余高过高等措施，均可以有效降低焊接接头应力，从而防止产生应力腐蚀裂纹。

5.1.3.3 形状缺陷

A 产生原因

咬边主要是规范较大（如电弧过长）、焊工操作、焊接位置（如平角焊和仰焊等易形成咬边）、焊接速度过快等引起；焊缝余高过高则主要是电流太大、速度慢和电弧电压小造成；飞溅主要是规范不合理、药皮未熔干、保护气体不纯等造成，另外碱性焊条飞溅会大于酸性焊条，二氧化碳气体飞溅会大于氩气或氩气+二氧化碳混合气体；成形不良则主要是焊工操作技能原因；焊脚差过大在单道焊时与焊接位置有关，多道焊时与焊工分道不合理有关；错边主要是装配不良造成；下塌和烧穿主要是坡口间隙、钝边、板厚等与规范匹配不合理造成；焊瘤在角焊缝时主要是焊接位置（如平角焊）引起、对接焊缝则是规范过大造成；焊接变形则较复杂，有结构原因、焊缝布置、焊接顺序、焊接参数、拘束度小等，可以参照焊接变形等相关内容。

B 控制措施

形状缺陷产生的原因较简单，针对每种缺陷产生的原因有针对性地采取控制措施则是防止缺陷的主要手段。

咬边：采用合理的焊接工艺规范；提高焊工操作技能；出现咬边后，当咬边深度≤0.5mm 时，采用砂轮打磨与母材圆滑过渡即可，当咬边深度>0.5mm 时，应先采用小直径焊条补焊后采用砂轮打磨与母材圆滑过渡。

余高：采用合理的焊接工艺规范，特别注意电流不要太大，电压不要太低；余高超过要求时应打磨多余部分，最好能与母材齐平。

飞溅：焊接工艺规范要合理；焊条电弧焊时，最好采用酸性焊条；熔化极气体保护时，保护气体中 CO_2 含量应控制，或实芯焊丝改为药芯焊丝，药芯焊丝药粉渣系钛型或钛钙型飞溅少于碱性；不锈钢焊接时，焊缝两侧涂白垩粉，飞溅上去不易与母材表面粘接，容易去除；焊后飞溅较多时，可采用钢丝刷或砂轮打磨清除。

成形不良：手工焊改为机械或自动焊可以提高焊缝成形；焊条电弧焊酸性焊条成形优于碱性焊条；药芯焊丝成形优于实芯焊丝；还有，就是要提高焊工操作技能。

错边：提高装配质量；被焊两侧母材厚度不等时应削薄处理。

焊瘤和烧穿：主要是规范与坡口不匹配造成；焊瘤焊后可采用打磨措施或直接"杀头"返修，烧穿一般也是去除焊缝后重新施焊处理。

变形：变形的防止和控制措施在之前的章节有大量阐述，参照执行。

5.2 焊接裂纹案例

焊接裂纹是最危险的缺陷，焊接生产中，其余缺陷的分析和处理相对简单，一般情况下制造车间和工人均可以解决。而由于焊接裂纹类型很难判断，产生的原因较难分析，且处理措施也比较复杂，所以，处理裂纹问题是体现技术人员能力的重要方面。

例题 5-1：某厂 300MW 锅炉汽包，材质为 BHW35 （13MnNiMo54）ϕ1980×145mm。筒身环缝对接焊缝在焊后 RT 检查时，在如图位置发现裂纹（裂纹位置见图 5-2，一般在埋弧焊第三道或第四道焊缝中心出现纵向裂纹），焊缝坡口形式见图 5-1，焊道分布见图 5-2。焊接工艺、焊丝及母材成分见表 5-1，请分析裂纹产生的原因并提出处理措施。

答：（1）已知情况如下：

1）焊接工艺参数及工序。

焊接方法：焊条电弧焊 + 埋弧焊，CHE607Ni ϕ4.0，ϕ5.0 + H10Mn2NiMoA/

SJ101，ϕ5.0。

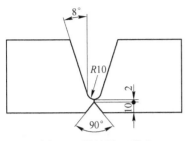

图 5-1　焊缝坡口形式

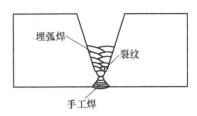

图 5-2　焊道分布情况和裂纹位置示意图

　　SMAW：CHE607Ni，ϕ4.0，$I=140\sim200$A，$U=24\sim30$V；ϕ5.0　$I=200\sim250$A，$U=24\sim30$V。

　　SAW：H10Mn2NiMoA，ϕ5.0，$I=650\sim750$A，$U=34\sim36$V，$v=500\sim550$mm/min。

　　预热温度：150~200℃。

　　后热规范：300~400℃/3~4h。

　　焊后热处理工艺：600~640℃/3.5h。

　　2）焊接顺序。

　　①内侧焊条电弧焊ϕ4.0装点并打底一层，ϕ5.0焊满。

　　②外侧采用埋弧焊焊妥。

　　3）母材、焊丝标准成分及实测成分见表5-1。

表 5-1　母材、焊丝成分

名　称		C	Mn	Si	S	P	Cr	Ni	Mo	Cu	Nb
BHW35	标准	≤0.15	1.0/1.6	0.10/0.50	≤0.025	≤0.025		0.6/1.0	0.2/0.4		≤0.01
	实测	0.10	1.45	0.40	0.009	0.0010		0.82	0.32		0.008
H10Mn2 NiMoA	标准	0.08 /0.14	1.70 /2.00	≤0.40	≤0.025	≤0.025	≤0.20	0.80 /1.20	0.60 /0.90	≤0.20	
	实测	0.12	1.70	0.38	0.020	0.015	0.08	1.10	0.70	0.15	

　　4）实测焊缝坡口角度为5°，根部半径为$R8$。

　　（2）处理过程：

　　1）裂纹类型。

　　①根据被焊材料的焊接性分析。BHW35是一种低合金高强钢，其焊接接头可能出现冷裂纹、热裂纹、再热裂纹，其中冷裂纹的概率最大。

　　②裂纹产生的时间。裂纹在焊后RT时发现，此时未进行焊后热处理，因此，再热裂纹被排除；焊接与RT检查一般相差24h，无法准确判断裂纹产生的时间，它可能是热裂纹，也可能是延迟裂纹。

　　③裂纹产生的位置和形态。根据裂纹在RT底片上的显示和UT复测，裂纹一般出现在第三道埋弧焊焊缝（有时在第四道或第五道），沿焊缝纵向开裂。

　　综合以上三点，此裂纹为热裂纹中结晶裂纹的概率较大。因为结晶裂纹一般出现在焊缝上，且主要沿焊缝纵向分布。

2）裂纹产生原因。

①母材。从表 5-1 可以看出该批母材成分符合标准要求，且 S、P 含量较低。埋弧焊第一道焊缝熔合比较大，而其后焊道熔合比更小，焊缝成分受母材影响较小。所以，由于母材引起结晶裂纹的可能性较小，基本可以排除。

②焊丝。由于裂纹产生于埋弧焊焊缝上，所以对该批焊丝进行了光谱分析，其化学成分见表 5-1。由检测结果发现该焊丝符合标准，但促进出现结晶裂纹的元素如 Si、S、P、Ni 均处于标准上限，特别是 S、P 含量较高，而防止结晶裂纹的元素 Mn 含量又偏低。所以，焊丝虽然符合标准要求，但促进形成结晶裂纹的元素含量偏高、防止结晶裂纹的元素含量偏低是造成裂纹的主要因素。

③应力。筒身壁厚 145mm，自拘束较大，在焊接过程中，焊缝会承受相当大的拘束应力，是产生裂纹的应力因素。

④焊缝形状系数影响。焊道分布和坡口共同作用可能造成小的焊缝形状系数，而焊缝形状系数越小，焊缝上产生结晶裂纹的倾向越大。

焊缝坡口：对同一批未焊接的环缝坡口进行了检测，焊缝坡口角度只有 5°，根部半径只有 R8，与标准坡口相比角度更小，根部半径也更小。

焊缝分道：焊工进行埋弧焊时，第一道焊缝焊丝对准间隙，采用更大一些电流焊接，保证将钝边熔透；第 2～8 道每道分两道焊接，焊丝应偏离焊缝中心靠近筒壁。

实际焊接时，由于坡口加工造成坡口更窄，坡口截面积减小，单位长度填充量减小，而焊工操作时焊接工艺参数没有改变，因此，单位时间焊接材料熔敷金属量未变。造成第二道焊缝高度增加、与筒壁形成一个很深的沟槽，第三道焊接时填满该沟槽就会造成焊缝宽度较小而深度较大，焊缝形状系数较小。焊缝在冷却结晶过程中，柱状晶会对中生长，将 S、P 等杂质元素形成的低熔共晶赶到焊缝中心，在应力的作用下，产生结晶裂纹。

综上所述，正常情况下应力是造成裂纹的主要原因之一，但由于在其他筒体环缝焊接时未出现裂纹，且该筒体环缝后续焊道焊接时应力更大也未产生裂纹，由此可知，应力不是造成此次裂纹的原因。焊丝中 S、P 等促进形成热裂纹的元素含量过高和防止裂纹的元素较低，是产生裂纹的主要原因；坡口加工不好、焊道分布不合理，造成焊缝形状系数较小，焊缝结晶生长方向朝焊缝中心生长，促进了结晶裂纹的产生，这是次要原因。两个因素的共同作用下，在焊缝中产生了裂纹。

3）处理措施。

①更换焊丝。该批焊丝符合采购技术条件或标准要求，但由于焊丝中 S、P 等促进形成热裂纹的元素含量过高和防止裂纹的元素含量较低，若焊接中规范稍大、操作不合理时焊缝中出现结晶裂纹的倾向较大，因此不能再采用。焊丝牌号或型号不变但采用其他炉批号的焊丝，焊丝中 S、P 元素控制在 ≤0.001%，Si、Ni 控制在标准规定中间值或中下值，而 Mn 元素含量稍高或靠近标准上限为佳。

②严格坡口加工质量。用薄钢板或镀锌铁皮按标准坡口制作坡口检查样板，在坡口加工时，不时用样板进行检查，保证坡口型式与标准一致。

③焊道分布。焊工焊接操作时，合理分布焊道，避免在焊接时因前道焊道分布不合理形成的深凹槽情况，进而避免焊缝形状系数过小的情况出现。

（3）总结。裂纹出现后，首先通过材料（BHW35）焊接性分析，初步判断可能出现的裂纹类型；其次根据焊接性分析有针对性进行相关检测（如材料成分、焊丝成分），以了解产生裂纹的化学成分因素；然后再对工艺执行情况进行调查，如焊接电流、电弧电压、焊接速度、坡口加工和装配、焊道分布等。最后综合所有信息，准确判断裂纹类型为结晶裂纹；分析其产生的主要原因是焊丝中 S、P 杂质元素含量高，坡口加工不符合标准要求，而焊工焊接时按以往经验采用相同规范和焊道分布等原因综合造成裂纹；然后提出更换焊丝和严格控制坡口加工质量和焊道分布。

通过采取制定的措施，在以后的焊接生产中没有出现裂纹，从而证明对裂纹的判断、原因的分析、制定的防止措施均是正确的。

例题 5-2：某锅炉制造公司采用德国 BHW35 钢制造锅炉汽包及高压容器已有近 30 年的历史。但是，近几年来汽包纵缝有时出现质量不稳定现象，主要表现为：超声波控伤时多次发出微细裂纹，裂纹大多位于纵缝的熔合线并呈横向开裂，其深度距外表面约 20~30mm 处，使产品质量和生产进度受到严重影响。通过深入调查并进行仔细分析研究后，我们找出了裂纹形成原因，同时提出了针对性的改进措施。

（1）裂纹形成原因分析。根据对裂纹的位置、走向及形态的判断分析后认为，焊缝承受的应力水平高以及焊缝中的扩散氢是致使裂纹产生的两个主要原因。

1）焊缝承受的应力水平高。由于汽包筒体壁厚较大（最厚达 145mm），筒节初轧时很难保证达到理想状态。为保证焊缝坡口的装置尺寸，必须安装 π 形码，因而焊缝除了承受自身的焊接应力和局部预热产生的附加热应力外，还要承受相当大的结构应力。工件在预热和焊接时，曾多次出现 π 形码连接缝开裂的现象，这种现象也证实了叠加后的应力水平之高。这在种应力状态下，当纵向焊缝冷却收缩时，其焊缝两侧相对处于冷态的筒体金属便强烈地阻碍焊缝收缩，对焊缝形成极大的拉力，致使焊缝开裂。

2）焊缝中的扩散氢。在筒节纵缝焊接过程中，虽实施了预热、消氢等措施，焊剂也进行了烘干处理，但要完全杜绝氢的侵入是很困难的。调查中发现，裂纹多出现在距焊缝表面 20~30mm 深处，通过电镜观察（见图 5-3），裂纹是沿着许多细小的白点排列的。经分析认为，这是由于在多层连续焊接的过程中，氢的逸出速度跟不上焊接的熔敷速度，氢在不断向上逸出的过程中又不断被随后的熔敷金属覆盖而残留在距焊缝表面的 20~30mm 深处，这些小白点就是氢白点，氢白点形成了裂纹源，链状排列氢白点又促进了裂纹的扩展。

（2）工艺改进措施。上述两个因素是筒体纵缝产生横向裂纹的根本原因，消除或减少这两方面的影响就能够避免产生裂纹。因此，我们采取了以下措施：

1）改变预热、消氢时加热装置的辅设方式。筒体纵缝承受的应力是客观存在，虽然无法改变它们的大小，但可以改变它们的分布，尽量减小它们对焊接接头的不利影响。因此，我们将预热、消氢时加热板辅设由单列纵向辅设方式改为双列纵向辅设，并在坡口区域留出一定空隙，这样就增大了加热范围，降低了纵缝径向温度梯度。在焊接热循环过程中，焊缝膨胀、收缩时，邻近的筒体金属也与之一道膨胀、收缩，从而减小了对焊缝的拉应力，同时也降低了焊缝的冷却速度，有利于扩散氢的逸出，并减小了淬硬倾向。

2）预热后及时焊接，焊后及时消氢并进行严格监控。在实际生产过程中，焊前准备是否充分，已预热工件能否及时焊接、焊接完毕的工件能否及时消氢，对焊缝质量都有着

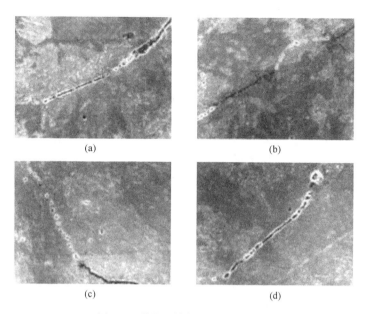

(a)　　　　　　　　　　　(b)

(c)　　　　　　　　　　　(d)

图 5-3　裂纹电镜扫描图 （1000×）

极大的影响。因此，作了一系列严格规定：焊接时，检查员必须到位监检，预热温度低于规定要求时，绝对不允许焊接；同时严格控制层间温度，不允许层间温度低于预热温度。焊接工作完成前，提前通知热处理工做好消氢处理的准备，保证消氢处理开始的工件温度不得低于预热温度。对于厚度大于 90mm 的厚板，增加一次消氢处理，即焊至工件壁厚的一半时，停止焊接，立即进行消氢处理，全部焊接工作完成后再进行一次消氢处理，从而大大减少了焊缝中的扩散氢含量。

通过对 $\delta=65mm$、$\delta=145mm$ 各两节筒节焊接的监控实施证明：上述工艺措施具有相当的针对性和有效性，完全避免了纵缝横向裂纹的产生，取得了良好的效果，随后的生产也再一次证明了这一点。

（3）结论。

1）筒节纵缝承受高水平的叠加应力（结构应力、焊接应力、附加热应力）是致使横向裂纹产生的重要条件。

2）链状排列的氢白点是形成裂纹源并使其扩展的根本原因。

3）改进后的电加热板辅设方式有利于改善焊缝的受力水平，严格对消氢处理的控制有利于扩散氢的完全逸出，避免了裂纹的产生。

例题 5-3：某电厂 300MW 能 CFB 炉高温过热器集箱 （SA-335P91φ426×40mm） 上小口径管座 （SA-213T91φ42×5mm） 与连接管 （SA-213T91φ42×5mm） 对接焊缝，在现场安装焊接后一天，在焊接接头管座侧热影响区沿着焊趾边缘平行于焊缝出现了裂纹，长度约 4~8mm，经过一晚上，第二天裂纹延展到 30~60mm，甚至有一个接头裂纹已断开半根管子。对该批管子和焊丝的质量证明文件进行复核，成分和性能均符合标准要求；对安装公司焊接工艺、热处理工艺和工艺执行情况进行检查，也没有发现问题。针对管子材质为 SA-213T91，是一种马氏体耐热钢，它具有严重的延迟裂纹倾向。综合裂纹的走向、延展速度、位置等，我们初步判断该裂纹为延迟裂纹。为准确判断，对现场进行了更仔细检测、并取样进行了硬度检查和组织分析。

（1）调查结果。

1）接头断裂部位为靠近集箱筒体侧，靠近管子对接焊缝热影响区的下半圆部分，而上面半圆未开裂。对热影响区硬度进行了检测，热影响区硬度一般在330~360HB。

2）微观组织为M，但基本为淬火组织而没有回火。

3）对集箱管座、连接管部件进行仔细观察，发现产生裂纹的连接管位置均高于没有产生裂纹的连接管。

4）安装顺序。经询问安装公司，部件的安装顺序为：集箱定位，受热面管屏定位并焊接定位块与水冷壁管屏角焊缝，组装连接管与管屏、集箱管座，焊接连接管与受热面管屏对接焊缝，焊接集箱管座与连接管焊缝，无损检测，采用履带式电加热器对焊缝进行焊后热处理。

（2）原因分析。延迟裂纹由淬硬组织、应力和扩散氢三个因素共同作用下引起。

1）组织。正常情况下，SA-213T91管子对接焊缝焊后热处理状态下硬度值<300HB、组织应为回火索氏体。而根据硬度检测结果和组织分析结果，对接焊缝热影响区硬度偏高（330~360HB），这属于焊态下的硬度，加上组织并没有得到回火，组织仍为焊接状态下的淬火组织。因此，我们判断，该接头没有进行焊后热处理，或者焊后热处理没有严格按热处理工艺要求执行。

2）应力。由于集箱和受热面管屏先定位，而连接管的长度和形状由制造厂提供，安装公司组装时并没有根据实际情况对连接管进行校正，造成部分连接管与集箱管座、管屏是强制装配，造成部分连接管位置会高于图纸要求的平面。最终的结果是，集箱管座与连接管对接焊缝承受额外的弯矩、下部承受了拉应力。

3）扩散氢。管子对接焊缝采用手工钨极氩弧焊，接头扩散氢含量特别低，因此，扩散氢因素可以排除。

从以上分析，可以得出：由于组装的不合理造成接头承受了额外的弯矩，而管子下部承受了拉应力；由于热处理工艺执行不严格造成对接接头没有实现回火，组织仍为淬火组织，硬度高、塑韧性差，两者作用共同下造成对接焊缝热影响区产生延迟裂纹。这从裂纹出现在管座与连接管对接焊缝集箱筒体侧热影响区，而不是出现在靠近管屏侧热影响区，也未出现在弯矩最大的管座与集箱角焊缝热影响区可以得到验证。

（3）处理措施。

1）将有裂纹处的连接管沿两侧焊缝切开，重新加工坡口和连接管，在自由状态下重新组装连接管与管座、管屏，点固。

2）采用原焊接工艺焊接对接焊缝，100RT检查；

3）对重新焊接的对接焊缝和以前未产生裂纹的对接焊缝重新进行焊后热处理，严格按制定的热处理工艺进行。

（4）总结。本次SA-213T91管子对接焊缝热影响区裂纹问题，主要是由于焊后热处理执行不严、组装定位时存在强制装配带来附加应力两个因素共同作用下造成。按我们制定的处理方案焊接的焊缝，在锅炉进行168h试运行前没有出现裂纹，表明对裂纹的判断、原因的分析和提出的处理措施均正确。

例题5-4：某电站锅炉蛇形管管屏存在20G管子+1.5429奥氏体不锈钢附件角焊缝，

1.5429 是一种德国奥氏体不锈钢，该钢为抗硫酸及氯离子腐蚀用钢，其主要成分为：$w(C) \leqslant 0.04\%$、$w(Cr) = 24\% \sim 26\%$、$w(Ni) = 19\% \sim 20\%$、$w(Mo) = 6\% \sim 7\%$、$w(Cu) = 1\% \sim 2\%$；20G 是高压锅炉用钢管，属于低碳钢，母材组织为 F+P少。按工艺此角焊缝应采用 A307（E309-15）或 Ni327（或 ECrNiMo-3）焊条，但由于现场没有这两种焊条，而只有 A102 和 A022 焊条。由于工期紧，甲方希望采用其中一种焊条焊接，暂时投入使用，待下次大修时再更换整个管屏。对此，希望通过分析从中选择其一焊条实施焊接，并预测此结构若产生破坏可能会出现在哪个位置。

    注：A102 焊条为 18-8 奥氏体不锈钢用焊条，其熔敷金属成分主要是 $w(C) = 0.04\% \sim 0.08\%$、$w(Cr) = 19\% \sim 20\%$、$w(Ni) = 8\% \sim 10\%$；A022 焊条为 316L（03Cr17Ni12Mo2）超低碳不锈钢用焊条，其熔敷金属成分主要是 $w(C) \leqslant 0.04\%$、$w(Cr) = 17\% \sim 19\%$、$w(Ni) = 13\% \sim 15\%$。

    （1）A102 或 A022 焊条的选择：

    1）20G 管子+1.5429 奥氏体不锈钢角焊缝存在的问题。20G+1.5429 为珠光体钢+奥氏体不锈钢异种钢结构，其接头会因碳迁移产生脱碳层和增碳层，会因成分稀释而产生马氏体带，会因两种钢的线膨胀系数不同产生残余应力。

    2）为避免产生马氏体带，我们一般采用高铬镍奥氏体不锈钢焊接材料或镍基焊接材料，因为镍是无限扩大 γ 区元素，焊缝镍含量提高有利于减少马氏体的形成。

    3）A102 焊条与 A022 焊条熔敷金属成分相比，镍含量更低、碳含量更高。因此采用 A102 焊条与采用 A022 焊条焊接相比，在 20G 侧焊缝的含碳量更高、镍含量低，则在 20G 侧焊缝中马氏体带宽度更大、含量更高、淬硬程度更高。

    综合以上所述，应该采用 A022 焊条焊接情况更好一些。

    （2）结构若破坏可能产生的位置。

    1）20G 的含碳量为 0.20% 左右，远高于填充材料 A022 的熔敷金属含碳量，所以焊后在熔合线 20G 母材侧碳含量会降低而脱碳，而在焊缝侧焊缝碳含量增加而增碳；相反，1.5429 钢的碳含量与 A022 熔敷金属相近，基本不存在脱碳层和增碳层。

    2）由于 20G 母材成分铬、镍含量与 A022 熔敷金属的铬、镍含量相差特别大，在焊缝靠近 20G 侧由于 20G 母材熔化的稀释，使焊缝这侧的铬、镍含量较低，又由于碳含量的增加，则更易产生马氏体；而 1.5429 钢的铬、镍含量还高于 A022 焊条的熔敷金属，碳含量不升反降（母材是超低碳），所以不会产生马氏体。

    3）20G 与 1.5429 两者物理性能相差较大，特别是 1.5429 母材、A022 焊条熔敷金属线膨胀系数是 20G 材质线膨胀系数的 1.6 倍左右，焊接时由于局部加热和冷却会在接头产生较大残余应力；另外，20G 的塑韧性比 1.5429 低，因此，焊接时 1.5429 侧在应力作用下通过塑性变形应力会得到降低，而 20G 侧不能通过塑性变形降低应力。

    如前所述，珠光体钢+奥氏体不锈钢会因碳的迁移而产生脱碳层和增碳层，焊缝金属会因珠光体钢母材（20G）熔化稀释而产生马氏体带，由于母材线膨胀系数差异大而产生的残余应力，这几种情况都出现在 20G 侧。因此，可以预测，若 20G+1.5429 结构发生破坏，首先会产生在 20G 侧熔合线附近焊缝中。

    例题 5-5：双面螺旋埋弧焊外焊裂纹。

    （1）某管线生产采用的焊接技术参数及裂纹缺陷产生的特点：

1）焊接工艺参数见表 5-2。

表 5-2　焊接工艺参数

钢号	规格	焊缝坡口	焊接规范
X70	φ219×17.2mm	X 形，内坡口角度 45°、外坡口 30°、钝边 7～9mm	内：1 丝　$I=1220\sim1240A$，$U=33.1\sim33.3V$，$v=1.55m/min$； 　　2 丝　$I=390\sim400A$，$U=34\sim35V$，$v=1.55m/min$。 外：1 丝　$I=1370\sim1420A$，$U=33.1\sim33.6V$，$v=1.55m/min$； 　　2 丝　$I=400\sim440A$，$U=34\sim35V$，$v=1.55m/min$

2）裂纹产生的特点：

①裂纹呈断续、连续出现，对头焊后第 1 根钢管靠近丁字头处最多，严重时整根钢管、整卷料的焊缝断续存在裂纹。

②裂纹大多经超声波和拍片就能发现，严重时 X 光显像也能发现，缺陷特征似断续未焊透。

③裂纹的形态。产生外焊裂纹的外焊缝形貌都是窄、低且深，即焊缝宽度窄、焊缝低而熔深深。宽度基本只有 15～16mm，焊缝余高都在 1mm 左右，熔深大都在 12.5mm 以上。裂纹的位置在焊缝中心距外焊缝表面 2～3mm，长度为 0.3～3mm，轻微时裂纹表面为夹杂物。从金相分析来看多为沿晶开裂，严重时穿晶开裂。

（2）热裂纹产生原因分析：

1）母材原材料的影响。由于采用相近焊接工艺焊接的其他规格管子极少发现此类裂纹，且从裂纹的形态、出现的位置等初步判断为热裂纹，因此，母材成分对裂纹产生的影响就特别重大。我们将出现裂纹的武钢制造的钢板与未出现裂纹的蒲项制铁生产的钢板进行了成分分析比较，如表 5-3 所示。

表 5-3　不同厂家 X70 管线钢化学成分

制造商	C	Si	Mn	P	S	Nb	Ti	Cu	Ni	Cr	Mo	Al	V
武钢	0.06	0.21	1.60	0.017	0.006	0.057	0.018	0.16	0.18	0.03	0.15	0.024	0.024
蒲项	0.053	0.20	1.57	0.009	0.001	0.0055	0.021	0.1	0.25	0.01	0.23	0.027	0.054

根据低合金钢热裂纹敏感系数公式：

$$HCS = \frac{C \times (S + P + Si/25 + Ni/100)}{3Mn + Cr + Mo + V}$$

计算出武钢原材料 HCS 为 0.398，韩国蒲项原材料 HCS 为 0.217，可见两种钢都属热裂纹倾向较小的钢，但这批武钢 X70 钢热裂纹倾向明显大于蒲项 X70 钢。

从表 5-3 中化学成分还可以看出，这些武钢 X70 钢中 S、P 等有害杂质元素含量相对较高，而 S、P 在钢中能形成多种低熔共晶，从而使凝固温度区大为增加，在合金凝固中极易形成液态薄膜，因而显著增加了热裂纹倾向。

2）工艺因素的影响。焊缝结晶大都以柱状晶形式进行，会将溶质和杂质赶向焊缝中心，导致焊缝中心的杂质含量较高。尤其是焊接速度较大时，结晶方向更垂直于焊缝中心，成长的柱状晶最后在焊缝中心相遇，导致凝固后在焊缝中心附近出现严重的偏析（即低熔共晶被赶到焊缝中心）。

由熔池凝固特点可知，焊接参数与接头形式对焊缝枝晶成长有重要影响，即影响到枝晶偏析或区域偏析，又影响到焊缝结晶时所承受的应力状态，最终影响焊缝的热裂纹倾向。焊缝成形系数又是这一综合因素的体现。

焊缝成形系数 ϕ = 焊缝宽度 B/焊缝实际厚度 H。

由图 5-4 可知，焊缝在凝固过程中，如果焊缝成形系数过小，则焊缝熔池中心偏析加剧，且接头受应力状况恶化。所以表面堆焊和熔深较浅的接头抗裂纹性能较高（图 5-4（a）、（b）），熔深较大的接头抗裂纹性差（图 5-4（c））。因为这些焊缝所承受的应力正好作用在焊缝最后凝固的部位，而这些部位因富集杂质元素，晶粒之间结合力较差，故易引起裂纹。

本次管线生产中，焊接坡口太小（内坡口角度 45°、外坡口角度 30°）造成焊缝成形系数

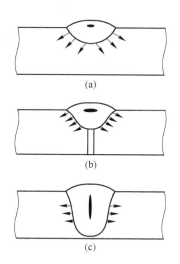

图 5-4　不同接头形式对裂纹的影响
（箭头表示受力方向，阴影表示偏析特点）
（a）表面堆焊焊接接头；（b）熔深较浅的焊接接头；
（c）熔深较深的焊接接头

的异常，产生了类似图 5-4（c）的焊接接头，再加上原材料化学成分的影响，在焊缝中心形成区域偏析，共同导致外焊热裂纹。从外焊缝出现裂纹而内焊缝未出现裂纹也验证了坡口角度引起焊缝成形系数的变化对裂纹倾向的影响。

（3）处理和防止措施。综合上述分析，焊缝的化学成分（母材、焊丝和焊剂）是引起裂纹的内因，而工艺条件（焊缝坡口角度和焊接工艺参数造成焊缝成形系数小）是引起裂纹的外因。但在生产焊管过程中对母材、焊丝和焊剂化学成分进行调整不现实且成本较大，比较有效快捷的措施是改善工艺条件，即改善焊缝成形系数 ϕ，理论上 $\phi > 1$ 即可。但在双丝埋弧焊工艺条件下，生产高强度级大壁厚钢管时，$\phi > 1$ 远远不够。通过对外裂纹焊缝大量取样研究，出现 $\phi < 1.3$ 时，焊缝极易出现热裂纹。经过大量实践摸索，双丝埋弧焊、高强度钢、大壁厚（大于 14.2mm）钢管焊接的最佳焊缝成形系数应在 1.4～1.6 之间，焊缝不仅不开裂，而且焊缝中气孔、夹渣等缺陷也较少；但当 $\phi > 1.8$ 时，焊缝过渡不好，易产生气孔夹杂等缺陷。

1）严格控制外焊缝坡口宽度。生产中发现坡口对外焊缝裂纹的影响是严重的，因为它直接影响到焊缝成形系数。如在某管线 $\phi219 \times 17.2mm$ 钢管生产中，当坡口角度为 90° 时，最佳坡口宽度为 10mm，超过 11mm 极易开裂；当坡口角度为 100° 时，最佳坡口宽度为 10.5mm，超过 12mm 极易开裂。

2）当坡口宽度超过上述最佳宽度时，需调整焊接工艺参数来弥补。在双丝埋弧焊工艺参数中，1 丝（直流）的电压对焊缝成形系数影响非常大。当坡口宽度超过上述要求时应当适当增加 1 丝电压。通常，坡口越大电压增加量也应越大。在生产中总结了以下经验：坡口宽度每增加 1mm，电压相应增加 0.8V，而且坡口宽度发生变化时，焊头位置也应相应进行微调，否则会出现外焊马鞍形。然而，坡口宽度超过一定范围时，会出现外焊缝填不满，上述调整就失去了意义。

3）焊接速度较大时，熔池呈泪滴状，这时柱状晶几乎垂直地向焊缝轴线生长，最后都在焊缝中心相遇形成严重偏析面，此时在应力作用下，易产生纵向裂纹。所以，生产中要注意控制焊接速度，防止速度过快[3]。

例题 5-6：SA-213T91ϕ42×4mm 高温再热器对接焊缝裂纹[4]。

（1）前言。青海省桥头发电厂六期 125MW 机组高温过热器管 SA-213T91 同种钢焊接接头进行焊接金相抽检，结果发现在焊缝中存在焊接裂纹；在第 2 次扩大检验中，1 个焊口 2 个试样中又发现了 1 个焊缝中存在裂纹；第 3 次取样对 4 个焊口各 1 个试样进行金相分析，结果均合格，但由于第 3 次取样不符合要求，避开了焊缝收弧区；第 4 次取样的 2 个焊口均在焊缝收弧区，金相分析 2 个焊口都在裂纹。通过试验分析，找出了焊接裂纹形成的原因及部位。

（2）调查情况。高温再热器管为 SA-213T91 ϕ42×4mm，SA-213T91 是一种马氏体耐热钢，主要用于电站锅炉高温部件管屏制造。由于其合金含量较高，为 9Cr-1Mo-V 系钢，焊后在焊缝及热影响区可能产生冷裂纹和热裂纹。

1）制造厂家 T91 焊接工艺。

①焊接方法：GTAW+GMAW，焊接方式为机械焊。

②焊丝：MGS-9cb，ϕ0.8mm。

③坡口形式：Y 形，如图 5-5 所示。

④施焊条件：

第 1 层：GTAW　$I = 120 \sim 170$A，$U = 9 \sim 12$V，$v = 120 \sim 200$mm/min，不填丝焊接。

第 2 层：GMAW　$I = 85 \sim 105$A，$U = 21 \sim 24$V，$v = 120 \sim 300$mm/min，MGS-9cb、ϕ0.8mm 焊丝。

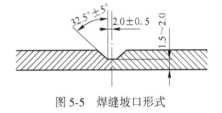

图 5-5　焊缝坡口形式

⑤保护气体：100% Ar，正面气体流量 7 ~ 12L/min，背面 6~8L/min。

⑥热处理规范：750±10℃/1h。

2）SA-213T91 管子成分和 MGS-9cb 焊丝成分。SA-213T91 管子成分和 MGS-9cb 焊丝成分见表 5-4。

表 5-4　SA-213T91 管子成分和 MGS-9cb 焊丝成分

材料	C	Si	Mn	P	S	Cr	Ni	Cu	Mo	V	Nb	N	Al
T91	0.09	0.36	0.40	0.018	0.003	8.45	0.09	—	0.95	0.20	0.076	0.392	0.002
MGS-9cb	0.07	0.35	1.65	0.006	0.006	8.79	0.46	0.23	0.88	0.17	0.02	—	—

（3）焊接接头金相分析。

1）第 1 次取样分析：1 个试样，取样部位是焊缝收弧区，分析结果见图 5-6、图 5-7。在焊缝中心的上部有纵向裂纹产生，裂纹上部距焊缝表面 300μm，最长的裂纹产生在焊缝中心线纵向金属中一次结晶对生的交界面处，长 1260μm。所有裂纹都是

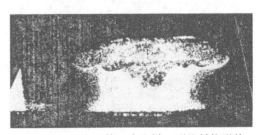

图 5-6　（4×）（第 1 次取样）裂纹低倍形貌

沿晶开裂的纵向裂纹，裂纹呈断续分布，边缘平滑，裂纹尖端圆钝，见图 5-8。焊缝组织为回火索氏体，母材组织见图 5-9，为回火索氏体。

2）第 2 次取样分析：1 个焊口 2 个试样，1 个在焊缝收弧区取样，分析结果表明在焊缝收弧区取样的试样有裂纹缺陷产生，见图 5-10。裂纹由两组裂纹群组成，一组紧靠焊缝表面，另一组距焊缝表面 $1000\mu m$。所有裂纹都产生在焊缝中心，是沿晶裂纹，裂纹形态同第 1 个焊口相同。另 1 个试样金相分析合格。

3）第 3 次取样分析：4 个焊口各 1 个试样，微观金相分析，焊缝组织均为回火索氏体，见图 5-11，无裂纹及过烧组织，结果合格。但由于第 3 次取样不符合标准要求，避开了焊缝收弧区位置。

4）第 4 次取样分析：2 个焊口各 1 个试样，取样部位均在焊缝收弧区，微观金相分析结果 2 个焊缝均有裂纹产生。第 1 个试样，裂纹产生在紧靠焊缝表面位置，裂纹中还有尺寸为 $100\mu m\times200\mu m$、$40\mu m\times100\mu m$、$60\mu m\times120\mu m$ 的三条夹杂物，见图 5-12。第 2 个试样，裂纹上端距焊缝表面 $370\mu m$，最长一条裂纹长 $1200\mu m$，见图 5-13。2 个裂纹微观形态都同第 1 个焊口试样的裂纹相同，见图 5-14。

图 5-7　（第 1 次取样）
未腐蚀的裂纹高倍形貌（75×）

图 5-8　（第 1 次取样）
腐蚀后裂纹形貌（300×）

图 5-9　（第 1 次取样）
母材组织回火索氏体（500×）

图 5-10　（第 2 次取样）
未腐蚀的裂纹高倍形貌（75×）

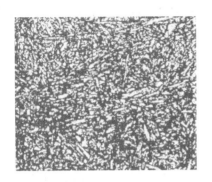

图 5-11　（第 3 次取样）
焊缝组织（300×）

图 5-12　（第 4 次取样）
未腐蚀的裂纹高倍形貌（100×）

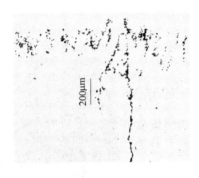

图 5-13　（第 4 次取样）
未腐蚀的裂纹高倍形貌（75×）

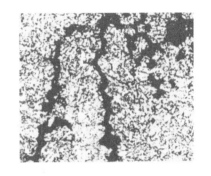

图 5-14　（第 4 次取样）
腐蚀后裂纹形貌（300×）

（4）分析讨论。

1）通过对 4 次对桥电六期 4 号炉高温再热器 T91 同种钢焊接接头金相取样分析，出现裂纹的焊接试样都是在焊缝收弧区取样的焊口，所有裂纹均是产生在焊缝中心、靠近焊缝表面的纵向裂纹，裂纹是呈断续分布、边缘平滑、尖端圆钝的沿晶裂纹，裂纹最深处距焊缝表面 157μm。经微观金相分析判断这些裂纹属热裂纹，是在焊缝收弧时产生的结晶裂纹。

2）焊接接头（包括母材、焊缝金属）的化学元素分析符合技术标准要求。

3）高温再热器 T91 同种钢焊接材料系制造厂从国外进口，并附有材料的合格证明书。制造厂家自 1989 年开始用此种焊丝焊接，焊接材料进行了焊接工艺评定，证明此种焊接工艺和焊接材料运用在 T91 同种钢焊接是可行的。但是在桥电六期 4 号炉高温再热器 T91 同种钢焊接接头收弧区上出现了结晶裂纹，在收弧区焊缝余高为 1.5~2.0mm，而不在收弧区焊缝余高为 0.8~1.5mm。根据制造厂家提供的技术资料和以上结果分析其热裂纹产生的主要原因是：由于机械焊接时，焊接速度是由操作人员控制，在焊接收弧时没降低焊接速度，因焊缝的收弧处是焊接的薄弱环节，机械焊在收弧时仍保持较高的焊接速度，熔池呈雨滴状，形成尖状接近直线的凝固前沿，结晶生长方向的曲线族也接近直线，很少弯曲形成对生的柱状晶焊缝结构。这样的焊缝结构，使最后结晶的低熔点共晶夹杂物都被推移到焊缝对生中心，形成中心薄弱面；另外焊接时加热和冷却不均匀，焊接接头产生较大的拉应力，在中心弱面上容易形成热裂纹。在收弧时结晶较晚，低熔组分聚集程度高，也是结晶裂纹最易产生的部位。

4）T91 钢焊接接头主要是防止冷裂纹和再热裂纹，而对热裂纹不敏感。这次桥电六期 125MW 机组高温再热器焊口中，出现这么高比例结晶裂纹是少见的，制造厂从 1989 年开始运用此种焊接工艺，进行高温再热器管焊接工作，在现场检查出这种裂纹缺陷还是首次。

（5）结论。

1）青海桥头发电厂六期 4 号炉高温再热器 T91 管厂家焊口的焊接裂纹均出现在焊缝收弧区，属结晶裂纹。

2）形成这种结晶裂纹的原因是没有严格执行焊接工艺，即在焊缝收弧时没降低焊接速度。

例题 5-7：SA-213T91ϕ51×4mm 对接焊缝裂纹

某电厂 600MW 高温过热器管子母材规格为 ϕ51×4mm、材质为 SA-213T91，焊后 RT 检查时在焊接热影响区发现了裂纹。对此，技术人员根据裂纹出现的时间、裂纹走向和产生位置，再结合 T91 焊接性，判断此裂纹为延迟裂纹。

为分析裂纹产生的原因，首先将产生裂纹的管子对接接头取样分析，并将接头两端母材编号为 A 和 B，见图 5-15；对该管子 A、B 两端母材进行了化学成分分析和金相检验。

（1）化学成分分析。A、B 端母材分别用直读光谱仪进行化学成分分析，试验结果见表 5-5。

从表 5-5 可知：该接头 A、B 端母材符合 SA-213T91 的化学成分要求。

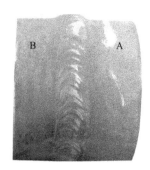

图 5-15　管子接头样管形貌

表 5-5　管子化学成分（质量分数）　　　　　　　　　　　（%）

管样编号	C	Si	Mn	P	S	Cr	Mo	Ni	V	Nb	Al
SA-213T91	0.08~0.12	0.20~0.50	0.30~0.60	≤0.02	≤0.010	8.00~9.50	0.85~1.05	≤0.40	0.18~0.25	0.06~0.1	≤0.04
A 端	0.11	0.27	0.38	0.013	0.005	8.32	0.88	0.049	0.21	0.069	0.0072
B 端	0.09	0.32	0.39	0.011	0.0032	8.23	0.90	0.089	0.19	0.065	0.0080

（2）金相检验。

1）A 端母材组织为回火索氏体，晶粒度为 9.5 级，组织正常，见图 5-16。B 端母材组织为回火索氏体，晶粒度为 9 级，组织正常，见图 5-17。

2）A 端母材外表面缺陷为表面折叠，显微镜下观测折叠最浅处为 0.13mm，见图 5-18；最深处为 0.53mm，属超标缺陷，见图 5-19。B 端母材外表面未有表面折叠等缺陷。

（3）分析及结论。

1）根据 T91 对接接头两端母材成分可知，管子材料成分符合标准要求；对接头两端母材的微观组织分析可知，母材组织也正常；对裂纹断口处宏观金相观察，发现在裂纹附近母材表面有折叠缺陷,裂纹也基本由折叠引起或诱发。

2) 由材料成分、微观组织和宏观金相分析可以得出,某电厂高温过热器 SA-213T91φ51×4mm 对接焊缝裂纹主要是由于母材表面存在折叠缺陷、在焊接拉应力作用下在折叠尖端诱发延迟裂纹。

3) 母材表面折叠主要是由于 SA-213T91 钢管制造拉拔过程中塑性变形产生,而产品进行涡流探伤时没有检查出来而制造厂家也缺乏入厂检验,造成焊接时由于接头承受拉应力作用下产生。因此,制造厂应加强对钢管入厂检验,保证材料成分、性能、微观金相组织合格的同时,还应保证材料表面质量合格。

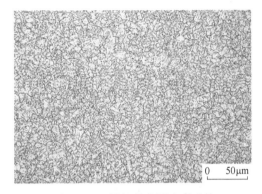

图 5-16 A 端组织为回火索氏体

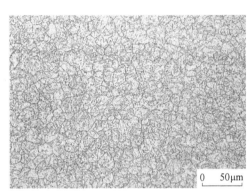

图 5-17 B 端组织为回火索氏体

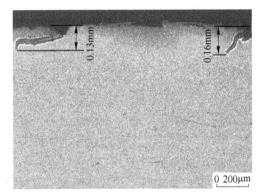

图 5-18 A 端外表面折叠最浅处形貌

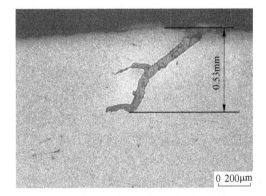

图 5-19 A 端外表面折叠最深处形貌

例题 5-8: 电站锅炉 10CrMo910 主蒸汽管道焊缝裂纹。

(1) 前言。某电厂 125MW 机组主蒸汽管道母材材质为德国钢号 10CrMo910 (SA-335P22),这属于 2.25Cr-1Mo 型珠光体耐热钢(元素成分见表 5-6)、管径为 φ273mm×40mm、焊缝坡口型式为单面 U 形坡口。

(2) 组装焊接工艺。

1) 焊接工艺流程:焊口对口调整→焊前预热→1/3 焊接→消氢处理→分层射线探伤→预热→焊接→超声波检验。

2) 焊接工艺。

①焊接方法:GTAW+SMAW。

②焊接材料：TIG-R40 ϕ2.5mm；R407（E6015-B3）ϕ2.5mm、ϕ3.2mm、ϕ4.0mm。

③预热温度：2G 位置 200~280℃；5G 位置 250~286℃。

④消氢处理：350℃/2h。

⑤焊后热处理：730~740℃/2h。

表 5-6   10CrMo910 管道材质化学成分   （%）

材料	C	Si	Mn	P	S	Cr	Mo
10CrMo910	0.08~1.25	≤0.5	0.40~0.70	≤0.035	≤0.035	2.00~2.50	0.90~1.20

（3）焊口裂纹。主蒸汽管道是从末级过热器出口集箱开始组合安装的，由上而下按顺序进行焊接。当焊口已焊完 11 只时，评片人员在 RT 底片复审时发现其中有 5 只焊口中在根部出现微小裂纹，裂纹非常细小，需借助放大镜才能分辨。这些裂纹属于网状裂纹，形状有 X 形、Y 形、J 形等，而且裂纹都出现在吊管位置的焊口中，横管焊口每只都合格。除最先焊接的两只吊管焊口没有裂纹外，其余吊管焊口每只都出现了裂纹，裂纹出现的位置均为焊口上 45°（10 点钟方向~2 点钟方向，详见图 5-20），并随着管线的安装延伸一只比一只严重。

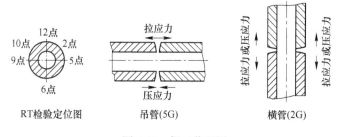

图 5-20   焊口位置图

（4）裂纹原因分析。

1）结构温差应力。主蒸汽管道焊口采用二人对称焊接的，从输入量情况来看，相对是均衡的。但由于焊接的位置不同（见图 5-20），焊口中焊缝金属的应力状态（即拘束度）是不一样的。一方面在横管焊口焊接时，由于焊缝金属总处在同一预热温度场中，焊缝在焊接过程中收缩量是相同的，焊缝金属在焊缝的每一点上应力都是均等的，且受到的都是拉应力；而在吊管焊口焊接时，由于预热温度的不相同，温度是上高下低，从而导致了焊缝的收缩不一致，平焊位置的焊缝金属的收缩量比仰焊位置的收缩量要多，因此平焊位置焊缝金属受到的是拉应力，而仰焊位置焊缝金属受到的是压应力。从以上两种焊口位置的应力状态来看，横管焊缝金属的局部拉应力要比吊管焊缝上半部分的拉应力要小得多。另一方面，横管焊缝金属的应力状态比较简单，只是拉应力；而吊管焊缝上半部分，它既有拉应力，又有剪切应力，还有弯矩。因此，吊管焊缝的应力状态要比横管焊缝应力状态复杂得多，破坏力也要大得多。

2）焊接工艺因素。裂纹主要产生于根部，但只是在焊条电弧焊的根部出现，而氩弧焊的根部没有出现。这是因为氩弧焊焊缝金属的塑性、韧性要高于焊条电弧焊焊缝金属的塑性、韧性。在焊接过程中，由于热源的高温作用，在焊缝金属中溶解了很多的氢，冷却时又极力进行扩散和逸出，如果逸出不完全，残余的扩散氢便以过饱和状态残留在金属组织内，从而使组织大大地脆化。但是在一般情况下母材和焊丝中的含氢量很少（约0.1ml/100g 以下），而焊缝增氢的主要来源则是焊条药皮的水分和空气中的湿气。氩弧焊由于没有药皮，在氩气的保护下焊缝与空气的隔离也很好，所以氩弧焊的焊缝金属的含氢量就大大低于焊条电弧焊，从而使得氩弧焊焊缝金属塑性、韧性较高，并且其抗延迟裂纹的能力也较强。

焊条电弧焊焊缝金属的含氢量较高还不足以使得焊缝产生裂纹，而实际上裂纹恰恰是在焊缝的消氢过程中产生的。产生这种情况的原因是，10CrMo910 等 Cr-Mo 钢及其焊接接头在 300~350℃ 温度区间较长时间会发生剧烈的脆变现象——回火脆性，其原因是由于 P、As 等杂质元素在奥氏体晶界偏析而引起的晶界脆化，而 10CrMo910 中的 Mn、Si 元素也有促进回火脆性的作用，同时消氢的温度正在此区间附近；在分层透视之前的消氢过程中，P 等杂质元素在晶界聚集引起晶界脆化，而此时焊缝厚度较薄，焊缝的强度不够，在结构应力的作用下产生的应变大大超过了晶界的塑性极限，而焊缝的根部焊缝金属最窄，塑性变形的余量也较小，从而在焊缝的比较薄弱的根部产生裂纹。

通过上述的分析，认为产生裂纹的主要原因是焊缝的应力集中、刚度不足和中间消氢处理过程。

（5）工艺修改验证。

1）在焊前预热过程中，适当增加焊缝下部的加热功率，尽量减少焊缝的上下温差，从而减小因温差带来的应力不均。

2）焊缝连续焊接完成，取消分层透视，焊接完成后立即进行热处理。

3）在裂纹的检验过程中，用超声波探伤仪无法检测它的存在和多少，当打磨到缺陷位置时用渗透着色探伤检验也无法显示它的存在，只有当射线探伤达到一定的清晰度时才能发现。由于现有的射线检验设备在保证清晰度的情况下，检测焊缝金属厚度 20~22mm已到了极限，所以为了检验制定的工艺的正确性，热处理完成后采用碳弧气刨和磨光机打磨焊缝金属至 20~22mm 左右然后进行射线探伤检验。

连续焊接和检验了多只焊口，焊口根部未出现网状裂纹，从而证明了分析的正确性。

例题 5-9：12Cr1MoV 焊趾再热裂纹。

（1）前言。一个坡口角接焊缝，一边是实心 20 号方钢，尺寸大约为 220mm×220mm；另一边是浇铸好了的低合金钢 12Cr1MoV，1t 至 3t 不等。接头处 12Cr1MoV 边厚 10mm，用 J506（E5016）焊条焊接，焊完后垂直夹住四方体方钢，将下部分低合金钢吊入电渣炉熔化重结晶，熔化过程 3h 左右，完成后将四方体方钢卸下，然后再焊另一根低合金钢，这时发现大部分焊缝在沿 12Cr1MoV 侧焊趾处有裂纹。

（2）现场情况。

1）此焊缝一是要承重 1 至 3t，二是要经过大电流（作为电渣炉的正极），三是要承受高温。

2）焊接时采用大电流，多道焊缝，上层焊缝和盖面焊都是宽焊缝（焊接时走的 Z 字形），因为工件大，焊接时是焊好一面后再焊相邻的另一面。

（3）裂纹分析和判断。

1）材料焊接性。方钢材质为 20 钢，它是一种低碳钢，焊接性较好。其焊缝和热影响区可能会产生冷裂纹、热裂纹和层状撕裂；工件材质为 12Cr1MoV，它是一种 1Cr-

0.5Mo-V 珠光体耐热钢，其焊缝和热影响区可能会产生冷裂纹、再热裂纹、热裂纹和回火脆性。

2）焊接工艺。20 钢虽然焊接性较好，但 220mm 的厚度应该焊前预热以防止产生冷裂纹；且从焊接顺序来说，焊完一面再焊另一面，对控制应力和变形不利，应该两面对称或交替焊接。

12Cr1MoV、10mm 焊前预热以防止产生冷裂纹和减少接头应力。

3）裂纹分析。通电或经受高温对产生冷裂纹没有影响，相反，此处焊完即将工件放入高温炉中进行再结晶回火有效防止了冷裂纹的产生，因此，排除此裂纹为冷裂纹。

裂纹不是在焊后去除熔渣后发现，且裂纹没出现在焊缝中，因此，排除热裂纹的可能性。

12Cr1MoV 含 Cr、Mo、V 等沉淀强化元素，在高温下有较大的再热裂纹倾向。再结晶回火正好处于再热裂纹敏感温度区间，且裂纹出现在 12Cr1MoV 侧焊趾处，这个位置正好是过热粗晶区，也符合再热裂纹出现在 HAZ 的粗晶区的特征。

综合以下分析，从材料焊接性、裂纹产生时间和位置等基本可以判断此裂纹为再热裂纹。

（4）防止措施。再热裂纹产生的条件是经过再结晶回火、12Cr1MoV 具有较大再热裂纹倾向、接头存在较大应力等因素综合影响下产生，而铸件需要再结晶回火细化晶粒，而且 12Cr1MoV 材料和结构无法改变。因此，要防止在 12Cr1MoV 焊趾处产生再热裂纹，必须要从减少接头应力的角度入手。

1）接头设计。在 20 号方钢一端开坡口，由单纯的角焊缝改为坡口角焊缝，在保证承吊能力的同时减少焊缝金属量，从而减少焊接应力。

2）焊材选择。打底和填充焊缝采用 J506（E5016）焊条，但盖面焊缝则采用 J427（E4315）焊条。J427 焊条强度低、塑韧性更好，可以通过盖面焊缝在焊接拉应力作用下发生变形而减少了接头应力，特别改善焊趾处的应力状态。

3）工艺参数和焊接顺序。采用小直径、小的线能量以减少接头应力；同时，对于方钢坡口角焊缝采用对称焊接，即采用一边一道、交替焊接的焊接顺序进行。

（5）结论。此裂纹主要原因是由于接头应力过大而产生，通过改变坡口形式、焊接材料、焊接工艺参数和焊接顺序，有效地降低了接头应力，成功地防止了裂纹的产生。

例题 5-10：15CrMoG+ZG0Cr24Ni14Si2 角焊缝液化裂纹。

（1）前言。某锅炉厂在制造低温再热器 15CrMoG $\phi51\times6mm$ 管子+ZG0Cr24Ni14Si2 附件角焊缝、采用 A307（E309-15）$\phi3.2$ 焊接时，焊后对接头进行 PT 检查时，在 ZG0Cr24Ni14Si2 焊接热影响区焊趾处发现了裂纹，基本沿焊缝纵向分布。将含有角焊缝的管件切取一段下来，沿角焊缝垂直于管子轴线切开，对断口进行宏观金相观察，发现沿着熔合线在 ZG0Cr24Ni14Si2 侧热影响区整个剖面均有裂纹。重复对表面 PT 检测有裂纹的管件取样进行宏观金相观察，均有同样情况。

（2）裂纹分析。

1）材料焊接性分析。15CrMoG 是一种珠光体耐热钢，焊后热影响区可能产生冷裂纹、热处理或高温工作环境下可能出现再热裂纹和回火脆性；ZG0Cr24Ni14Si2 是一种奥氏体不锈钢铸件，其热影响区可能会产生液化裂纹；15CrMoG+ZG0Cr24Ni14Si2 焊缝采用奥氏体不锈钢材料或镍基材料焊接时，焊缝中可能出现结晶裂纹。

2）裂纹类型和原因分析。

①裂纹类型。裂纹类型除根据材料焊接性外，还要根据裂纹产生的时间、出现的位置和走向等来判断。本次裂纹出现在焊后，没有经过热处理过程，且裂纹没有出现在15CrMoG 热影响区，因此冷裂纹和再热裂纹可以排除；裂纹也没有出现在焊缝上，结晶裂纹也可以排除。因此，此裂纹应该是液化裂纹。

②裂纹产生的原因。根据判断，此裂纹可能为液化裂纹。而液化裂纹形成的条件之一是母材中 C、S、P 等杂质元素含量较高，含有大量的低熔共晶，在焊接热循环的作用下，处于晶界的低熔共晶熔化成液态；过热区晶粒在热驱动下粗化，造成单位面积上的低熔共晶增加，在焊接拉应力作用下，沿晶界发生开裂。

因此，我们对 ZG0Cr24Ni14Si2 的母材成分进行了分析，见表 5-7。

表 5-7 　ZG0Cr24Ni14Si2 化学成分 　　　　　　　　　　（%）

C	Si	Mn	P	S	Cr	Ni	Mo
0.06	1.80	1.10	0.050	0.042	20.5	14.3	0.03

从材料成分检测结果来看，该材料中 S、P 含量较高是造成裂纹的主要原因，但再审核该制造厂 ZG0Cr24Ni14Si2 采购技术条件，其成分又符合该制造厂标准要求。该制造厂采购技术条件于 1974 年制定，ZG0Cr24Ni14Si2 中 S、P 含量≤0.060% 为合格，标准要求不严格，且 30 多年未更新。

（3）处理和防止措施。

1）处理措施。发现裂纹后，我们采用氩弧焊对裂纹处进行重熔，然后 PT 检查仍然在 ZG0Cr24Ni14Si2 热影响区发现了裂纹；对新组装的角焊缝由原焊条电弧焊工艺改为手工氩弧焊焊接，PT 检查时仍然出现相同情况。由此看来，采用改变焊接工艺、减小线能量以减小过热区过热来防止裂纹的做法已无法克服这个问题。因此，提出了更换附件批号的处理措施：对于已焊角焊缝，采用角向砂轮将 ZG0Cr24Ni14Si2 附件切割下来，然后打磨管子表面；对于未焊管子和打磨后的管子，更换一批 ZG0Cr24Ni14Si2 附件（严格控制S、P 含量），按图组装后采用原工艺焊接。

焊后按图纸要求，对角焊缝进行 PT 检测，未再发现裂纹。通过更换另一炉批号附件，保证 S、P 含量更低的措施圆满解决了此类问题。

2）防止措施。

①修改 ZG0Cr24Ni14Si2 铸件采购技术条件，提高对 S、P 杂质元素含量的控制要求，规定 S、P≤0.030%。

②加强 ZG0Cr24Ni14Si2 入厂检验，对每一批应抽取试样进行化学成分检测，其中 S、P 杂质元素最好控制在 0.010% 以下，对防止液化裂纹更为有效。

（4）总结。对于由于母材中 S、P 杂质元素含量过高而造成结晶裂纹、液化裂纹等问题，单纯采用小线能量焊接方法、采用小线能量焊接工艺参数已无法从根本上杜绝裂纹的产生。此时，对于结晶裂纹应该考虑更换焊接材料或母材；而对于液化裂纹，就只能更换母材。

例题 5-11：12Cr1MoVG+0Cr18Ni9 角焊缝结晶裂纹

174

（1）前言。某锅炉厂在制造低温过热器 12Cr1MoVG $\phi42\times5mm$ 管子+0Cr18Ni9 附件角焊缝、采用 Ni327（E309-15）$\phi3.2$ 焊接时，焊后去除熔渣就可以焊缝上存在肉眼可见的纵向裂纹，裂纹开口最大可达 2mm。

（2）裂纹分析。

1）材料焊接性分析。12Cr1MoVG 是一种珠光体耐热钢，焊后热影响区可能产生冷裂纹、热处理或高温工作环境下可能出现再热裂纹和回火脆性；0Cr18Ni9 是一种奥氏体不锈钢，其热影响区可能会产生液化裂纹和晶间腐蚀；12Cr1MoVG+0Cr18Ni9 焊缝采用奥氏体不锈钢材料或镍基材料焊接时，焊缝中可能出现结晶裂纹。

2）裂纹类型和原因分析。

①裂纹类型。本次裂纹出现在焊缝上，可以排除冷裂纹、再热裂纹和液化裂纹。裂纹产生时间在焊后去除熔渣就可以被发现，裂纹走向为纵向沿焊缝分布，再结合镍基焊接材料焊缝结晶裂纹倾向很大的情况，我们基本可以判断该裂纹为结晶裂纹。

②材料因素。结晶裂纹形成的充分必要条件中内因是焊缝金属中 C、S、P 等杂质元素含量较高，焊接过程中形成大量低熔共晶，焊缝后期被柱状晶赶到焊缝中心相遇形成液态薄膜；外因则是焊接过程中，焊缝受到拉应力。在两者共同作用下，在焊缝中心开裂形成结晶裂纹。

结晶裂纹形成是在熔池结晶过程末期固液两相共存状态时产生，此时，不需要特别大的拉应力就可以使两个相邻晶粒发生滑移而形成空腔，结晶后形成裂纹，因此，拉应力并不是形成结晶裂纹最重要的因素，而低熔共晶即焊缝金属中 C、S、P 等杂质元素含量才是重点。另外，焊接线能量、焊缝坡口造成的焊缝成形系数等工艺因素也会影响结晶裂纹倾向。

为此，我们首先对 Ni327 焊条熔敷金属成分和 0Cr18Ni9 母材成分进行了分析，见表5-8。

表 5-8　0Cr18Ni9 化学成分和 Ni327 焊条熔敷金属成分　　　　　　（%）

钢号	C	Si	Mn	P	S	Cr	Ni	Mo
Ni327	0.06	0.42	1.20	0.011	0.007	15.2	70.5	1.20
0Cr18Ni9	0.05	0.45	1.10	0.010	0.008	19.5	10.20	—

从材料成分检测结果来看，Ni327 焊条熔敷金属成分和 0Cr18Ni9 母材成分均符合标准要求，且其中 S、P 含量并不高，因此，材料因素可以排除。

③焊接工艺参数分析。按图纸，0Cr18Ni9 不锈钢附件开有坡口，与管子外壁形成类似 V 形形式的坡口；焊工操作时，采用焊条电弧焊一道焊成，焊接规范为：$I=120A$，$v\approx150\sim180mm/min$，焊后在去除熔渣后就可在焊缝表面发现裂纹。

镍基材料由于结晶方向性强，且 Ni327 焊条熔敷金属 Ni 含量高达 70% 以上，易与 S 形成熔点只有 645℃ 的低熔共晶；另外，镍基材料焊缝金属结晶形态为典型的柱状晶，方向性极强，易将低熔共晶赶到焊缝中心形成液态薄膜。此时，若焊接工艺不恰当，线能量稍大，熔池体积增加，低熔共晶量增加；加上 V 形坡口、一道焊成，造成焊缝成形系数小，形成图 5-4（c）的结晶模式，从而造成结晶裂纹。

综合上述原因，我们认为，Ni327 焊条和 0Cr18Ni9 母材成分没有问题，不是造成裂纹的原因，而焊接工艺不合理和操作不当是造成此次焊缝中出现结晶裂纹的主要原因。

（3）防止措施。发现裂纹后，我们经过大量实验，总结出了以下焊接要点，焊后经100%PT检查没有再发现裂纹。

1）采用小电流快速焊接。焊接电流$I = 95 \sim 100A$，$v \approx 200mm/min$。实验中，焊接电流只要大于100A，焊后基本就会出现结晶裂纹；而电流小于95A，焊接时成形较难。这是由于镍基材料中Ni含量较大，增加了熔池金属黏度，减小了铁水流动性，增加了成形的难度。焊接速度以能拖动电弧时铁水能铺开成形、焊缝成形良好为准，一般控制在200mm/min左右为宜。

2）控制焊缝成形系数。坡口形式由设计者在图纸上确定已无法变动，为增大焊缝成形系数和减小焊缝厚度，减小焊接电流和增大焊接速度、减小单位长度上熔敷金属量能起到减小焊缝厚度和增大焊缝成形系数的目的。实验中，我们采用以上焊接电流和速度，角焊缝从一道焊满变为两道焊满，从而起到了增大焊缝成形系数的目的。另外，由于结晶裂纹易到收弧和起弧处产生，前后两道起弧和收弧错开，即前道焊缝的收弧点即为后道焊缝的起弧点。

3）预热温度和道间温度。结晶裂纹对热输入特别敏感，热输入稍大即会增加结晶裂纹倾向。因此，在环境温度0℃上时，不进行焊前预热；道间温度按相关资料应控制在100℃以下，但实验中，我们将道间温度控制在50℃以下，以手摸不烫为准。

4）操作措施。除前面提到前后两道焊缝起弧和收弧错开的措施以外，实验中要求焊工在每焊完一道焊缝，马上趁焊缝还处于红热状态采用端部为圆头的小尖锤锤击焊缝，力量不需太大但频率要高。此措施的作用是通过锤击让焊缝发生塑性延展，以减小焊缝承受的拉应力。另外通过焊工操作将弧坑填满从而防止弧坑裂纹。

（4）总结。低温过热器12Cr1MoVG $\phi42\times5mm$ 管子+0Cr18Ni9 附件角焊缝，采用Ni327焊接时焊缝中易出现结晶裂纹。经分析，裂纹产生原因主要是焊接工艺规范较大、操作不合理造成。通过实验得到了最佳焊接规范和合理的操作顺序，按此焊接的焊缝，焊后经100%PT检查在焊缝上再没有发现裂纹。

例题5-12：16Mn（或Q345）钢H型角焊缝焊接热裂纹。

（1）前言。在16Mn（或Q345）钢H型（如图5-21）角焊缝焊接时，有时会在第一道焊缝焊缝中心焊后发现纵向裂纹。

焊接方法：埋弧焊。焊接材料：H08MnA + HJ431 $\phi4.0$。焊前不预热。焊接工艺参数：$I = 550 \sim 600A$，$U = 32 \sim 34V$，$v = 600 \sim 650mm/min$。

（2）裂纹分析。

1）材料焊接性分析。16Mn（Q345）是一种低合金钢，焊后热影响区及焊缝上可能产生冷裂纹、层状撕裂和结晶裂纹。

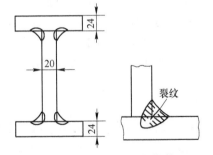

图5-21 钢桥的H形杆件截面

2）裂纹类型和原因分析。

①裂纹类别判断。根据裂纹形态（纵向分布）、位置（焊缝上）、产生时间（焊后立即就出现）等，基本可以判断该裂纹是结晶裂纹。

②材料原因。结晶裂纹的主要因素之一是低熔共晶，而对于 16Mn（Q345）低合金钢而言，C、Mn、S、P 等元素是造成低熔共晶最主要的元素，对此，我们对母材和焊接材料熔敷金属成分进行了分析，见表 5-9。

从表 5-9 可以看出，焊接材料熔敷金属成分符合标准，特别是 C、S、P 较低；而母材中 Mn、S、P 含量较正常，但 C 含量较高（见表 5-9、表 5-10）。根据结晶裂纹章节内容，随着 C 含量提高，焊缝金属初生相从 δ 相→γ 相，即使初生相仍是 δ 相，但随着 C 含量增加，δ 相含量降低，溶解 S、P 的能力下降，则形成 FeS 低熔共晶的量会增加。此时，为防止产生结晶裂纹，必须提高 Mn 含量，提高 Mn/S 比。母材 C 含量偏高而 Mn 含量并没有相应提高，因此，产生结晶裂纹的材料原因则主要是由于母材中 C 含量高造成。

表 5-9　16Mn 化学成分和 H08MnA+HJ431 熔敷金属成分 （%）

钢号	C	Si	Mn	P	S	Cr	Cu
16Mn	0.21	0.35	1.40	0.011	0.010	0.12	0.12
H08MnA+HJ431	0.08	0.05	1.02	0.010	0.008	0.10	0.20

表 5-10　16Mn 板的碳分析结果[5]

碳分析值	0.17%	0.18%	0.19%	0.20%	0.21%	0.22%	0.23%	0.24%
抽样数	3	3	18	22	29	19	5	2
质量分数	6%		94%					
碳平均值	0.21%							

③焊接工艺原因。裂纹均发生在第一道焊缝上，而在其余焊道上没有发现，这说明裂纹产生的原因除了母材 C 含量之外，与工艺有关系。

角焊缝第一道熔合比较大，母材中的 C 会更多进入焊缝，造成焊缝金属的碳含量较高；而其余焊道是在第一道的基础上焊接的，母材中的 C 含量进入第二道及以后的焊缝更少，且焊接材料熔敷金属 C 含量正常，则焊缝金属 C 含量不如第一道。随着焊接层数和道数的增加，焊缝金属成分越接近焊接材料熔敷金属成分。

在相同规范下，每道焊缝的熔敷金属重量是相当的，而第一道焊缝与剩余焊道相比，单位长度的金属填充量更小，则造成了第一道焊缝与剩余焊道焊比，焊缝厚度增加，且焊缝宽度更小（见图 5-21），因此焊缝成形系数更小。

综上所述，16Mn（或 Q345）钢 H 型角焊缝焊接热裂纹主要是由于母材 C 含量偏高造成。但仍按正常情况焊接工艺参数焊接，也是引起第一道焊缝中出现结晶裂纹的次要原因。

（3）解决措施。虽然第一道焊缝中心结晶裂纹是由于母材 C 含量偏高引起，但更换母材难度很大，成本增加且可能影响制造工期。因此，一般情况下应该从焊接工艺措施入手。

焊接线能量降低，可以降低焊缝厚度和熔合比，减小母材的有害作用。减小焊接线能量采取较大电流和高焊速是不可取的，因为过高的焊接速度，会造成焊缝结晶方向垂直于焊缝中心，易将低熔共晶赶到焊缝中心，形成薄弱结合面而形成裂纹。因此，焊接工艺应该采用小电流中等焊接速度，减小熔深、降低熔合比的同时也避免了结晶方向垂直于焊缝中心的危害。这样既达到了减小母材 C 过多溶入焊缝，减轻了母材 C 的有害作用；另外，小电流会使单位时间熔敷金属量减小，焊缝厚度减小，从而使焊缝成形系数增大，有利于防止焊缝中心产生结晶裂纹。

另外，若通过改变焊接工艺参数仍不能有效防止裂纹时，可以更换焊丝，采用含碳量更低的 H03MnTiA 焊丝（焊丝成分见表 5-11）代替 H08MnA 焊丝，通过降低焊丝 C 含量，减小焊接材料熔敷金属 C 含量，进而减小焊缝金属 C 含量。但当改善工艺与更换焊丝结合的措施仍不能解决焊缝中心裂纹时，则需要考虑更换另一炉批号的母材。

表 5-11 H03MnTiA 焊丝成分（质量分数%）

C	Si	Mn	Ti	S	P
≤0.04	0.05~0.06	1.0~1.2	0.10~0.12	≤0.025	≤0.025

（4）总结。16Mn(或 Q345) 钢 H 型角焊缝焊接热裂纹主要是由于母材 C 含量偏高造成，但焊接工艺参数不恰当是次要原因。通过降低电流、稍微提高电弧电压并保持原有焊接速度的工艺参数，焊后第一道焊缝中心基本没有出现裂纹。

例题 5-13：30000m³ 大型煤气柜底焊接变形[6]。

大型气柜建造中的难题，是底板容易产生波浪变形。河北冶金建设公司在建设 30000m³ 大型煤气柜时，采用合理控制装配、焊接顺序以及多段逆向大幅度跳焊法，有效地防止了波浪变形，焊后局部凹凸度仅 50mm 左右，满足了设计要求。

（1）底板变形原因。底板结构如图 5-22 所示，由心板与边缘环板组成。底板厚度为 6mm、直径 ϕ42m。

底板易产生中间凸起的主要原因，是焊接边环板与壁板间的角焊缝时产生收缩变形，致使底板周边缩短，因而造成底板拱起。

心板与边环板的搭接焊缝应最后焊接，并减小其收缩量，则可防止拱起变形。

（2）装焊工艺措施。

1）心板焊接。主要措施是采用分段退焊法，每一条焊缝均由中间向两端对称分段同步退焊。心板由多个板块组成（6m×6m），焊缝坡口为 V 形，坡口间隙为 2~3mm。心板安装如图 5-23 所示，先从中心开始按 1、2、3 和 1′、2′、3′的顺序安装，并焊好中间一条带，然后按 4、5、6 和 4′、5′、6′的顺序安装，再用退焊法焊接 7 和 7′两条长焊缝。依此类推焊接其余焊缝。

2）边环板焊接。心板焊好后安装边环板。先焊边环板的每段径向对称焊缝外端 200mm 长的一段，并铲平以便安装壁板（如图 5-24 所示）。

边环板与壁板间角焊缝先焊，多名焊工对称进行分段退焊。然后焊接边环板其余径向焊缝。最后焊接边环板与心板搭接焊缝。

边环板与心板搭接焊缝采有多段逆向大幅度跳焊法，如图 5-25 的所示，是以 8 名焊工同时施焊为例的焊接方式。焊缝分为 8 段（也可以分为 16 段，由 16 名焊工同时施焊），每名焊工焊一段，接箭矢指向同时施焊。而每一大段（如 AB），又分为 4 段，按 AC→CD→DE→EB 次序施焊；每一小段（如 AC）再划分为 4 小段，每段长约 1m，还要再细划分为若干小段，每一小段约为 1 根焊条所焊长度，采用逆向分段焊法完成（见图 5-25）。

这种施焊法集中了分段退焊法和跳焊法的优点，可使焊接热作用更加分散和使底板受热均匀,从而减小了焊接变形。

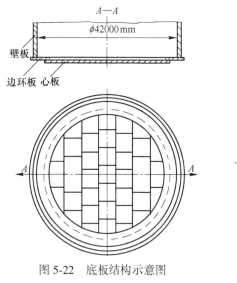

图 5-22　底板结构示意图

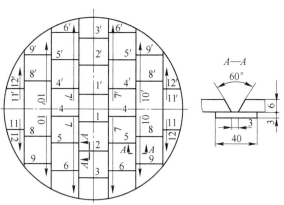

图 5-23　心板的装焊次序

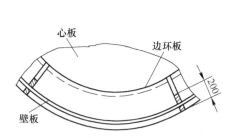

图 5-24　边环板径向焊缝示意图

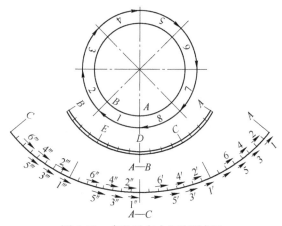

图 5-25　多段逆向大幅度跳焊法

例题 5-14:锅炉锅筒下降管焊接[7]。

(1)前言。某锅炉厂制造 12.5 万千瓦发电设备锅炉锅筒,采用 BHW38 (20MnNiMoV)钢板制造,板厚75mm,钢板成分的质量分数为:$w(C) \leqslant 0.12\%$,$w(Mn) = 1.0\% \sim 1.65\%$,$w(Si) \leqslant 0.4\%$,$w(Mo) = 0.2\% \sim 0.6\%$,$w(Ni) = 0.4\% \sim 0.8\%$,$w(V) = 0.10\% \sim 0.22\%$,为正火+回火状态,抗拉强度 $R_m \geqslant 600MPa$。工作温度为 350℃,钢板在此温度下的屈服点 $R_{eL} = 370MPa$。

锅筒内径 1.6m,总共约 12m,锅筒上装有 4~5 个大口径下降管。下降管与锅筒的连接采用焊条电弧焊,焊条为 J607(E6015),预热(200~350℃)。如图 5-26(a)所示,外壁先焊至一半左右,从内壁挑焊根,磁粉检查合格后,焊满内壁,然后焊满外壁。焊后进行消除应力处理,650℃×10h,出炉后用磁粉检查,发现下降管焊缝的热影响区有大量裂纹。裂纹在表面,起始于熔合线附近,向 HAZ 的母材方向发展。裂纹在内壁较多,在下降管一侧更严重些，最深达 20mm 左右。补焊后经 4 天及两周后用磁粉检查，均未发现裂纹。然而再经消除应力处理后，在补焊的 HAZ 又出现大量裂纹。

（2）裂纹分析。锅炉锅筒和下降管材质为 20MnNiMoV，含有 Mo、V 沉淀强化元素；锅筒厚度 75mm，下降管厚度也较大。裂纹出现在热影响区，起始于熔合线，说明裂纹起源于过热区粗晶区；特别是补焊后两周均未出现裂纹，说明该裂纹不是延迟裂纹，裂纹出现于消除应力处理之后。综合裂纹的以上特征，基本可以判断该裂纹为再热裂纹（也称为消除应力裂纹）。

（3）裂纹产生原因。再热裂纹产生的材料原因主要是 20MnNiMoV 含有 Mo、V 等沉淀强化元素；结构为 T 型角接接头，角焊缝为全焊透，焊后残余应力较大；焊后为防止接头出现延迟裂纹经历了焊后消除应力处理；过热区晶粒粗大造成晶界塑性下降。这些因素共同作用就是再热裂纹产生的原因。

（4）防止措施。锅筒材质不能更改，为防止延迟裂纹，下降管焊缝焊后必须进行焊后消除应力处理，而焊条电弧焊线能输入不大，因此，为防止再热裂纹，则主要从降低焊接接头应力方面入手。

1）改进结构形式。原设计下降管为"内伸式"，结构刚性较大。改为图 5-26（b）的形式，即使管端面与锅筒内壁齐平，结构刚性有所降低。

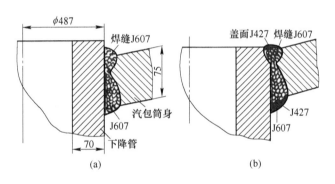

图 5-26 锅炉汽包焊接
（a）汽包 HAZ 裂纹；（b）改进后的接头形式

2）适当提高预热温度，达 300~350℃，目的是减缓应力且不造成过热区过热程度提高太多及造成过热区晶粒过分粗大。

3）中间回火处理。在外壁坡口焊至一半，内壁挑焊根，磁粉检查后焊内壁，焊完内壁焊缝后立即进炉处理，520℃×3h 以消除焊接内应力。

出炉后，用 100%X 射线检查和磁粉检查，合格后再焊剩下的外壁坡口。

4）内外焊缝均用 J427（E4315）焊条盖面。在距离内、外坡口表面 4mm 深的地方就开始使用 J427 焊条，焊满坡口，以便在消除应力处理时增高焊缝金属的塑性，减小 HAZ 的应变量。实际焊缝厚度有 66mm 即要满足强度要求，所以，用 J427 盖面不会削弱接头强度。

5）最后进行 650℃×7.5h 消除应力处理，通过实测，产品质量完全满足要求，消除了 HAZ 裂纹。

思 考 题

5-1 简述焊接缺陷分析和判断的思路。

5-2 简述延迟裂纹产生的主要原因和防止措施。

5-3 简述结晶裂纹产生的主要原因和防止措施。

5-4 Q345R 16mm 筒体纵缝焊后 RT 检查时发现中间未焊透和气孔，请分析产生的可能原因。

5-5 Q550 50mm 钢板对接焊缝 RT 发现焊缝中存在横向裂纹，请分析产生的可能原因，提出防止措施。

参 考 文 献

[1] 张文钺. 焊接冶金学-基本原理 [M]. 北京：机械工业出版社，2016.

[2] 国家能源局. NB/T 47015-2011 压力容器焊接规程 [S]. 北京：中国标准出版社，2011.

[3] 毛浓召. 双面螺旋埋弧焊外焊裂纹产生原因及预防 [J]. 焊管，2007，30（5）：12-15.

[4] 何喜梅，闫斌. 桥电六期 4#炉高温再热器管焊口裂纹的检出及分析 [J]. 青海电力，2000（3）：25~30.

[5] 陈伯蠡. 焊接工程缺欠分析与对策 [M]. 2 版. 北京：机械工业出版社，2005.

[6] 张万魁. 防止大型气柜底板焊接变形的方法 [J]. 焊接，1993，3：22~25.

[7] 上海锅炉厂. BHW-38 钢锅炉汽包焊接 [J]. 焊接，1974，4：14~16.

冶金工业出版社部分图书推荐书目

书　名	作　者	定价(元)
中国冶金百科全书·金属塑性加工	本书编委会	248.00
爆炸焊接金属复合材料	郑远谋	180.00
楔横轧零件成形技术与模拟仿真	胡正寰	48.00
薄板材料连接新技术	何晓聪	75.00
高强钢的焊接	李亚江	49.00
高硬度材料的焊接	李亚江	48.00
材料成型与控制实验教程（焊接分册）	程方杰	36.00
材料成形技术（本科教材）	张云鹏	42.00
现代焊接与连接技术（本科教材）	赵兴科	32.00
焊接检验及质量管理（本科教学）	苏允海　等	33.00
焊接材料研制理论与技术	张清辉	20.00
金属学原理（第2版）（本科教材）	余永宁	160.00
加热炉（第4版）（本科教材）	王　华	45.00
轧制工程学（第2版）（本科教材）	康永林	46.00
金属压力加工概论（第3版）（本科教材）	李生智	32.00
金属塑性加工概论（本科教材）	王庆娟	32.00
型钢孔型设计（本科教材）	胡　彬	45.00
金属塑性成型力学（本科教材）	王　平	26.00
轧制测试技术（本科教材）	宋美娟	28.00
金属学及热处理（本科教材）	范培耕	33.00
轧钢厂设计原理（本科教材）	阳　辉	46.00
冶金热工基础（本科教材）	朱光俊	30.00
材料成型设备（本科教材）	周家林	46.00
材料成形计算机辅助工程（本科教材）	洪慧平	28.00
金属塑性成形原理（本科教材）	徐　春	28.00
金属压力加工原理（本科教材）	魏立群	26.00
金属压力加工工艺学（本科教材）	柳谋渊	46.00
钢材的控制轧制与控制冷却（第2版）（本科教材）	王有铭	32.00
金属压力加工实习与实训教程（高等实验教材）	阳　辉	26.00
金属压力加工概论（第3版）（本科教材）	李生智　李隆旭	32.00
焊接技术与工程实验教程（本科教材）	姚宗湘	26.00
金属材料工程实验教程（本科教材）	仵海东	31.00
有色金属塑性加工（本科教材）	罗晓东	30.00
焊接技能实训	任晓光	39.00
焊工技师	闫锡忠	40.00